中央宣传部　新闻出版总署　农业部
推荐“三农”优秀图书

全方位养殖技术丛书

禽病预防与免疫技术问答

秦长川　孙展和　主编

中国农业大学出版社

主　　编　秦长川　孙展和
副 主 编　刘文超　李业福　徐大节
编写人员　陈宝秋　徐大节　秦长川
　　　　　孙展和　李业福　刘文超

总　序

畜牧业是以植物性和动物性产品为原料，通过动物生产获得人类必需动物产品的产业，其主体是养殖业。在发达国家，畜牧产值占农业总产值的比例多在60％以上，个别人多地少的国家甚至超过80％。畜牧产品作为国民经济支柱产业的食品加工业的原料供应已占到80％，人均年消费的食物中，肉、蛋、奶分别达到100 kg、15 kg和300 kg，占总量的80％。这说明，现代畜牧业已成为农业乃至国民经济的重要组成部分，其发展水平也成为一个国家或地区发展水平的重要标志。

我国畜牧业的发展大致经过家庭副业、专业饲养和规模化饲养三个阶段，目前正在更广泛的区域向现代集约型方向转变，特别是改革开放以来的20多年，我国畜牧业得到迅速发展。主要表现在：①畜牧生产总量稳定增长，如2002年肉、蛋、奶总产量比1978年提高6～11倍，人均占有量和年均消费量也都有大幅度提高；②畜牧业科技含量明显提高，如主要畜禽的良种覆盖率、饲料转化率和发病死亡率等生产指标得到有益的改变，科技进步对畜牧经济增长的贡献率超过45％；③畜牧业在农业生产体系中的主导地位已基本确定，如畜牧业产值占农业总产值的比例由1949年的12.4％、1978年的15.0％上升到2000年的30％以上；④畜牧产业化格局初具雏形，如社会化服务体系日趋完善、规模化经营不断提高和多渠道开拓市场初见成效等。

但是与发达国家相比，我国畜牧业也面临着生产结构失调、草原资源严重退化、饲料资源不足（尤其是蛋白质饲料资源缺乏）、畜（禽）种资源被无控制地杂交化、科技推广工作薄弱、疫病损失严重等问题，既影响到当前畜牧生产的产业化经营，也影响到我国畜牧业的可持续发展。实践证明，只有通过推广和实行标准化、规范化生产技术，不断提高畜牧业的科技含量才能切实解决这些问题，使我国的畜牧业跨上一个新的台阶，大大缩短与发达国家的差距。

根据我国国情，并借鉴发达国家的经验，笔者认为我国未来畜牧业发展的策略应是：①改变以粮为主的传统观念，建立种草养畜、以牧为主的农业生产体系，提高资源利用效率；②改变以猪、鸡为主的畜（禽）种结构，建立以食草畜禽为主、稳定食粮畜禽的畜牧生产体系，提高市场适应能力；③改变以品种改良为主的单一增产措施，建立良种良法配套的实用技术推广体系，提高整体科技含量，力争用 10～15 年的时间，使我国畜牧业基本实现良种化、产业化，生产水平跨入世界先进行列。

为了适应农村产业结构调整的需要和提高当前畜牧业从业人员的技术水平，中国农业大学出版社策划出版了这套畜禽全方位养殖技术丛书。本丛书畜（畜）种涉及到猪、鸡、鸭、鹅、羊、兔等，并以各畜（禽）种的关键生产环节为主题单独成册，内容上坚持以技术操作性强、文字简明易懂和学以能致用为原则，注重吸收现代畜牧科学的新技术和新方法，并与生产中的传统常规技术相结合使之综合配套。

相信这套丛书能够全方位、多层次地满足读者需要，为广大畜牧业从业人员规范生产技术、提高养殖效益提供帮助。

王建民

2003 年 3 月 18 日于泰安

目　录

第1部分　禽病的预防和免疫

第2部分　禽传染病

第3部分 家禽寄生虫病

第4部分 家禽代谢病

第 5 部分　中毒性疾病

第 6 部分　家禽普通病

附　录

第1部分　禽病的预防和免疫

☞ 1. 什么是疾病，禽病分类有哪些？

疾病是动物机体在一定条件下与外界致病因素相互作用而产生的损伤和抗损伤的复杂斗争过程。在此过程中机体的各种机能代谢和形态结构发生异常的变化，随之出现相应的症状。因此，凡是能够引起动物生命活动能力、生产性能和经济价值降低的机体和行为上与正常生理机能不一样的现象都可以称为疾病。

从临床上可以将疾病分为流行病和普通病。流行病又分为传染病和寄生虫病，传染病又分为病毒性传染病和细菌性传染病。普通病又分为营养代谢病和中毒病等。

☞ 2. 怎样来预防和控制禽病的发生？

这一问题无论是现代化的大型养禽场还是个体小型的养禽户，都是家禽饲养过程中最重要的工作之一。因此，为了预防和控制禽病的发生，我们必须搞好饲养场场址的选择，禽舍的建造，家禽的饲养管理，兽医卫生防疫，环境卫生，病禽的封锁隔离，病死禽尸的无害化处理，减少禽群的应激刺激，群体的免疫接种，血清学的监测，疾病的诊断和治疗等工作。必须加强家禽的饲养管理，尽可能的为其提供符合其生理特点的生活环境和营养需要，从而提高其机体的抗病能力，防止病原体侵入机体引起疾病的发生。只要做好这些工作，就可以很好的预防和控制禽病的发生。

☞ **3. 养禽场的选址和建设与禽病的预防和控制有哪些关系?**

养禽场的选址和建设与禽病的预防和控制有着重要的关系，这一点往往被人们所忽视。选择一个好的场址，有利于禽病的预防和控制。因此，在养禽场的选址上，除考虑交通运输方便，便于生产经营，水电供应便利以及具有良好的水文气象条件外，还要着重考虑禽场周围的大环境条件，为了确保禽群的健康生长，让禽群生长在一个空气清新、无病原微生物污染的洁净环境中。所以，所选养禽场址周围应没有化工厂、重工业工厂和一些排放有毒烟雾、粉尘和废水污染严重的工厂，以免鸡群长期在污染严重的环境中生存而发生疾病，致使产品有毒物质残留，影响人们的身体健康。要远离村庄和居民区，以免通过人员的流动传播一定的疾病。一般应在距离村庄 3～4 km 以外的地方建场。在养禽场周围应没有其它畜禽饲养场和屠宰场。地势要高燥，向阳背风，朝南或东南方向，通风良好的地方建场(图 1-1)。

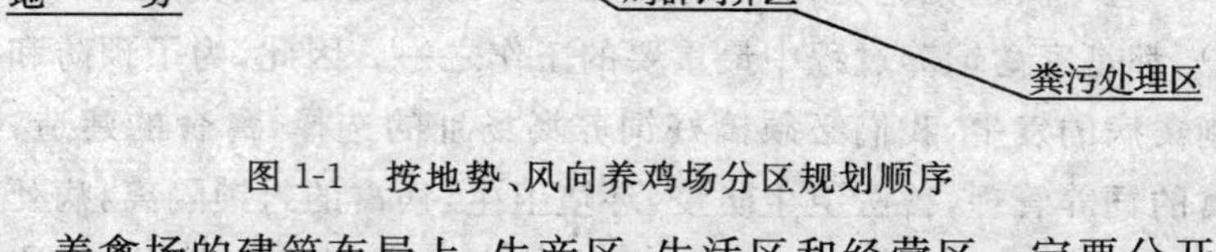

图 1-1　按地势、风向养鸡场分区规划顺序

养禽场的建筑布局上，生产区、生活区和经营区一定要分开，并保持一定的距离。一般生活区与生产区距离在 60～80 m 为宜。职工生活区包括食堂、宿舍、医务室、浴室等房舍。生产区有各种鸡舍、孵化室、饲料库、蛋库、兽医室、消毒更衣室等。

另外还有粪污处理设施，如粪场、污水池等。这些设施的区分规划，应该考虑人的工作和生活集中场所的环境保护，使其尽量不受饲料粉尘、粪便气味和其它废弃物的污染。还要注意生产鸡群的防疫卫生，杜绝污染源对禽群的污染。生产区内的净道和污道要严格分开，进养禽场大门和生产区门以及每栋鸡舍门前要设消毒池，进入生产区要设消毒更衣室，进出饲养场要严格消毒制度，凡进生产区的人员都要彻底消毒更衣以后方可进场。兽医室、病禽隔离室要设在下风口，病死禽解剖室要设在离污道比较近的地方，这样便于处理病死禽的尸体。兽医室、病禽隔离室离禽舍的距离应不少于 150 m。在禽舍的布局上，应将育雏舍设在上风口，青年禽舍与产蛋禽舍距离应为 40～50 m，产蛋禽舍之间的距离应在 15 m 左右。禽舍的跨度在 8 m 以上要施行机械通风，充分排出禽舍内的氨气、二氧化碳气和硫化氢以及鸡体代谢和粪污发酵腐败所产生的气体和粉尘、毛屑等有害物质。饲养场内外要搞好绿化，多栽一些树木花草；一方面可以美化环境，净化空气；另一方面还可以在夏季遮挡阳光来防暑降温。

☞ 4. 什么叫消毒，消毒有哪些方法？

消毒是指用物理或化学等方法杀灭病原微生物或使其失去活性的过程就叫消毒。常用的消毒方法有：

(1)机械性消毒：生产中最常用和最普通的消毒法是用机械性清除病原体，如清扫、冲洗和通风等。使用这些方法可以清除舍内的粪便、垫料、设备和用具上的大多数病原微生物，是一切消毒措施和程序的基础。但是，这些方法不能达到彻底消毒的目的，必须配合其它消毒方法进行。通风虽不能直接杀灭病原体，但能减少空气中病原微生物的数量。

(2)物理消毒法：①阳光、紫外线的照射和自然干燥：阳光中的紫外线有较强的杀菌能力，阳光照射引起干燥，一些病原微生物在干燥中而死亡。阳光照射几分钟到数小时，即可杀灭一般的病毒和病原菌。使用紫外线灯照射在 30 min 以上，平均每平方米1 W 的光能。但应注意，其杀菌作用受到诸多因素的影响，而且只对表面光滑的物体有较好的消毒作用。在消毒时要把禽舍密封好，以免由紫外线照射产生的臭氧而外溢，因臭氧有较好的杀菌作用。②高温：对粪便、垫草、污染的垃圾、价值不大的物品，甚至病死鸡的尸体等，都可用火焰加以焚烧。鸡舍地面、墙壁、鸡笼或其它金属物品和设备等，可用火焰进行喷射、烧烤。但使用时，应注意周围环境和鸡舍物品的安全，以免引起火灾。对各种金属物品、用具、玻璃器具、衣物等可进行煮沸消毒，其中可加入少许碱性物质，如苏打或肥皂等，以促使蛋白质、脂肪的溶解，防止金属生锈，提高沸点，增强消毒效果。

(3)化学消毒法：是养禽场最常用的一种消毒方法，它是利用一些化学药品采用熏蒸、喷洒等方法进行消毒。选用一些在空气中和水中性质稳定，不易变质，易溶于水，使用方便，对人和动物均比较安全，单位成本低，杀菌效果好，对多种病原微生物都有效，并无令人讨厌或持久的臭味；不会在禽产品中进行蓄积残留，对容器和纤维物品等没有破坏性和腐蚀性的化学消毒剂。常用的主要有酸类、碱类、重金属类、氧化剂类、酚类、醛类、醇类等几大类消毒药。

(4)生物发酵法消毒：生物发酵法消毒也是养禽场比较常用的一种既经济又实惠的消毒方法。这种方法是利用粪污中的有机物，在微生物的作用下分解产热，达到杀灭病原微生物和虫卵的目的。方法是将家禽排出的粪便、污物打扫干净以后，堆积起来，可以用泥泥上，也可以蒙上塑料布让其自然发酵产热。一般夏天需要 1 个月，冬季需要 2～3 个月。

☞ 5. 养禽场应怎样进行禽舍消毒?

在一批鸡淘汰以后，对鸡舍要用消毒药进行粗略的喷洒消毒，这样以免在清理粪便时由于尘土飞扬带走病原微生物。等把粪便垫料清除干净以后，将鸡舍和设备彻底清理和冲洗干净。一般采用高压水枪来冲洗鸡舍顶棚、墙壁、地面以及饮水器、料桶、鸡笼等有关设备。严格而彻底的冲洗不仅能清除95%的微生物，而且还可以清除墙壁、地面、器具上的蛋壳、粪便、血液和羽毛等，从而使得消毒药物能直接与病原菌发生接触。在清洗时，应选择适宜的清洗剂，如阳离子去污剂（百毒杀、1210）等，特别是对那些刷洗比较困难的设备和器具，如饮水器、料桶、产蛋箱、鸡笼、孵化器、出雏器、蛋盘、蛋箱和运雏箱等。清洗干净后要放在太阳光下进行曝晒消毒。必要时可在水中采用3%～5%的火碱溶液进行地面消毒，也可采用喷灯消毒地面、墙壁及其它严重污染的设施进行消毒。

禽舍在彻底清扫消毒完以后要自然干燥2周左右再进行熏蒸消毒。熏蒸消毒一般采用甲醛气熏消毒法。甲醛与病原微生物中的蛋白质中的胺基结合，使蛋白质变性故有强大的杀菌作用。先把高锰酸钾放在容器里，摆在要消毒的地方，然后加入福尔马林，福尔马林与高锰酸钾的比例一般为2∶1。由于两种药物起反应时会沸腾，产生大量的气泡，所以使用的容器要大要深，一般所用的容器容积比所用甲醛溶液大10倍以上。使用时要注意，千万不要把高锰酸钾加到福尔马林中。用药浓度一般分为三级：即每立方米消毒空间福尔马林为14 ml、高锰酸钾7 g为一级消毒。用量增加一倍为2级消毒，增加二倍为3级消毒。对刚产下的种蛋，用3级浓度熏20 min；孵化器内入孵第一天的种蛋，用2级消毒，熏20 min。洗涤室、垫料、运雏箱、在2次出雏的空隙时间里的出雏室和出雏器都用3级消毒。在发生严重禽病的禽舍要施行3级消毒。用甲醛消毒要注意工作人员的防护，不要将药液溅到眼里。

过氧乙酸气体消毒法：过氧乙酸又叫过醋酸，具有较强的杀菌作用。将药液按所需的量倒到耐酸的器皿中然后加热，使之产生蒸汽。也可按每立方米用过氧乙酸60 ml、高锰酸钾6 g，使其产气熏蒸。当温度在15℃以上，相对湿度为70%～80%时，室内用药每立方米1 g，熏蒸60 min，即可使细菌繁殖体、病毒、细菌毒素的污染减少达到消毒的要求。杀灭细菌芽孢，则需要每立方米3 g的药量，作用90 min。当温度为0～5℃时，只有将相对湿度提高至90%以上，并使用每立方米5 g药量，作用时间延长到120 min左右，才能达到消毒的要求。平时也可以用0.3%的过氧乙酸带鸡消毒，每立方米用30 ml，对鸡无害，并有良好的杀菌作用。所以，过氧乙酸适用于禽舍内熏蒸消毒，具有杀菌谱广，用药量小方法简便易行，所需物品可就地取材等优点。

另外，还可采用得克斯、金烟王等烟熏剂来进行消毒。它主要是二氯异氰尿酸钠和易燃材料混合点燃，形成气体来杀灭细菌。它对细菌、芽孢、病毒、真菌孢子均有较强的杀灭作用。

鸡场内的环境、道路等应定期清扫，保持清洁卫生。每周用3%火碱水喷洒消毒一次。

☞ 6. 养鸡场应怎样带鸡消毒？

带鸡消毒是养禽场应用最为广泛的一种消毒方法。选择对鸡的生长发育无害而又能杀灭病原微生物的消毒药，如过氧乙酸、二氯异氰尿酸钠、百毒杀和抗毒威等，有计划地在鸡舍内喷雾消毒，可有效地预防多种传染性疾病的发生，特别是在炎热的夏天可以结合防暑降温带鸡消毒。但应注意，在免疫前后3天不要使用消毒药，以免造成免疫失败。在使用消毒药上要经常更换，不要光用一种，以便取得更大更好的杀菌效果。

☞ 7. 养鸡场应怎样进行饮用水、设备和工作人员的卫生消毒？

饮用水的消毒也是养禽场经常采用的一种方法，特别是一些靠鸡棚比较近打井取水的养鸡户更应注意饮水消毒。一般都采用含氯的制剂来进行消毒，如威岛、次氯酸钠等，利用其释放出来的氯来杀灭水中的病原微生物，一般用量是 0.03%～0.05%次氯酸钠或威岛等。水中最终的氯含量达到 1～3 mg/L 即可取得较好的消毒效果。也可以用百毒杀。

设备和器械的消毒：饮水器的消毒常用抗毒威、百毒杀等，雏鸡每日 1 次，大鸡每周 1～2 次。能耐腐蚀的设备，尽量用火碱或其它杀菌效果较强的消毒药进行消毒。

鸡场工作人员的卫生消毒：每次进出入鸡舍，都要淋浴消毒更衣，衣服要定期清洗消毒，平时放在有紫外线照射消毒的地方。

☞ 8. 满足家禽的营养需要与禽病的预防有什么关系？

在家禽饲养上，从防病的角度来看，特别值得注意的是要满足家禽的营养需求。只有满足了家禽的营养需求，家禽才能生长、产蛋或长肉，才能有一个健康的体魄，才不容易生病，才能为我们创造一定的经济价值。因家禽具有体温高、生长快、产蛋多、物质代谢旺盛等特点。因而所需营养物质就多。家禽所需营养物质包括碳水化合物、脂肪、蛋白质、矿物质、水分、维生素等。从禽群健康和防病角度上看，应根据家禽的营养需要合理配制日粮。

蛋白质：它是由 20 多种氨基酸构成，是含有碳、氢、氧、氮和硫的复杂的有机化合物，是禽体细胞和禽蛋的主要成分。肌肉、皮肤、羽毛、神经、内脏器官及酶类、激素、抗体等都含有大量的蛋白质。一般情况下，产蛋母禽日粮中含 14%～17%蛋白质，肉用仔禽日粮含 19%～21%蛋白质就够用了。喂过多的蛋白质不含氮的部分会在禽体内以类似碳水化合物和脂肪的方式产生能量。如不足时雏鸡生长缓慢，羽毛生长不良，性成熟晚，产蛋少，产蛋小。严重缺乏时，采食停止，体重下降，卵巢萎缩，严重者会衰竭死亡。饲料蛋白质的营养价值主要取决于氨基酸的组成、鸡必需氨基酸有蛋氨酸、赖氨酸、组氨酸、色氨酸、异亮氨酸、苏氨酸、精氨酸、亮氨酸、苯丙氨酸和缬氨酸。必需氨基酸不能在体内合成，必须从饲料中供应。必需氨基酸中某一种需要量不足时，均会影响蛋白质的合成。所以必须注意氨基酸的平衡。尤其注意赖氨酸、蛋氨酸、色氨酸，家禽利用其它氨基酸合成蛋白质时，均受它们的限制，称为限制性氨基酸。实际饲养家禽时，饲料种类要多一些，补充一部分动物蛋白饲料或添加人工合成的蛋氨酸和赖氨酸，以保证氨基酸的平衡。

能量：家禽的一切生理活动过程，包括运动、呼吸、循环、吸收、排泄、神经系统、繁殖、体温调节等都需要能量。日粮中碳水化合物和脂肪是能量的主要来源，蛋白质多余时不含氮部分也能分解产生能量。碳水化合物主要是淀粉，它作为家禽热能来源价格最便宜，易被家禽吸收利用。由于禽体代谢旺盛，需要能量较多，必须喂给富含淀粉的饲料。家禽对纤维的消化能力较差，日粮中纤维不可过多。但纤维也不能过少，过少时肠蠕动低，家禽没有饱腹感，而易发生啄羽、啄肛等不良现象。脂肪也是家禽的一个重要的能量来源。禽体和蛋中均含有脂肪。家禽日粮中淀粉可转化为脂肪，而且大部分脂肪酸可以在体内合成，一般不存在脂肪缺乏的问题。惟有亚油酸在体内不能合成，必须从饲料中供给。亚油酸缺乏时雏鸡生长不良，成鸡产蛋量少，孵化率低。以玉米为主要谷物的日粮通常含有亚油酸，而以高粱、麦类为主要能量来源的饲粮则可能造成亚油酸的缺乏。脂肪的热能价值高，其产热量为碳水化合物的 2.25 倍。国外在肉仔鸡或产蛋鸡日粮中添加 1%～5%的脂肪，提高日粮的能量水平对肉鸡生长和成鸡产蛋，特别是提高饲料效率都有很好的效果。配合日粮时既应考虑生产成绩，也要注意经济效益，选择合适的能量水平。

一般来说，肉用仔鸡需要高能量水平，为提高日粮的能量水平，可添加适量的脂肪。蛋用型鸡育雏和育成期均用较高能量水平，产蛋鸡适当提高，可减少每生产单位重量鸡蛋的饲料消耗。蛋鸡笼养时因活动量受限，比平养鸡能量水平要稍低些，以防过肥而发生脂肪肝。肉用种鸡在育成期水平应低于规定的需要量，为此可控制采食量或光照时间；肉用种鸡产蛋期用低能量日粮或限制采食量，以防过肥而造成产蛋量下降。

矿物质：矿物质是一类无机营养物质。存在于动物体的各种元素中，除碳、氢、氧和氮主要以有机化合物的形式出现外，其余各种元素无论含量多少，统称为矿物质或矿物元素。矿物质在家禽的营养中具有调节渗透压、保持酸碱平衡等作用。矿物质还是家禽骨骼、血红蛋白、甲状腺素的重要成分，因此是家禽正常生理活动和生产所不可缺少的重要物质。家禽所需的矿物质，主要是钙、磷、氯、钾、钠、硫、镁、锰、锌、铁、铜、碘、钴、铝、硒等，其中以钙、磷、氯、钠、锰和锌最为重要。

蛋禽需要上述矿物质，其中以钙、磷和钠的需要量为最大。钙对于凝血以及与钠、钾在一起保持正常的心脏机能都是必需的。钙是蛋壳的主要成分，一般一枚鸡蛋的壳重6.3～6.5 g，含钙2.2～2.3 g，若平均产蛋率为70％，则每日以蛋壳形成排出的钙1.5～1.6 g。饲料中钙的利用率按50％（一般为50％～60％）计算，每天每只产蛋鸡应供给3.0～3.2 g钙。但这只不过是大致的估算。实际上产蛋鸡体内有一定的储存缓冲，并且钙的总利用率也可能有所伸缩。我国产蛋鸡的饲养标准中钙的给量按产蛋率的高低而有所变化。产蛋率在65％以下时，饲料中钙的含量为3％；产蛋率在65％～80％时为3.25％；产蛋率高于80％时为3.5％。鸭、鹅、火鸡和鹌鹑产蛋期间日粮中钙水平应为3.25％、2.25％、2.25％和2.3％。如果不足雏禽会因缺钙则患软骨病，成禽缺钙时蛋壳变薄，产蛋减少，甚至产无壳蛋。钙在一般谷物和糠麸中含量很少，必须注意补充。因产蛋鸡体内保留钙的能力有限，粉状的钙质饲料很快被吸收利用，所以，产蛋鸡最好喂一些碎块贝壳粉。但饲料中钙量也不应过高，否则会影响雏鸡的生长和对镁、锰、锌的吸收，甚至会因钙盐过多而致痛风病，造成死亡。

磷也是禽不可缺少的重要矿物质。与钙共同以羟基磷灰石的形式构成家禽的骨骼和喙爪。还以磷蛋白、核酸和磷脂的形式存在于软组织和体液中并发挥一些生理作用。磷还是碳水化合物代谢形成的已糖磷酸盐以及二磷酸腺苷和三磷酸腺苷的重要组成部分。也是鸡、鸭、鹅、鹌鹑和火鸡在产蛋期间必需的矿物质，一般日粮中磷的水平分别定为 0.60%、0.60%、0.60%、0.80% 和 0.70%。磷对于机体酸碱平衡的调节亦具有重要作用。鸡缺磷时食欲减退，生长缓慢，严重时关节硬化，骨骼易碎。谷物和糠麸中含磷较多，但禽对植酸磷利用的能力低，其雏鸡利用率大约为 30%，成鸡利用率为 50%。饲养家禽时，除注意满足钙和磷的需要量外，还应按饲料标准注意钙、磷的正常比例，一般情况下雏鸡以 1.2:1为宜，产蛋鸡 4:1或钙稍高一些为合适。两者的比例适当，有助于钙、磷的正常利用，保持血液和其它体液的中性。若钙、磷比例不适，即使钙的含量或磷的含量很高，也会出现钙、磷缺乏等症状。

食盐在血液、胃液和其它体液中含量较多，在家禽生理上起着重要的作用。食盐中的氯可生成胃液中的盐酸，保持胃液中的酸性，钠在肠道中保持消化液的碱性，有助于消化酶的活性。饲养家禽时必须补给少量的食盐。食盐不足则鸡消化不良，食欲减退，生长发育迟缓，容易出现啄癖，产蛋鸡体重减轻，蛋重减轻，产蛋率下降。

维生素：维生素是生物体维持生命和健康不可缺少的低分子化合物。其化学结构各不相同，生理功能各有所异。家禽所需维生素量甚微，但在禽体的物质代谢中起着重要的作用。由于家禽消化道内微生物少，大多数维生素必须从饲料中摄取。家禽所需维生素有维生素 A、维生素 D、维生素 C、维生素 B、维生素 E、维生素 K 等十几种。在正常情况下，饲养标准中规定的维生素需要量可用添加剂形式如数给足。由于维生素产品的剂型和有效期限不同，以及在储存过程中易被氧化分解，所以在实际用量当中也有不同。有时家禽在应激时对某些维生素的需要量要成倍的增加，因此，要针对具体情况确定其用量。

水：水对许多家禽也至关重要，缺水比缺食危害还要严重。据报道，产蛋鸡缺水 36 h 可使产蛋率在 5 天后由 67%降至 8%，恢复饮水后仍很长时间不能恢复产蛋。在家禽体内水有许多重要功能，如促使饲料在消化系统中移动，促进消化和吸收营养物质。水是血液的主要组成部分，在将营养输送到各器官，在形成蛋和肉的各种必要的体内化学反应，以及在通过肾脏排除体内废物和毒素时，水也是必不可少的；关节的润滑需要水；在保持体温的过程中，尤其是在热的环境中，水是极为重要的。家禽在丧失 98%体脂或 50%体蛋白后仍可存活，但如体内水分丧失 10%即会造成严重的生理失调、生长和产蛋下降；水分丧失 20%就能导致死亡。鸡的饮水量一般因季节变化而不同，气温高时饮水量增加，产蛋量增加时饮水量增加。一般来说，1 只鸡 1 天需 150～250 g 水，是采食量的 1.6 倍。水质对禽的生产性能影响也很大，劣质的水中细菌和毒素较多，会影响家禽体内正常的生理过程从而引起生产性能降低并且引发一定的疾病。所以水的质量应与人的标准一致。

☞ 9. 为什么说实行科学的管理是预防和控制禽病的前提？

科学管理是减少家禽发病率、死亡率、提高产蛋率和出肉率的重要措施之一。我们所饲养的家禽如果有一个舒适的环境，生长、发育、繁殖、生产性能就强，发病就少，提供给我们的经济效益就高。特别是现代化养禽生产，在全舍饲、高密度饲养条件下，环境问题变得更加突出。科学管理它包括合适的温度、适宜的湿度、新鲜的空气、正确的光照制度、合理的饲养密度。

（1）合适的温度：合适的温度对家禽的生长、产蛋、蛋重、蛋壳品质、受精率与饲料转化率都有明显的影响。合适的温度是育雏的关键,必须严格而正确的掌握。育雏温度包括育雏室的温度和育雏器的温度,而育雏室的温度要比育雏器的温度低,这样就形成一定的温度差。由于温差的原因才能使空气对流,并使雏鸡选择一个合适的温度。育雏温度开始要高,以后随着日龄的增加而逐渐降低。选择适宜的温度应看鸡施温,一般鸡群如撒沙样分布,并在鸡舍里自由找食吃,这就说明施温正常。否则靠近热源,挤堆,发出尖叫声,羽毛蓬乱则是温度低的表现。温度过高,鸡远离热源,匍匐地面,两翅展开,伸颈张口喘气,大量饮水,食欲废绝。

产蛋鸡适宜温度为 15～25℃,低于 10℃,高于 32℃时,鸡群产蛋率会急剧下降。高温除引起产蛋率下降外,还蛋形小,蛋壳变薄,变脆,表面粗糙。低温特别是气温突然下降或持续低温,亦使产蛋率下降。此外,高温还使家禽体重减轻,体脂大量丧失。体脂含量较少,而合成脂类的能力下降,使含脂肪很多的蛋黄变小,蛋白减少,所以蛋重减轻。高温使公鸡繁殖力衰退,种蛋受精率和孵化率下降。若环境温度超过 37℃,鸡有发生热衰竭中暑而死亡。

(2)适宜的湿度:相对湿度是指空气中当时实际的水汽含量与同温度下饱和水汽量之比,相对湿度说明空气中水蒸气的饱和程度。在适温时,相对湿度与机体的热调节机能没有大的影响,因而对生产性能影响不大,但如果在高温或低温时,高湿度影响最大。高温时,家禽主要靠蒸发散热,如空气中水汽多、湿度大,影响其蒸发散热,易使体内积热,家禽采食量减少,饮水量增加,运动少,生产性能大大下降,若体温上升,机体难以耐受,最终中暑而死,高温高湿环境易于微生物繁殖,导致家禽发病。在低温高湿环境下,家禽主要通过辐射、传导、对流散热,高湿环境空气中水汽量大,其热容量和导热性均高,并能吸收机体的热量增加,因而散热较多。同时,潮湿空气导致家禽羽毛湿度加大,亦增大其散热量。总之,低温高湿环境,机体失热多,家禽食量增加,饲料消耗就多,生产性能下降。一般情况下,家禽的适宜湿度为 60%～65%,雏鸡相对来说湿度大些，成鸡可以小些。为防止相对湿度过大，饲养管理过程中应尽量减少用水，及时清扫粪便，保持舍内良好的通风。

(3)加强通风：通风的目的是排出禽舍内的污浊空气换进新鲜空气，并调节舍内的温度和湿度。禽舍中由于各部位的温差不同，和门窗的启闭，各处的缝隙，机械的动力这样可以形成空气的流动。气流对家禽的影响是通过羽毛层达皮肤造成的。气温低于皮温而高于临界温度上限时，加大气流速度，可缓解高温的影响；舍温低于临界温度时，气流达于皮肤，则机体失热增多，采食量增加，体重下降，生产性能也随着下降。因此，夏季高温时，气流速度加大，利于散热。但冬季由于比较寒冷，鸡失热增多，持续低温则会影响产蛋。在任何情况下，要保证禽舍通风换气的正常进行。即使在严冬季节，舍内也应保持一定的通风换气，切不可单纯为了保温，将门窗紧闭，不进行通风换气，使禽舍内空气处于静止状态，这样的空气环境对家禽的健康都有不利影响；特别是禽舍内由于家禽的呼吸、排泄以及粪便、饲料等有机物的分解，使一些有害气体增加，如氨气、硫化氢、甲烷、粪臭素、二氧化碳气等。在禽舍内由于生产工作的进行也可以使禽舍中的灰尘、微生物等比舍外大气中的浓度大大增加。若禽舍通风不良，舍内卫生状况不佳，有害气体浓度超过标准，将损害家禽的健康，影响生产力。

(4)正确的光照制度：光照是现代化养鸡业中必须采取的非常重要的技术措施之一，因为光照不仅是禽饮食、生理及活动所必需，而且光线能通过视神经刺激大脑下垂体分泌激素。激素对鸡的性成熟和产蛋性能有很大的影响。由于冬季的自然光照时间不够，会影响大脑下垂体分泌激素，同时影响采食。如光照不足，会使产蛋鸡产蛋明显下降，甚至不产蛋。光照太弱也会影响鸡的正常采食和大脑垂体的正常激素的分泌，还会使鸡变肥；而光照太强，容易使鸡变得神经质，易受惊，发生啄肛、啄羽，还会使鸡提前换羽，影响产蛋。所以，光照度不合理，将会严重影响家禽的生长发育、性机能和生产性能，因此必须高度重视。光照制度的原则是：育雏及育成阶段均处于生长时期，这阶段光照制度应是促进雏禽健康成长，提高成活率，但母雏长到10周后，光照时间长会刺激其性器官的加速发育，造成过早的性成熟，对今后的产蛋不利。因此，这阶段的光照宜短，不宜逐渐延长。产蛋期为使家禽适时开产并达到高峰，充分发挥其产蛋潜力，光照宜延长，不易逐渐缩短。对肉用仔鸡的光照可采用间歇式光照，以减少死亡，促使其生长。

(5)合理的密度：密度是指禽舍内每平方米容纳家禽的只数。它与鸡的正常生长发育、健康等密切相关，密度过大，鸡群拥挤，吃食不均，容易造成生长缓慢、发育不良，甚至感染疾病、发生啄癖等现象。禽饲养密度要根据禽舍的构造、通风及饲养条件等具体情况而灵活掌握。

☞ 10. 养鸡场养鸡为什么要使行“全进全出制”？

肉用仔鸡和种鸡场，要采用“全进全出制”。全场和每一鸡舍只养同日龄鸡或相差不超过1周龄的鸡，便于鸡全部出舍后清扫、冲洗、消毒。空栏1～2周，切断疫病传播途径，空栏的时间越长，防止感染的把握越大。育成鸡和蛋鸡，每一鸡舍也要饲养同一日龄的鸡，因为成鸡感染疫病康复后，可能携带病原体而成为疫病的传染源。因此，为了防止疫病由上一批鸡传给下一批，对于饲养场应使行“全进全出制”。

☞ 11. 养禽场应注意哪些卫生？

养禽场的管理者要时时刻刻有一个无菌观念，应尽最大努力不让病原微生物进入你的鸡舍。因此，养禽场要注意消灭鼠类及某些有害昆虫，因为鼠和某些昆虫是鸡新城疫、钩端螺旋体病、原虫病、球虫病等疾病的传播者。人员也是传播疫病的主要媒介。工作人员的衣服、鞋子会被粪便、灰尘、羽毛等污染，具有极大危险性。因此，人员出入禽舍要更衣、换鞋、洗手，必要时还要淋浴。领导人员了解情况、检查工作也要遵守防疫要求。要控制各种鸟兽进入养鸡场，有些鸟兽也是禽病原体的携带者，必须保证一些鸟兽不能进入禽舍，污染水源和舍外尚未使用的新垫料。注意禽场不要与其它动物混养，防止某些共患病互相感染。某些设施、用具如饮水器、料槽要经常保持清洁。对于已受到污染的设施，则致病因子存活期较长且扩散能力较大的，应注意消毒。还应注意灰尘的污染，这在呼吸道病原体高度传染情况下尤为重要，特别是新城疫病毒，当鸡舍灰尘的排出量较大时，鸡舍的距离较近，这样就会在鸡舍和各场间进行扩散。因此，各个鸡舍应尽可能相距远一些。再一个要注意消毒，这样可以通过消毒来降低空气中灰尘的含量。要注意饲料和新垫料不要受到病原微生物的污染。因鸡饲料中的动物性蛋白质是鸡沙门氏杆菌的一个主要来源。如果饲料以粉料形式或以尚未受热加工影响的颗粒料形式出现，则很容易受到病原微生物的污染。垫料也是如此，如一些霉变的麦秸、稻草，通常受到霉菌的污染，能导致禽的曲霉菌病，特别是雏鸡和雏鸭更容易发生。因此要保持垫料和饲料的洁净卫生。

除注意上述问题以外，还要保持鸡舍内的卫生，防止疾病在鸡舍内传播。要注意鸡群密度不应过大，呼吸道病原体可随着鸡群密度增大而增加。冬天要给予适当保温以防止鸡拥挤成堆。还要注意水槽和料槽受到粪便的污染而发生水和饲料的污染。垫料要厚而蓬松，垫料能冲淡鸡所排出的肠道病原体，并且能促使其与化学环境和微生物环境接触，从而抑制其存活。垫料也能吸湿，在某些位置，如料槽和水槽附近，可能污染严重，应该经常更新。还要注意病鸡和死鸡的处理，死鸡在进行剖检和诊断后要做无害化处理。并对发病鸡群要进行适当的治疗，让其得以康复。

☞ 12. 孵化厂应注意哪些卫生？

在疾病的全面预防过程中，孵化厂卫生应给予足够的重视。

有些疾病如沙门氏杆菌病就有可能从种蛋孵化中所感染。蛋污染在输卵管内就开始，如禽脑脊髓炎、淋巴白血病、霉形体病、白痢、伤寒、产蛋下降综合症等。有时环境中的病原体，通过蛋壳进入蛋内。禽蛋通过泄殖腔时就被污染，从温热的禽体产出后，温度骤然下降，形成负压将部分病原体由蛋壳上的小孔吸入蛋内。收蛋人的手和衣服也可将病原菌污染于蛋壳。此外，种鸡的粪便或皮肤、羽毛以及脏的产蛋箱和垫料也可对种蛋进行污染，造成污染的病原菌主要有沙门氏菌、葡萄球菌、大肠杆菌、梭状芽孢杆菌、黄曲霉菌和其它病原菌，引起孵化中的鸡胚死亡或出生后发生各种疾病。

为防止种蛋受到污染，必须保证种鸡健康，在种鸡的饲养过程中要有一个完整的防预体系。种禽场要有一个合理的免疫程序。此外，还要不断的从种鸡群中剔除病鸡，减少带菌鸡蛋的数量。对于孵化而言，为防止种蛋受到污染，一天不少于三次捡蛋，存蛋库要远离鸡场，捡来的种蛋要进行初选，剔除脏蛋、破蛋和畸形蛋后，将种蛋气室向上放在蛋盘里，及时放入消毒柜中进行消毒。从种蛋消毒距种蛋产出的时间越短越好。消毒可以采用福尔马林或过氧乙酸熏蒸，也可用消毒液浸泡消毒。但后者对胚胎发育影响较大。所以种蛋的消毒通常采用福尔马林 30 ml/m^3 加热或加入高锰酸钾 15 g 来进行熏蒸消毒 20～30 min。熏蒸时要关严门窗，室内温度保持在 25～27℃，相对湿度在 75%～80%，然后排出气体，把种蛋送入孵化室。

为在孵化中防止疾病的扩散，保证雏鸡不受疾病的感染，孵化厂应远离饲养场和生活区。孵化室的地面、墙壁、孵化器及其附件均应彻底消毒。出雏盘因经常出雏而带有很多粪便，应用消毒药彻底消毒。孵化器在入孵前要彻底清洗后，用福尔马林熏蒸消毒。孵化厂内要各室独立，对于用具不能串用，各室工作人员应在自己的范围内走动，不要串岗，防止病原菌在孵化厂各室间交叉污染。

病雏的绒毛对健雏和种蛋也可以造成严重的污染，还能传染给下批孵化的鸡。因此，孵化室要合理通风，增加消毒次数以防止绒毛对健雏污染。工作人员在工作开始和结束后要用消毒药液进行消毒。出雏结束后，把死雏、毛蛋和蛋壳要进行无害化处理，设备要彻底清扫和消毒。雏鸡在出售时，送雏盒不得返回再用。对弱雏、大肚脐、蛋黄吸收不良的不出售。

☞ 13. 养鸡场为什么要注意杀虫、灭鼠和控制飞鸟？

在养鸡场中，有许多动物是鸡传染病的传播媒介。因此，为了防止鸡场传染病的发生和流行，必须做好养鸡场昆虫、鼠和飞鸟的杀灭和控制工作。

杀虫：是杀灭鸡的体外寄生虫和昆虫，鸡常见的体外寄生虫有鸡刺皮螨、恙螨幼虫、鸡软蜱、鸡羽虱、鸡绒毛虱等。这些寄生虫既直接危害鸡的健康，又可传播疫病。鸡舍的昆虫有蚊、蝇、蚋、蠓、蚂蚁等，虽然这些害虫对鸡直接危害性不大，但在一些疾病的传播中起着重要的媒介作用。杀虫一般采用拍打、捕捉、火焰、沸水或热蒸汽、电蚊灯等方法进行杀虫。也可用敌百虫 0.1%～0.15% 溶液洗浴或喷洒杀灭鸡膝螨、虱、蚤、蜱、蚊、蝇等体外寄生虫。敌敌畏毒性比较大，主要用来杀灭鸡舍外的蚊、蝇等昆虫，一般用 0.05%～0.1%浓度进行喷洒、涂刷栖架和墙壁以及周围环境杀灭害虫。毒蝇磷，本品属中等毒性的杀虫药，在体内的残留量很小，杀虫范围广，对鸡的螨病、跳蚤、软蜱、禽虱等体外寄生虫均有效。用 0.03%乳剂治疗鸡螨病，也可用 0.05%浓度的沙浴杀灭体外寄生虫。杀灭菊酯为触杀性杀虫剂，对体外多种寄生虫如螨、虱、蚤、蜱、蚊等有杀灭作用，毒性极低，使用安全。可用 20%乳油剂 1 000～5 000 倍液稀释后，进行药浴法、喷雾法、涂擦法或烟雾等方法来杀灭这些害虫。

灭鼠：老鼠种类比较多，繁殖力比较强，3～4 个月的幼鼠就能交配繁殖，一年能生 5～10 胎，怀孕期为 21～22 天，据统计，一对大家鼠一年繁殖的子孙后代可达 15 552 只。老鼠属于啮齿类，门齿能终身生长，每年要长 17～20 cm，为保护嘴唇，每周要咬齿 1.8 万～1.9 万次，以此将牙磨平。因此，要啃咬器具，同时糟蹋粮食。有人统计，一只老鼠一年可吃掉 12 kg 粮食，排泄 2.5 万粒粪便，污损粮食 40 kg。还传播一些疾病，盗食饲料，咬伤、咬死家禽。一般采用夹子夹或投鼠药杀死等方法。

控制飞鸟：由于飞鸟和鸡都是同祖，所患疾病也相近，因此在传播鸡病比鼠类危害更大。再加上飞鸟的活动范围大，因此往往成为某些疾病的重要传染源或传播媒介。采用密闭式饲养，捣毁鸡舍建筑物上的鸟巢，驱赶和捕捉等方法来控制飞鸟的进入。

☞ 14. 养鸡场怎样将鸡粪进行无害化处理？

在养鸡场中，每天产生大量的污水和鸡粪，如果这些污水和鸡粪不经过处理或处理不当，不但污染环境，而且臭气难闻，特别是养鸡比较集中的专业村，对鸡粪的处理注意不够，到处乱放，每到夏天污水横流，蚊蝇滋生，有不少疾病就是通过鸡粪在养鸡户之间传播开来，这样有损人和家禽的健康。因此，必须将鸡粪进行无害化处理。其方法有：

（1）堆积发酵法：是农村养鸡鸡粪处理最常用的一种方法，一般离鸡舍较远的地方，挖一浅坑，坑底略垫干草或干土，将鸡粪堆积成 1 m 高的小堆。在粪上盖上新干土约 10 cm 厚，其上再涂抹一层泥浆。也可以挖一个口径 2～3 m、深 3～5 m 的土坑，在坑底垫少量草后将鸡粪倒入坑内（粪满到离地表 0.3 m 处），然后于鸡粪上覆盖草类，用土密封，经过 1～2 个月发酵后，可取出作肥料。鸡粪堆积封闭后，利用粪内好热性细菌产生热量（温度可达 75～85℃）杀死病原微生物及寄生虫卵。

由于鸡粪内有撒落的饲料和大量未消化吸收的营养物质。所以，可将鸡粪加上 EM 液进行发酵后来用做饲料喂猪。也可把鸡粪摊开在干净的水泥地或砖地上，通过阳光曝晒数小时风干或用烘干炉烘干，打包，做肥料外销。

（2）深埋法：对发生传染性疾病的鸡粪采用此法。在距鸡舍较远的地方挖一个深 2 m 以上的土坑，坑底撒上 0.5～1 kg 的石灰。装入鸡粪后，在粪表面再撒上适量的石灰（粪满距地表 0.7～1.0 m），然后用土封闭，长期埋存。

（3）烧毁法：先在地上垫上一层较厚的干草，草上放上鸡粪，焚烧，直至烧完为止。

（4）化学消毒法：先挖一个适当大小的土坑，将鸡粪填入坑内，略加些水，再加入化学药品搅拌均匀封闭即可。常用的消毒药品有 3%火碱水、20%石灰乳、20%漂白粉或 3%福尔马林等无害化处理。

☞ 15. 养鸡场暴发疫病时应采取什么样的控制措施？

有些养鸡场虽然有严格的防疫制度、消毒隔离措施以及相当详尽的免疫程序等，但有时也会发生疫病暴发。在发生疫病时及时采取准确的控制措施，可以将疫病暴发所造成的损失降低到最低点。应采取的措施是：及时发现，准确诊断；迅速隔离、紧急消毒；严格处理病死鸡；用疫苗紧急免疫接种；及时合理地进行治疗。

当暴发疫病时，要对病死鸡进行认真仔细的剖检，尽快做出确诊，极早用药治疗。有必要时可以采集病料送交有关实验室进行化验确诊。在对疾病进行诊断的同时，要纠正管理上的错误。将死鸡和濒临死亡的鸡只迅速捡出，并做无害化处理。对尚未发病的鸡群，应立即采取强制性的隔离措施和严格消毒，防止易感鸡受到传染。另外，还应当在饲料或饮水中添加广谱抗生素，进行及时合理的预防和控制。最好在饮水中添加药物，因为多数病鸡虽然不采食但仍然饮水。对怀疑可能是传染性疾病的，应当用疫苗进行紧急免疫接种，这样可以有效地预防传染病的发生，控制其进一步地蔓延和扩散。

☞ 16. 养鸡户应怎样通过看鸡粪来辨鸡病？

鸡消化道较短，饲料通过消化道的时间就短，饲料通过消化道时约有 30%的营养成分没有被吸收利用，随粪便排出体外。其正常鸡粪有两种：一种是周围带有一些白色物质呈灰色的干粪；另一种是褐色半粥样粪便。灰粪上面白色的粪便是尿酸盐，是鸡体蛋白质代谢的产物，后经肾脏排出并覆盖在上面。这种白色覆盖物的多少，是衡量鸡的蛋白质饲料供给和吸收水平的标志。如果饲料中蛋白质饲料配合得当，消化正常，白色粪便约占 1/3。如果灰色干粪上见不到白色的粪便，这就说明供给蛋白质饲料不足或鸡对蛋白质的吸收有问题。如果太多有可能是蛋白质饲料太高或其它疾病引起。褐色半粥样粪便也叫糖鸡屎，是鸡盲肠内的粪便，因粪便在盲肠内停留的时间较长，所以这种粪便带有恶臭味，一般鸡每排十几次粪就要排一次糖鸡屎。如果鸡连排糖鸡屎，那便是有病或蛋白质饲料供应过量所致。

如果鸡因饲喂发霉的饲料或腐败的动物性饲料，则排出黄色或黄绿色的稀便；若雏鸡患鸡白痢，则排出白色糨糊状稀粪，并且黏附在肛门周围；鸡传染性法氏囊炎则排石灰水样粪便；如患肾传支或痛风病则排白色水样稀粪；患马立克氏病、伤寒、禽副伤寒、霍乱、新城疫、大肠杆菌病、鸡住白细胞原虫病时，则排绿色稀粪并带有恶臭味，这是由于疾病引起肝脏肿大产生的胆汁较多或长时间不吃食胆汁得不到充分稀释，以及肠道有病理变化所致；在鸡患有球虫病时、病鸡排西红柿样或胡萝卜馅样粪便和血色粪便，特别是柔嫩艾美尔球虫引起的盲肠球虫病，粪便呈血色，有时甚至便血；若患绦虫病时，粪便往往呈水样，有时并带有像大米粒样的虫卵节片；患前殖吸虫病时，破坏了输卵管黏膜和蛋壳腺体，病重时，常从泄殖腔排蛋壳碎片和浓稠的灰白色黏液；若患脂肪肝综合症时，病鸡代谢障碍，则排出青白色粪便；消化系统疾病，如消化不良、食滞、胆汁分泌异常等病鸡排出的粪便也是青白色的。如粪便中带有未消化好的饲料颗粒，并混有柿红色黏稠的粪便，这是肠道综合症，是由小肠球虫和一些细菌共同作用的结果。

总之，掌握了上述鸡粪变化的特征，再配合其它综合性诊断，就可以及早地、较为准确地识别疾病，以便采取相应的防治措施。

☞ 17. 养鸡户怎样自行禽病诊断？

养鸡户为了能够及时发现病鸡，尽快做出诊断，采取有效的控制措施，减少损失，保证鸡群健康成长，养鸡户应当掌握一定的鸡病辨别知识。那么怎样来自辨鸡病呢？

(1)看活动：健康鸡两眼圆睁有神，机灵，当人进入鸡舍时鸡头左右摇摆并发出“咯咯”的叫声。手拍鸡背，健康鸡叫声响亮、短促，提起时挣扎有力，双脚收起。病鸡无叫声或叫声嘶哑，提起时挣扎无力，脚不收起。精神欠佳，有的离群呆立，有的聚集在一起，两翼下垂，不愿吃食，步态不稳，运动失调，两眼无神，喜打瞌睡或无目的乱跑乱飞。如出现企鹅式站立行走，见于腹腔积水；两腿交叉站立，行走困难，是维生素E缺乏症；仰头蹲伏，呈观星姿势，为维生素B_1缺乏症；两爪挛缩，倒地不能站立是由维生素B_2缺乏引起；头颈僵硬、伸直，向一侧或向后弯曲，多见于鸡新城疫、马立克氏病。

(2)看羽毛：鸡羽毛平整、紧凑、光亮是健康的标志。羽毛蓬松，污秽不洁，失去光泽，是一些慢性疾病或营养不良的症状；羽毛竖立是高热寒战的表现；羽毛零乱、脱落、自食或互食羽毛为啄羽是由癣病或营养不全所致；雏鸡羽毛稀少，是叶酸、烟酸和泛酸不足的缘故。

(3)看鸡冠：健康鸡冠大而湿润，呈鲜红色。病鸡冠小，尖黑紫，脸苍白。鸡冠呈深紫色，并有高热，常见于急性传染病；冠髯青紫、肿大为禽霍乱；冠苍白或变成黄紫色，干燥枯萎，常见于球虫病、淋巴性白血病；冠或肉垂有白色鳞片状结痂，则是白冠病；肉垂肥厚、肿胀、内有豆腐渣样物，多是传染性鼻炎。

（4）看眼睛：角膜混浊，结膜内积有牛奶样黄白色凝块，见于维生素 A 缺乏症；眼睑肿胀，眼部突出如肿瘤状，见于鸡支原体病；瞬膜下有黄色干酪样小球，眼球鼓起，角膜中央溃疡，见于鸡曲霉菌病；虹膜变成灰色，瞳孔极小或呈放射状，是马立克氏病。

（5）查鼻液：正常鸡无鼻液。患传染性鼻炎时，鼻腔和鼻窦发炎，分泌的黏液有特殊臭味，干燥后凝成淡黄色的痂，鼻孔处粘有饲料渣；患败血霉形体的鸡，鼻、口流出泡沫状黏液；当维生素 A 缺乏时，鼻腔可挤出炼乳样或豆腐渣样物。

（6）看口腔：口腔黏膜有小米粒大小的、黄白色隆起的小结节，或上腭沟、咽部或喉头有易于剥离的豆腐渣样凝块，是维生素 A 缺乏症；口腔黏膜、舌的两侧或喉头上有不易剥离，但剥离后留下出血的溃疡面，是黏膜性鸡痘的特征。

（7）查嗉囊：健康鸡食前嗉囊无积食，食后软硬适度；病鸡食前积食，食后臌胀、硬嗉、积食和积水。嗉囊内食物不多，常见于一些慢性病，或饲料调配适口性不好所引起的食欲不振。如食物不多，但充满液体和气体，触诊柔软、有痛感，则为嗉囊炎；如膨大坚硬则为硬嗉病；倒提鸡腿从口腔流出酸臭液体，嗉囊积气积液，这是新城疫的表现。此外，食盐中毒也可引起嗉囊扩张。

（8）查皮肤：健康鸡皮肤光滑，呈微红色和黄白色，病鸡反感粗糙，皮色紫红。一般患疥癣病的鸡，皮肤增厚，粗糙，失去弹性并覆盖有黄白色的鳞片状结痂；鸡患马立克氏病时，鸡皮肤上有大小不一、数量不等的肿瘤结节；患皮肤型鸡痘的病鸡，其皮肤表面上有凹凸不平的黑褐色结痂，特别是鸡冠和毛比较稀少的地方；食盐中毒时，皮下组织出现水肿，呈胶冻样；维生素 E 缺乏时可见鸡腹下的皮下组织水肿，并有暗紫色的液体。

(9)查腹部：腹部异常膨大而下垂，多是白痢、伤寒病或白血病；肉鸡腹部膨大，皮肤呈紫红色，拍打有波动感是肉鸡腹水综合症；触摸感觉有软硬不均的物体，体温高，鸡有痛感，是卵黄性腹膜炎；腹部蜷缩，干燥、发凉、无弹性，多见于结核病和内寄生虫病；触摸肝脏位置超出胸骨后缘，则是肝脏肿大病。

(10)查体温：鸡的正常体温为 40.5～42℃。如果体温超过 43℃，是急性炎症或急性传染病的表现；低于 39℃常见营养不良或某些慢性疾病；体温降至 38℃以下，则是病鸡濒死期。

(11)听呼吸：健康鸡闭嘴，手触喉部不张嘴；病鸡张嘴喘气或手触喉部时张开。正常鸡呼吸时可听到均匀细小的“嘶嘶”声，每分钟 25～30 次。如远听有“呼噜”的喉音，近听呼吸粗厉，并夹有水泡音或“呕呕”音时，是支气管炎、慢性呼吸道、ND 所致；若坐地张嘴、伸脖呼吸，吸气长、呼气短，是 ILT 或黏膜型鸡痘的症状。

(12)看肛门：肛门红肿，有一层白喉样假膜，常见于慢性泄殖腔炎；前殖吸虫病则肛门肿胀，并覆盖多量黏液状的蛋白分泌物；肛门突出，甚至外翻，充血，紫红色，是母鸡强烈努责而引起的脱肛症。

(13)看两肢：健康鸡腿上鳞片湿润、光滑，病鸡腿上鳞片干燥、坚硬、无光泽、出血。趾爪向内蜷缩，两肢瘫痪，走路时以飞节着地是核黄素缺乏症；脚和脚趾上像涂敷一层厚厚的石灰样是鸡足膝螨病；脚底发炎，红肿，跛行疼痛，属于葡萄球菌感染所致。

(14)看产蛋：产蛋率是否下降，下降的幅度有多大，是否产畸形蛋，无壳蛋，蛋壳的厚度怎样。一般一些烈性传染病产蛋下降幅度就大，产畸形蛋就多，如 ND、IB、EDS-76、鸡慢性呼吸道等。

☞ 18. 怎样进行禽尸体的剖检诊断？

禽尸体剖检是禽病诊断、预防和控制的重要手段之一。禽发生疾病时，除少数疾病外，临床症状大多表现相似，没有什么特征性症状，单靠临床表现很难确诊。尸体剖检可以检查其各种疾病所表现的病理变化，结合临床症状和死亡的原因对疾病做出初步诊断，有的可以确诊。有必要时可以采取最好的病料以便进行实验室诊断。在进行尸体剖检的过程中，要正确地掌握和运用尸体剖检方法，如果剖检方法不熟练，操作不规范，不按剖检顺序操作，乱剪乱切，找不到病因，造成误诊，就会贻误防治时机。在尸体剖检时要严格消毒，防止疫病扩散，如果消毒不严格，尸体处理不当，就有可能造成疫病的散播。

剖检时首先了解死前的情况：了解禽的品种、性别、日龄、饲养管理、饲料、产蛋、免疫、用药、发病经过，临床表现等情况。

(1)死鸡的外部检查：查羽毛、骨骼及流出的黏液、肛门周围有无粪便等。全身羽毛的状况，是否光泽，有无污染，蓬乱，脱毛等现象；泄殖腔周围的羽毛有无粪便玷污，有无脱肛和血便，营养状况和尸体变化；皮肤有无肿胀和外伤；关节及脚趾有无肿胀或其它异常，骨骼有无增粗和骨折；冠和肉髯的颜色，厚度，有无痘疹，脸部的颜色及有无肿胀；口腔和鼻腔有无分泌物，两眼的分泌物及虹膜的颜色。最后触摸腹部是否变软或有积液。活鸡还要注意观察其临床症状。

(2)内部检查：剖检前最好用消毒液将尸体表面及羽毛浸湿，防止剖检时有绒毛和尘埃飞扬。①将鸡背位仰卧，拉开两腿，切开腿腹之间的皮肤。然后紧握大腿股骨处，向前向下向外折去，使股骨头与髋臼完全分离，将尸体仰躺、平放在平台上或解剖盘内。②先沿中线将胸骨嵴和肛门之间的皮肤剪开，然后把皮肤向前向后撕开，剪开颈、胸、腹部皮肤，剥离皮肤、暴露颈、胸、腹部和腿部肌肉，观察皮下脂肪含量，皮下血管状况，有无出血和水肿；暴露整个胸腹部，甚至连同颈部全部暴露出来。检查皮下和胸肌有无出血等异常，观察胸肌的丰满程度，颜色，胸部和腿部肌肉有无出血和坏死，观察龙骨是否弯曲和变形；肉鸡是否有胸骨囊肿等。③用剖检刀在胸骨和肛门之间，横切腹壁和两侧胸肌。用骨钳或剪刀绞断两侧肋骨、喙突和锁骨；或先切断喙突和锁骨，再切开两侧肋骨和腹壁。此时即可将整个胸骨及其附属结构从尸体上取下，充分暴露所有内脏器官，以便进行检查。④分别检查心脏、肝脏、肌胃、肠道、腹气囊和部分胸气囊的外观有无明显病变。注意观察各脏器的位置、颜色。浆膜的情况(是否光滑、有无渗出物及性状，血管分布状况)，体腔内有无液体及其性状，各脏器之间有无粘连。检查肝脏大小、颜色、质度，边缘是否钝，形状有无异常，表面有无出血点、出血斑、坏死点或大小不等的圆形坏死灶。然后在肝门处剪断血管。再剪断胆管、肝与心包囊、气囊之间的联系，取出肝脏。纵行切开肝脏，检查肝脏切面及血管情况，肝脏有无变性、坏死点及肿瘤结节。检查胆囊大小，胆汁的多少，颜色，黏稠度及胆囊黏膜的状况。将肌胃左侧拿开，可无菌暴露脾脏。如需进行分离培养，可用无菌操作采集拭子样品；或切开内脏器官，进行无菌采样。必须先无菌采集培养用样品，再检查脏器的病变。⑤取出并检查心脏和肺脏。纵行剪开心包囊，检查心包液的性状，心包膜是否增厚和混浊；观察心脏外形，纵轴和横轴的比例，心外膜是否光滑，有无出血，渗出物，尿酸盐沉积，结节和肿瘤，随后将进出心脏的动、静脉剪断，取出心脏，检查心冠脂肪有无出血点，心肌有无出血和坏死点，剖开左右两心室，注意心肌断面的颜色和质度，观察心内膜有无出血。剖开肺脏进行检查，检查肺的颜色和质度，有无出血、水肿、炎症、实变、坏死、结节和肿胀。检查胸、腹气囊是否增厚、混浊、有无渗出物及其性状，气囊内有无干酪样团块，团块上有无霉菌菌丝。支气管是否有干酪样物或黏液堵塞。如有必要可进一步检查迷走神经。⑥切开并仔细检查肌胃、腺胃和食道。剪开腺胃、检查内容物的性状，黏膜及腺胃乳头有无充血和出血，胃壁是否增厚，有无肿瘤。观察肌胃浆膜上有无出血，肌胃的硬度，然后从大弯部切开，检查内容物及角质膜的情况，再撕去角质膜，检查角质膜下的情况，看有无出血、溃疡和寄生虫。剥离内膜后，检查肌胃黏膜，特别要注意其与腺胃的结合部有无出血点和糜烂，腺胃乳头有无出血点等情况。⑦从腹腔取出肠管，检查腹气囊。从前向后，检查小肠、盲肠和直肠，观察各段肠管有无充气和扩张，浆膜血管是否明显，浆膜上有无出血、结节或肿瘤。慢慢切开肠管，检查肠壁和肠内容物，重点注意盲肠和小肠段的外观和内壁。纵向切开整个肠管，检查肠壁是否增厚，肠壁上的淋巴集结和盲肠起始部的盲肠扁桃体是否肿大、出血、坏死；有无球虫、炎症、出血、坏死性或溃疡性病变，有无内寄生虫；盲肠腔中有无出血或土黄色干酪样的栓塞物，横向切开栓塞物，观察其断面情况。⑧在腺胃和肌胃交界处的右方，找到脾脏。检查脾脏的大小，颜色，表面有无出血点和坏死点，有无肿瘤结节；剪断脾动脉取出脾脏，将其切开，检查淋巴滤泡及脾髓等状况。⑨检查肾脏和生殖器(卵巢或睾丸)。必要时，可将其拿出体外进行更为仔细的检查。检查睾丸的大小和颜色，观察有无出血、肿瘤，两侧是否一致。检查卵巢发育情况，卵泡大小，颜色和形态，有无萎缩、坏死和出血，卵巢是否发生肿瘤，剪开输卵管，检查黏膜有无出血及渗出物。产蛋母鸡，在泄殖腔约右侧常见一水泡样的结构，这是退化的右侧输卵管。检查泄殖腔是否有出血等病变。检查肾脏的颜色、质度、有无出血和花斑状条纹、肾脏和输尿管有无尿酸盐沉积及其含量。仔细检查法氏囊的外观和大小，是否水肿出血，切开后检查腔内是否有渗出物和出血。⑩沿喙的两侧剪开头颈部皮肤，暴露整个口腔、颈部的食管和气管等，检查口腔和咽喉部有无出血、炎症、溃疡、肿胀、黏膜和黏液、有无伪膜和痘斑。分别切开喉头、气管和食道，进行仔细的检查，观察其内部黏膜检查黏膜的颜色，有无充血和出血，管腔内有无渗出物，有无出血、溃疡等情况。将喙部在鼻腔处横向切开，检查鼻腔和鼻窦是否肿胀，有无干酪样物。⑪剥离颅骨和上面的皮肤。用骨钳,从枕骨大孔开始,从两侧及前后,切开颅腔周围的颅骨,暴露整个脑组织,进行检查脑膜有无充血、出血和脑组织是否软化等。⑫如怀疑有马立克氏病等,可剪去大腿内侧的肌肉,暴露坐骨神经,进行检查。将肾脏刮去,可很好地暴露体腔内的坐骨神经丛。臂神经丛位于胸腔入口两侧,也很容易找到。有时还须对整个迷走神经进行仔细检查。正常的坐骨神经应当是白色的、条纹清晰可见,而异常的坐骨神经则呈黄色、条纹不清、肿胀。有些外观无明显的病变,需要用显微镜才能观察到病变。⑬检查肋骨软骨的交界处是否肿胀,有无形成串珠。纵向切开长骨骨骺,检查有无异常的钙化过程。通过弯曲和折断,测定胫跗骨的坚硬度,检查有无营养缺乏症。用骨钳切断骨骼,检查骨骼的发育情况和骨髓状况。切开关节,检查关节黏液、渗出物及腱鞘的情况,观察有无异常变化和出血等。

☞ 19. 养禽场应按什么程序来进行禽病诊断?

首先要了解发病禽群的品种、日龄、数量、发病时间,病禽的表现、饲养管理、免疫接种、有无治疗处理及其结果、发病持续的时间、病死禽的数量、发生死亡的时间和地点;其次要了解所在地区常见禽病的流行情况、流行规律以及周围最近有无疫病发生。养禽场的位置和最近的气候情况。

饲养管理情况:如通风、光照、饮用水的质量和数量、饲料的来源、产蛋的详细记录、饲料消耗多少、饲料的质量、有无霉变、体重、断喙、鸡雏来源、用药程序和免疫接种是否合理等。

观察临床症状:现场诊断疾病时,一般是先检查健康鸡群,后观察发病群。要看鸡群分布是否均匀,有无拥挤和扎堆现象;采食和饮水是否正常;粪便状态有无变化;羽毛情况;精神状态和运动情况、发病和死亡情况等。凡精神不振、羽毛蓬乱、两翅下垂、嗜睡或狂奔、食欲减退、饮水增加或减少、产蛋下降、粪便异常、张口喘气、鼻液增多、颜面肿胀、运动共济失调、角弓反张、卧地不起、体温升高等，均为有病现象。根据这些现象来判断是属于哪一系统的疾病，再进一步检查做出正确的诊断。

病理学诊断：病理学诊断包括病理剖检和病理组织学检查，特别是病理剖检在禽病临床上具有极其重要的诊断意义，尤其是在化验室检验条件比较差的养禽场户更显得尤为重要，它无需什么设备，只要有一把剪刀、一个水盆和一瓶消毒药就可进行。大多数禽病都可以通过病理剖检可做出准确迅速的诊断，有利于及时采取积极而有效的预防和控制措施，同时还可为实验室检验提供有价值的材料和线索。病理组织学检查是把需要做病理组织切片检查的组织块固定、冲洗、脱水、包埋、切片、染色和镜检等。各疾病都具有其本身的特征性的病理组织学变化，因此可通过病理组织学变化做出确诊。

微生物学诊断：是化验室诊断禽病的一个重要手段，如怀疑有传染性疾病，一般均须进行病原体的微生物学检验，包括采集病料、涂片、镜检、病原体的分离培养和鉴定、动物接种等。

免疫学诊断：利用抗原与抗体的特异性结合的特性而进行的血清学技术检验，一般有病毒或毒素的中和试验，红细胞凝集或凝集抑制试验，琼脂扩散沉淀试验，溶菌或溶血试验，补体结合试验、免疫荧光试验以及酶联免疫吸附试验(ELISA)等。

寄生虫学检验：要拨开羽毛检查皮肤有无外寄生虫感染。检查消化道有无内寄生虫，可以通过粪便的直接涂片法、饱和盐水浮卵法、离心沉淀浮卵法和水洗沉淀法等来进行虫卵检查。对于死亡的病鸡可进行剖检查到虫体和根据其病理变化做出诊断。

血液学检查：查血液中有无血液原虫，血液是否稀薄等，这些可检验贫血病、白血病和某些血液原虫病等。

饲料成分的检验：对于患营养缺乏症的病例，应及时采集饲料样品进行各种有关成分的定性和定量分析，以检查饲料中各种营养物质的含量是否充足，比例是否合理，从而得出正确的诊断。

☞ 20. 实验室检验样品应怎样采集、保存和送检？

在发生疾病后，如需送检可送新鲜的病死鸡和具有典型症状的病鸡。并应由对饲养管理和整个发病经过比较熟悉的饲养员或管理人员送检。或者将发病情况详细写清楚后一同送去。送检数量一般为成年鸡 3～5 只或雏鸡 6～10 只。活鸡要放在通风良好的鸡笼内。死鸡则要用塑料布包好，防止泄漏散毒。夏天要置于冷藏箱内或冰盒中，以防腐烂变质影响检查结果。需要血清学检验的，一般采 2 ml 血液就可以。血液样品应无菌采取，并放置于洁净的青霉素小瓶中。采完血后小瓶要在室温下斜放，直到血液凝固析出血清后方可送检，以免造成溶血而影响检测结果。采集的组织病理学检查的样品，必须在死后立即采取，特别是脑和肾组织。所采取的组织块必须要小，以便使固定液能够迅速渗透。采取时，刀要锋利，以免破坏其组织结构。这种用于制备染色切片的组织块，应保存在 10 倍于其体积的 10% 福尔马林溶液或其它固定液中。容器可选用塑料袋或玻璃瓶，扎紧封好贴上标签，注明日期和名称等，立即送往病理实验室。

采集用于微生物学检验的样品，病料必须要新鲜，无腐败变质，无杂菌污染，所用工具器皿也要事先进行严格消毒。采集的器官和组织要病原体含量高，病变明显，易于采集，易于保存和运送等特点。

总之，在采集过程中，除注意不要污染样品外，还应注意不要污染周围环境和操作人员。对于怀疑有人畜共患病或对养禽业危害较大的强毒感染，其病死鸡必须进行无害化处理。剖检场地、工具和手套等也必须进行彻底的消毒，以防止疫病的扩散。

禽细菌性疾病的病料采集见表 1-1。

表 1-1 禽细菌性疾病的病料采集

病名	病原菌	病料取样部位
鸡白痢	鸡白痢沙门氏菌	肝、脾、肺、卵巢、输卵管
鸡伤寒	鸡伤寒沙门氏菌	肝、脾
亚利桑那菌病	辛绍亚利桑那菌	肝、脾、肺、肠道、眼
大肠杆菌病	埃希氏大肠杆菌	肝、脾、卵巢、输卵管、窦、气囊、气管、眼、关节
传染性鼻炎	鸡副嗜血杆菌	窦、气囊、气管、眼
禽霍乱	多杀性巴氏杆菌	肝、脾、血液、关节
绿脓杆菌病	绿脓杆菌	肝、脾、血液
结核病	结核分枝杆菌	肝、脾、肺
螺旋体病	鹅包柔螺旋体	肝、脾、血液
伪结核病	伪结核耶尔辛氏菌	肝、脾、肺
弧菌性肝炎	肝炎弧菌	肝、脾
丹毒病	红斑丹麦丝菌	肝、脾、血液
李氏杆菌病	李氏杆菌	肝、脾、血液
溃疡性肠炎	肠炎梭菌	肝、脾、血液、肠道
坏死性肠炎	产气荚膜梭菌	肠道
麦氏弧菌感染	麦氏弧菌	肝、脾、肠道
坏疽性皮炎	产气荚膜梭菌、腐败梭菌	皮肤、肌肉
葡萄球菌病	金黄色葡萄球菌	肝、脾、血液、关节、皮肤、肌肉
链球菌病	兽疫链球菌、粪链球菌	肝、脾、血液
慢性呼吸道病	鸡败血支原体	气管、气囊
滑膜囊炎	滑膜支原体	关节、腱鞘
曲霉菌病	烟曲霉菌	肺、眼

☞ 21. 怎样进行细菌分离培养?

从发病鸡群采来的病料需要做细菌学方法诊断的,要首先获得单独一种细菌的培养物(细菌的纯培养)。因此,细菌的分离培养技术是养鸡场实验室人员必须掌握的一项最重要的基本操作。

1. 分离培养的注意事项

(1)严格无菌操作：为了得到正确的结果，都必须严格遵守无菌操作的要求，以防止外界的其它微生物污染试验材料。因此，凡被杂菌污染的材料，不适于作分离培养。无菌操作包括两个方面：①在采取任何待检材料(包括鸡的组织、体液、分泌物、渗出物、排泄物，环境，设备，饲料或饮水等)时必须无菌操作，用灭菌的器械采取，样品放入灭菌的容器中待检。②接种培养基时的无菌操作：接种用的器械如接种环、棉棒或其它用具，在取材料接种之前必须予以灭菌，接种培养基时，要尽一切可能防止外界微生物的进入。

(2)创造适合细菌生长发育的条件：应根据待检材料中分离的细菌的特性或者根据推测在待检材料中可能存在的细菌的特性来考虑和准备适合细菌生长发育所需要的条件。①选择适宜的培养基；②要考虑细菌所需的大气条件；③考虑适宜的培养温度。

2. 待检材料的处理　待检材料一般不必处理，可直接用来作细菌分离。当有较严重的污染而又不得不利用时，可作以下处理：①加热处理：通过革兰氏染色、镜检，当怀疑病料中存在有芽孢的病原菌时，可将待检组织加入灭菌生理盐水中磨碎(如为液体材料可以不磨)做成1∶(5～10)的稀释液，放在50～75℃水浴中加热20～30 min，以便在这样的温度下，将抵抗力弱的微生物杀死，而有芽孢的细菌仍存活。然后，将这种材料接种到适当培养基上，即可能得到纯培养。②通过敏感试验动物处理：在待检材料中存在有某种可疑的病原菌时，可感染对该种病原菌最易感的动物，待试验动物发病或死亡后，取它的血液或组织器官材料接种到培养基上。利用这种方法，一方面可以由混有杂菌的材料中分离病菌；另一方面可以确定病原菌的病原性或毒力。③化学药品处理：有些药品对于某些细菌有极强的抑制力，而对另一些细菌则没有作用，因此，可将其加入到培养基中分离某些细菌。

3. 细菌分离方法

(1)平板划线分离法：以灭菌接种环取待检材料少许，左手打开平皿盖，使盖与底约成30°角，将材料先涂于培养基平板上的一边，作为第一段划线。然后将接种环置于火焰上灭菌，待冷却后，再以该接种环于平板的第一段划线处，相交接划线数次为第二段划线，再如上法灭菌，接种划线，依次划至最后一条线段(图1-2)。

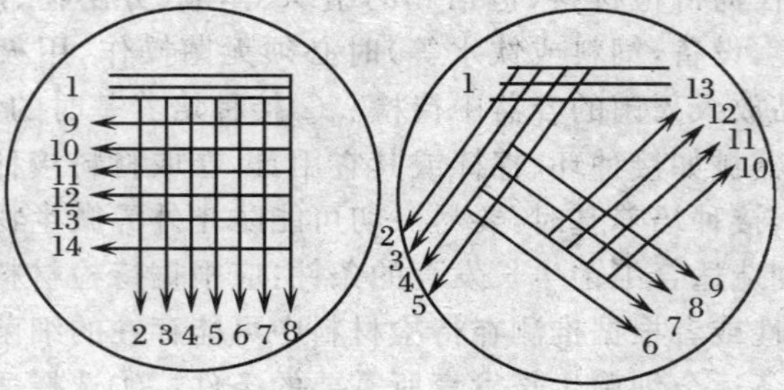

图1-2 细菌分离培养平板划线示意图

这样每一段划线内的细菌数逐渐减少，即能获得单个菌落，划线时接种环应与培养基面平行，并应尽量将接种环放平，可以减少划破培养基的现象。划线间的距离宽窄要适宜，一般以相距0.5 cm左右为宜。最后一段划线不要与第一段划线相交。接种材料或肉汤培养基中含菌数量不太多时，可用灭菌接种环取待检材料，在平板表面的一角涂布后，由左右两边向下移动连续划平行线，直到划满整个平板表面。接种材料后，盖好平皿盖倒置(平板底部在上)，于37℃温箱中培养。

(2)斜面分离法：每份待检材料用3支斜面接种环蘸取少许病料，放在第一管斜面培养基中管底的灭菌凝结水混合，将这种混合液，依次由第一管向第二管和第三管接种，将斜面稍平放，使凝结水由底部向斜面流动，左右倾斜，让凝结水布满斜面表面，然后将培养基直立，置37℃下培养。由于病料的递次稀释，第二、三管斜面上常可出现单个菌落。

(3)平板倾注法：取数管已熔化的深层琼脂或含有特殊物质的琼脂，用记号笔标记顺序后，置50℃恒温水箱中，以灭菌接种环或毛细吸管取材料少许加入第一管中。将试管放于两手掌中搓转片刻使材料在培养基中混合均匀，从第一管中取材料1～3接种环，加入第二管中，混匀后，取材料加入第三管中，如此将全部培养基接种完毕。取相同数量的灭菌平皿，标记后将各管中的材料分别倾入相应的培养基中，并使之均匀分布，待凝固后将平皿翻放于温箱中培养。此法不仅用于分离培养，也可用于材料中的活菌计数(图1-3)。

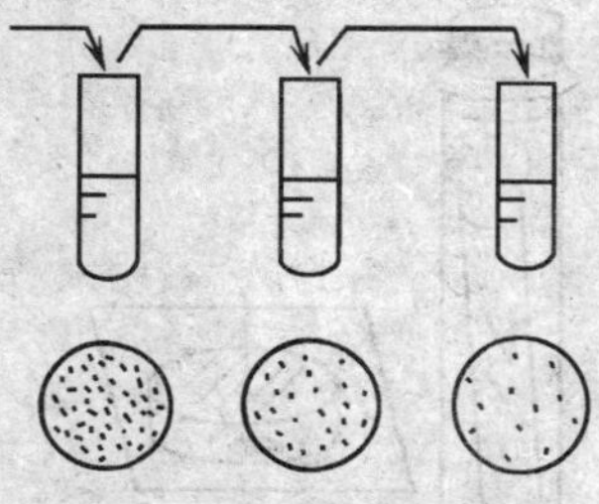
图1-3　涂布平板分离培养法

特殊培养基培养也可进行细菌的分离，主要是因为有些细菌在这些特殊培养基上生长而其它细菌不长。因此，可以根据这种特殊培养法长出的菌落的形态来进行细菌的鉴别和分离。

细菌培养法：根据待检材料和培养目的不同，采用以下不同的培养方法。①需氧培养法：又称一般培养法。将已接种分离好的平板、斜面，直接置于37℃温箱中培养18～24 h。一般需氧菌、兼性厌氧菌均可用此法培养，但难于生长的细菌需培养时间较长。②二氧化碳培养法：将某些细菌置于二氧化碳环境中进行培养。A. 蜡烛法：将接种好的琼脂平板放入磨口标本缸或干燥器内，缸盖及缸口涂以凡士林，取蜡烛一支放在缸内点燃，烛火距缸口10 cm(勿靠近缸壁，以免烤热缸壁而发生爆裂)，盖上缸盖密封，当缸内氧气减少时，蜡烛熄灭，此时缸内含有5%～10%的二氧化碳，最后连同容器一并置于37℃温箱中培养。将接种好的琼脂平板放入磨口标本缸或干燥器内。B. 焦性没食子酸法：焦性没食子酸与氢氧化钠溶液作用后，迅速吸收环境中的氧气，造成缺氧环境。每

100 ml 空间需要焦性没食子酸 10 g,10%氢氧化钠 100 ml。具体操作,如果培养物接种于试管中,可将此试管放入一个大试管中(大试管底部放入碎玻璃少许),在大试管中加入一定量的焦性没食子酸,然后加入氢氧化钠溶液,立即塞上橡皮塞,放在 37℃温箱中培养 2～4 天。如果培养物接种于平板上,取焦性没食子酸 1 g,夹在两层灭菌棉花或纱布上,置于灭菌的玻璃板上,加 10%氢氧化钠 10 ml 于棉花或纱布中,迅速将接种的平皿底层覆盖在(叩在)玻璃板上,平皿周围用熔化好的石蜡凡士林混合物涂封,使内外空气隔绝,放在 37℃温箱中培养 2～4 天(图 1-4)。

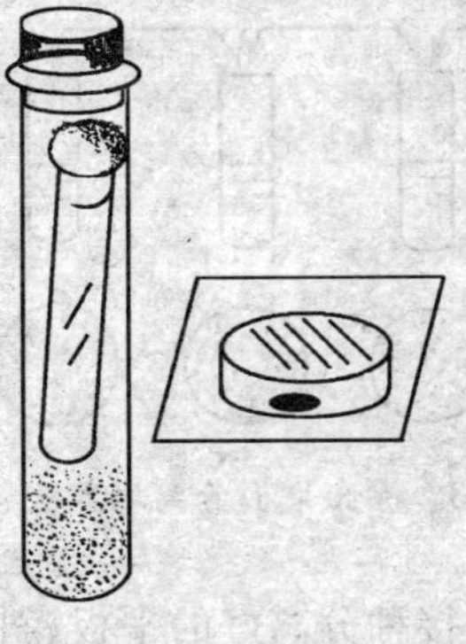

图 1-4 厌氧培养法

4. 纯培养菌的挑选方法 待检材料中的细菌经上述方法分离培养后,取出加以检查。先看一下有无细菌菌落生长。如有,须进一步观察长出的菌落是纯一的,还是混杂的。当进行病料中的病原菌分离时,在多数情况下,凡培养基中沿涂布划线处长出较多的一种菌落,是材料中的病原菌的可能性较大,少数零散的菌落多为在操作过程中由外界进入的杂菌。为慎重,可将长出的各种菌落各选一二个,用蜡笔在平皿底加以标识,置低倍显微镜观察菌落的结构,然后取一部分,分别制成革兰氏染色片,置镜下检查,如片中的细菌的形态和染色性统一,则用灭菌接种环仔细挑取该菌落的剩余部分,接种在适当培养基上培养,待菌落长出后,再经肉眼及染色片的镜检证明统一后,即成为该菌的纯培养,可作进一步的试验研究之用。如不纯,则须再作分离培养,直至纯化为止。

☞ 22. 常用的细菌染色有哪些方法,应怎样进行染色?

为了对禽病做出确切地微生物学诊断,对待检材料中的细菌分离到纯培养物后，要进行细菌学鉴定。由于细菌的种类很多，个体微小，首先将细菌材料制成标本片后染色、镜检。

（1）培养物染色标本片的制备：①涂抹：以接种环（或滴管）取水一滴放在载玻片上，再取培养物少许混合于水滴中，固体材料不宜过多，见水滴混浊即可。然后，将接种环及其多余材料在火焰上焚化。如为液体材料可不必事先加水，最后，用接种环将材料涂抹成均匀的薄膜，即为涂片或抹片，取材料不宜过多，否则，涂片上细菌重叠，不利于染色和观察。②干燥：一般是放在空气中自然干燥。③固定：固定的目的是将涂片中的细菌凝固在载玻片上，不致在以后的染色过程中被冲掉，便于染色。另外，可将绝大多数细菌杀死，免于扩散。一般固定的方法是将涂有材料的一面向上，在火焰上缓缓来回通过数次。也可用甲醇、酒精等化学药品固定。④染色：将染色液滴于涂片上，经一定时间后，用水冲去染色液，将载玻片直立干燥或用吸水纸吸干、镜检。根据待检材料与检查目的的不同，可采用不同染色方法。

（2）血液染色片（血片）的制备：取载玻片一张，在其一端放一滴血，另取一张边缘平整光滑的载玻片作推移片，将推移片的一端置于血滴前方，使它与带有血滴的载玻片成45°角，待血液布满推移片的边缘时，以均匀的速度向另一端推移，使血片做的越薄越好。制好血片，应立即自然干燥，否则血球收缩，血片的固定，依染色法不同而异。

（3）组织染色片的制备：取病料组织一小块，将其切面放在载玻片表面轻轻接触几次，然后，任其自然干燥，即成组织触片（或称印片）。

（4）染色与染色法：染色液的配制：用于细菌染色的染料大多为碱性的，常用有亚甲蓝（美蓝）、复红、结晶紫、龙胆紫、沙黄和孔雀绿等。酸性染料有伊红、酸性复红和胭脂红等。一般都制成饱和溶液，储存在棕色瓶中，以便随时使用。细菌染色法有多种，下面只介绍常用的几种染色方法：

Ⅰ．瑞氏染色法

(1)染色液的配制：瑞氏染色剂粉 0.1 g，纯白甘油 1.0 ml，中性甲醇 60.0 ml。染料于一个干净的乳钵中，加甘油后研磨至完全细末，再加入甲醇使其溶解，溶解后盛棕色瓶中经 1 周，过滤于中性的棕色瓶中，保存于暗处，该染色剂保存时间愈久，染色的色泽愈鲜艳。

(2)染色法：①涂片任其自然干燥。②加染色液约 1 ml 于涂片上，染色 1 min，使标本被染色液中的甲醇所固定。③再加上与染液等量的磷酸盐缓冲液或蒸馏水(或自来水)用口吹气，使染色液与蒸馏水充分混合，并防止染料的沉淀，经 5 min 左右，使表面显金属的闪光。④冲洗、吸干、镜检。

(3)用途：①它为血液涂片的良好染色剂。②染组织涂片时，可观察巴氏杆菌的两极着色性。注：磷酸盐缓冲液：磷酸二氢钾 6.63 g，无水磷酸钠 2.56 g，蒸馏水 100 ml。

Ⅱ．姬姆萨(GiemSa)氏染色法

(1)染液配制：取姬姆萨氏染色剂粉末 0.6 g，加入甘油50 ml，置于 55～60℃温度中 1.5～2 h 后，加入甲醇50 ml，静置 1 天以上，过滤后即可应用。

(2)染色法：①加姬姆萨氏染色液 10 滴于 10 ml 蒸馏水中，配成稀释的溶解，所用蒸馏水必须为中性或微碱性(必要时可加 1%的碳酸钠液一滴于水，使其变为微碱性)。②抹片任其自然干燥，浸于盛有甲醇的玻璃缸中或滴加甲醇数滴于玻片上固定 3～5 min。③干后将玻片浸入盛有染液的染色缸中，染色 0.5 h 至数小时，过夜亦可。④水洗、吸干、镜检。

(3)用途：①是血液涂片的良好染色法，对血液内寄生虫的检验以及白细胞的分类检验的结果均佳。②对检查细菌形态特征效果很好。

Ⅲ. 革兰氏(Gram)染色法

(1)染液的配制：①结晶紫染液。甲液：结晶紫 2.0 g，95%乙醇 20 ml。乙液：草酸铵 0.8 g，蒸馏水 80 ml 。用时将甲液稀释 5 倍，即加 20 ml 甲液于 80 ml 乙液中，混合即成，此液可储存较久。②革兰氏碘溶液。碘片 1 g，碘化钾 2 g，蒸馏水 300 ml。先将碘化钾加入 3～5 ml 的蒸馏水中，溶解后再加碘片，用力摇匀，使碘片完全溶解后，再加蒸馏水至足量。如不按上述手续配制，直接将碘片与碘化钾加入 300 ml 的蒸馏水中，则碘片不能溶解。应加注意，革兰氏碘溶液不能久藏，一次不宜配制过多。③95%酒精。用做脱色剂。④复染剂 。番红(沙黄)复染液：2.5 番红纯酒精溶液 10 ml，蒸馏水 90 ml。混合即成。碱性复红复染液：碱性复红1 g，蒸馏水 100 ml，混合即成。

(2)染色法：①抹片在火焰上固定，用结晶紫染色液染色 1～2 min。②水洗后，加碘溶液于玻片上，助染 1～2 min。③将碘溶液倾去，水洗后，用 95%酒清脱色约 30 s。应将玻片不时摇动，至无色素脱下为止，脱色时间的长短与涂片厚薄有关。水洗后，以番红复染液或碱性复红染液复染 0.5～1 min。④水洗、吸干、镜检。

(3)用途：为细菌检验中重要而常用的染色方法，可将所有细菌区分革兰氏阳性(染成紫色，即不被酒精脱色)或革兰氏阴性(即可被酒精脱色，复染成红色)两种。

(4)备注：①在染色过程中，掌握酒精的脱色时间极为重要，如脱色时间过长，则若干革兰氏阳性的细菌被脱色而误染成阴性；反之，如脱色时间不足，则原为阴性的细菌可因脱色不足而误认为阴性，脱色的时间长短，随涂片的厚薄、脱色时玻片摇动的快慢和滴加酒精的多少有关系。②正确的染色结果，除与染色技术的熟练有关外，培养物的老幼亦可影响染色结果。如培养过久的老龄革兰氏阳性细菌，或已死亡的革兰氏阳性细菌常能呈革兰氏阴性反应。

Ⅳ. 印度墨汁螺旋体染色法

(1)染液配制:印度墨汁(India ink)5 ml,蒸馏水 20 ml,振荡混合即成。

(2)染色法:①在洁净载玻片上的一端,滴加染液一接种环,取标本少许与染液混合。②另取一载玻片,其边缘与上述混合液接触并成 45°角,向前推成一薄膜。与推制血液涂片相同。③干燥,镜检。④染色后,螺旋体呈白色,背景呈墨色。

☞ 23. 细菌形态检查有哪些要点?

当细菌进行染色镜检时,除应注意细菌的形状、排列、结构、大小和染色性等,还可用培养物制成的湿片,检查其运动性。①形状与排列:其形状有三类,即球状、杆状和螺旋状。球菌有圆形、椭圆形、肾形等。有双球菌、链球菌等。杆菌有球杆状、杆状、棒状等。杆菌的形状有两端平截的、钝圆的,有的杆菌微弯曲,有的一端粗而另一端细,有的长丝或有分支。杆菌的排列有单个、散在、成双、呈栅状或链状。螺旋菌的菌体弯曲呈螺旋状,两端圆或尖,其菌体坚硬。②结构:某些细菌具有特殊的结构,如芽孢、夹膜、鞭毛等。这些结构是细菌种的特征,可以根据这些特征来进行细菌的鉴定和分类。芽孢是某些细菌在其生长发育时的条件不利,可在菌体内部形成一个内生的孢子称为芽孢。它对外界不良理化环境条件有较强的抵抗力。荚膜是菌细胞壁外,包围整个菌体的一种黏液样的物质,它与病菌的毒力有关。有些细菌能形成荚膜,但必须用荚膜染色方能看到,荚膜的产生与否,是细菌种的特征,有鉴别意义。鞭毛是细菌的运动器官,鞭毛有规律地收缩,引起细菌运动。细菌的鞭毛很细,需用特殊染色,方能看到。③染色性:所有的细菌经革兰氏染色后,可分为革兰氏阳性和革兰氏阴性两类。这一点也有鉴别意义,也是分类的依据之一。此外,也有的细菌两极着色,在鉴定细菌上也有重要意义。④大小:细菌很小,常用微米来表示,为此,须用测微计来测量。⑤运动力:测细菌的动力时,须用幼龄细菌,立即检查,效果好。细菌运动有位置和距离的改变,并注意与分子运动或水流动相区别。

☞ 24. 全血平板凝集实验应用于什么疾病检测,应怎样进行?

全血平板凝集实验是利用细菌等颗粒性抗原的悬液与相应的抗体结合后,在电解质的参与下,抗原颗粒相互凝集形成团块,这种现象叫做凝集反应。一般常用的有平板凝集反应和试管凝集反应,下面主要介绍平板凝集反应。平板凝集反应是在玻璃板或载玻片上进行。以适当稀释的抗血清(或待检血清)与抗原悬液各一滴在载玻片上混合,轻轻摇动载玻片,阳性者数分钟后出现团块中絮片状凝集。此法简便易行,设备简单,诊断快速,因此,很受一些养殖场户的欢迎。通常用于未知细菌(如沙门氏菌和大肠杆菌等)的鉴定和某些传染病(如鸡白痢、鸡伤寒、霉形体病和鸡传染性鼻炎)的诊断。鸡白痢和禽伤寒的诊断:

(1)操作方法:在洁净的玻璃板(或载玻片)上,滴上鸡白痢或禽伤寒抗原1滴(约0.05 ml),立即用针头刺破鸡肱静脉用取血环(内径为7.5 mm金属丝环)取2满环血(约0.05 ml)加入抗原中,充分混匀,轻轻摇动玻片,一般在15 s内出现反应。天冷时可适当加热,反应速度可能快一些。

(2)结果判定:在2 min以内出现50%以上凝集者为阳性反应。如表1-2所示:

表1-2　鸡白痢全血平板凝集反应判定标准

凝集程度(%)	100	75	50	25	不凝集
底质情况	清亮	稍混浊	混浊	极混浊	
代表符号	++++	+++	++	+	−

(3)注意事项:本试验应在室温20℃左右的条件下进行。凝

集的染色颗粒应在混合的液面上，在液面下平板上的无色颗粒不是反应颗粒，应区别开来。

☞ 25. 免疫琼扩试验应用于什么疾病的检测？

免疫琼脂扩散试验又称琼脂凝胶扩散试验（AGP），其原理是抗原、抗体在含有电解质的琼脂凝胶中可以向四周自由扩散。当抗原、抗体扩散至适当部位相遇时，则出现肉眼可见的沉淀线，这是抗原、抗体的特异性结合物。可以用此试验测定未知的抗体或抗原。免疫琼脂扩散试验目前已广泛用于禽病的诊断，如马立克氏病（MD），鸡传染性法氏囊病（IBD），禽脑脊髓炎（AE），病毒性关节炎（REO），腺病毒（AD），禽流感（AI），减蛋综合症（EDS-76），鸡痘（FP），鸡白痢（SP），禽霍乱（FC），淋巴白血病（ALL），传染性鼻炎（IC）等病。

☞ 26. 怎样利用免疫琼扩试验来进行鸡马立克氏病诊断？

1. 琼脂板制备　①制底膜：称重 0.3 g 琼脂粉，加蒸馏水至 100 ml，水浴加热使其充分熔化，加入每个直径 90 mm 左右的平皿大约加 3 ml 琼脂液。制成底膜，37℃温箱中充分干燥后备用。②铺琼脂：用含 8％氯化钠的磷酸盐缓冲液（0.01mol/L pH 7.4）配制成 1％的琼脂溶液，水浴加温使充分熔化后经脱脂棉滤过，稍凉（60～70℃）后，加入上述备用平皿中，每个平皿大约加 20 ml，平置，在室温下凝固，然后放入普通冰箱中保存备用。③打孔：按准备好的图形打孔，一般由 1 个中心孔和 6 个周边孔组成。中心孔直径 4 mm，周边孔直径 3 mm。孔距约 3 mm（图 1-5）。

2. 操作方法

（1）用标准抗原检测抗体（受检鸡血清）：①用滴管将受检鸡血清分别加入 1、3、5 孔内，以将孔加满而不溢出为度，每加一份血清更换一个滴管（或将滴管充分洗净，拭干）。②用另一滴管向 2、4、

6 孔内加入标准阳性血清，方法同①。③再用一支滴管向中心孔内滴加标准抗原，同样以加满为度。④将加样完毕的平板加盖后在室温下静置片刻，待样品稍稍扩散而液面下陷后，平放于带盖的湿盒内，置 37℃ 温箱中，24 h 内观察并记录结果。

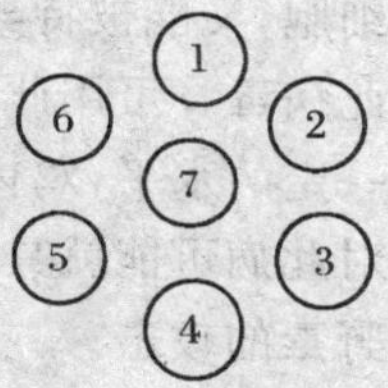

图 1-5　打孔图形

（2）用标准阳性血清检测病毒抗原（受检鸡的羽髓浸出液）：①拔取受检鸡含羽髓丰满的翅羽或身体其它部位的大羽数根（幼雏 8 根，中、成鸡 3～5 根），将含有羽髓的羽根部分按编号分别剪集于小试管中。②每管内滴加 2～3 滴蒸馏水（羽髓丰富时也可不加）。③用玻璃棒将羽根压集于管底，以适当的压力转动玻璃棒，浸提出羽髓。④倾斜试管，使浸液流至管口，用滴管将其吸出，加入第 1 孔内。⑤以同样操作浸提其它样品，分别加入第 3 和第 5 孔内。⑥另用一支滴管向中心孔内滴加标准阳性血清。⑦再用一支滴管于 2、4、6 孔内滴加标准抗原。⑧以上各孔均以加满不溢出为度。⑨将加样完毕的平板加盖后，在室温下静置片刻，待样品稍稍扩散而液面下降后，平放于带盖的湿盒内，置 37℃温箱中，24 h 内观察并记录结果。

（3）结果判定：①被检材料形成清晰的沉淀线并与标准试剂的沉淀线相互融合，则判为阳性反应，不出现沉淀线的则判为阴性反应。②标准试剂所产生的沉淀线末端弯向被检样品孔时，则该被检样品判为弱阳性。③有的受检材料可能会产生 1 条以上沉淀线，仍属于阳性反应。

☞ 27. 怎样利用红细胞凝集试验(HA)和红细胞凝集抑制试验(HI)来检测鸡新城疫(ND)？

鸡新城疫病毒（或禽流感病毒等）能够凝集人或其它动物的红细胞，这个现象称为红细胞凝集现象，也就是红细胞凝集试验。这种红细胞凝集现象可被在病毒悬液中所加入的特异性免疫血清所抑制，即为红细胞凝集抑制试验。在ND和AI病毒能凝集鸡的红细胞，又能被特异性的已知免疫血清所抑制其凝集反应，即可鉴定此病毒。可用此试验来检测鸡群免疫抗体的效价。当抗体能达到一定的水平，鸡体就具有坚强的免疫力，当下降到一定的程度鸡体对此病可能就具有易感性。但是如果上升的太高，就有可能遭到野毒的攻击。

1. ND的(HA)和(HI)实验

(1)试验准备：抗原的制备：一般以鸡新城疫Ⅱ系或LaSota系病毒。目前也有用聚乙二醇使LaSota系病毒液浓缩，做成稳定的浓缩抗原，HA效价达1∶5 000以上，4℃可保存半年不变。也可用鸡新城疫Ⅱ系或LaSota系疫苗接种鸡胚制备抗原：将疫苗用灭菌生理盐水稀释10倍，以0.1 ml接种于10日龄的未感染过鸡新城疫或未经新城疫免疫的鸡胚尿囊内。凡接种后79～190 h死亡的鸡胚，且病变显著者，分别收获鸡胚尿囊液于消毒试管内，如有血细胞应离心(2 000 r/min)15 min，取上清液，作HA试验，其凝集价在1∶640以上的鸡胚液，分装于洁净干燥的青霉素瓶中，保存于冰箱备用。

0.5%红细胞悬浮液：由鸡翅静脉或心脏采血，放入灭菌试管内，迅速混匀。将血液注入离心管中，经3 000 r/min离心5～10 min，用吸管吸去上清液和红细胞上层的白细胞薄膜，将沉淀的红细胞加稀释液(生理盐水)洗涤，再用离心机3 000 r/min离心10 min，弃去上清液，再加稀释液洗涤，如此反复洗涤3次，将最后1次离心后的红细胞，按0.5%的稀释度加入稀释液(0.5 ml红细胞加99.5 ml稀释液)。

被检血清：将被检鸡群编号登记，用消毒过的干燥注射器采血，注入洁净干燥试管内，在室温中静置或离心，待血清析出后使用。每只鸡应更换一个注射器，严禁交叉使用。

稀释液：为灭菌的生理盐水。

(2)红细胞凝集试验(HA试验)：主要是测定病毒的红细胞凝集价，以确定红细胞凝集抑制试验所用病毒稀释倍数(抗原单位)，有试管法和微量法两种，以下介绍微量法。

实验方法：①首先用微量加样器向U形微量板(96孔)每个孔加入稀释液1滴(25μl)。②用微量加样器取病毒抗原液25 μl加入第1孔内，使病毒与稀释液混合均匀，吸取25 μl混合液加入第2孔内，混合均匀后，再取25 μl加入第3孔，依次连续稀释至第11孔，病毒稀释倍数依次为1:(2～2 048)，11孔内吸出的25 μl混合液弃去，第12孔内为红细胞对照。③每孔加0.5%红细胞悬浮液滴(25 μl)。④在振荡器上振荡混匀1～2 min，再置37℃恒温20 min或室温30～40 min后观察结果。每次测定样品都应同时做红细胞对照(表1-3)。

表1-3　鸡新城疫细胞凝集(HA)实验

孔号	1	2	3	4	5	6	7	8	9	10	11	12
病毒稀释倍数	1:2	1:4	1:8	1:16	1:32	1:64	1:128	1:256	1:512	1:1024	1:2048	对照
稀释液(μl)	25	25	25	25	25	25	25	25	25	25	25	25
病毒液(μl)	25↓	25↓	25↓	25↓	25↓	25↓	25↓	25↓	25↓	25↓	25(弃去)	
0.5%鸡红细胞(μl)	25	25	25	25	25	25	25	25	25	25	25	25
作用时间与温度	振荡器上震荡1～2 min，37℃恒温20 min或室温30～40 min											
判定结果	╫	╫	╫	╫	╫	╫	╫	╫	++	−	−	−

注：╫表示完全凝集；++表示部分凝集；−表示不凝集。

结果观察：将反应板倾斜成45°角，沉于管底的红细胞沿着倾斜面向下呈线状流动者为沉淀，表明红细胞未被或不完全被病毒凝集；如果孔底的红细胞铺平孔底，凝成均匀薄层，倾斜后红细胞不流动，说明红细胞被病毒所凝集。如上例：病毒液的HA效价为1:256，HI试验时，则应将原病毒液做64倍稀释。

(3)红细胞凝集抑制试验(HI试验)：ND病毒凝集红细胞的作用，能被特异性抗体抑制。因此，可用HI试验(简称血凝抑制试验)测定鸡血清中的HI抗体效价(滴度)并可用标准血清,作新分离病毒的鉴定,下面介绍目前常用的微量法。

实验方法:①用微量加样器向U形微量板(96孔)每孔各加入1滴稀释液(25 μl),加至第10孔,第11孔加稀释液2滴(50 μl)。②吸取被检血清25 μl,放入第1孔,混匀后,再移液至第2孔,如此连续稀释至第10孔。从第10孔取出25 μl弃掉。血清稀释倍数依次为1∶2～1∶1 024。③每孔再加入含有4个单位的病毒液1滴(25 μl)至第10孔,第11孔为红细胞对照孔,不加病毒液。第12孔加病毒液25 μl,做病毒对照孔。④置振荡器上振荡1～2 min后,放18～22℃静置20 min。⑤每孔再加入0.5%红细胞悬浮液1滴(25 μl)放振荡器上振荡1～2 min混匀,置37℃恒温20 min或室温30～40 min后判定结果。⑥每次试验应作抗原对照孔(表1-4)。

表1-4 鸡新城疫细胞凝集抑制(HI)实验

孔号	1	2	3	4	5	6	7	8	9	10	11	12
被检血清稀释倍数	1∶2	1∶4	1∶8	1∶16	1∶32	1∶64	1∶128	1∶256	1∶512	1∶1024	对照	抗原对照
稀释液(μl)	25	25	25	25	25	25	25	25	25	25	50	25
被检血清(μl)	25 ↓	25 ↓	25 ↓	25 ↓	25 ↓	25 ↓	25 ↓	25 ↓	25 ↓	25(弃去)		
4单位病毒(μl)	25	25	25	25	25	25	25	25	25	25	—	25
作用时间与温度 振荡器上振荡1～2 min,18～22℃静置20 min												
0.5%鸡红细胞(μl)	25	25	25	25	25	25	25	25	25	25	25	25
作用时间与温度 振荡器上振荡1～2 min,37℃恒温20 min或室温30～40 min												
判定结果	—	—	—	—	—	—	—	++	+++	++++	—	++++

注:① —表示不凝集;++表示不完全凝集;++++表示完全凝集。

②第1孔内25 μl稀释液与25 μl被检血清混合均匀后,吸出25 μl放入第2孔中,如此作倍比稀释,直到第10孔,最后从第10孔中吸出25 μl弃去。这样表中每孔内的血清液,除第1孔外,其余各孔中的25 μl均来自它的前一孔内。

结果观察:将反应板倾斜成45°角,沉于管底的红细胞沿着倾斜面向下呈线状流动者为沉淀,表明红细胞没有被或不完全被凝集;如果倾斜后红细胞不流动,孔底的红细胞铺平孔底,凝成均匀薄层，说明红细胞被病毒所凝集。能将 4 单位病毒物质凝集红细胞的作用完全抑制的血清最高稀释倍数，称为该血清的红细胞凝集抑制效价，用被检血清的稀释倍数或以 2 为底的对数(log2)表示。如表 1-4 中，该血清的红细胞凝集抑制效价为 1∶128 或 HI 效价为 7(log2)。

结果报告：一般认为鸡的免疫临界水平为 1∶8(成年)或 1∶16(雏鸡)，随地区不同而稍有差异。鸡血清的 HI 抗体效价高于 1∶16 时可适当推迟新城疫免疫的时间，HI 抗体效价在 1∶16 以下，须进行新城疫疫苗接种，在新城疫流行的地区或鸡场，鸡的免疫临界水平应稍提高。鸡群的 HI 抗体水平是以抽检样品的 HI 抗体效价(log2)的平均值表示的。如果某鸡群的 10 份样品中，HI 抗体效价(log2)为 8 的有 3 份样品，为 7 的有 5 份样品，为 6 的有 2 份样品，它们的平均值为：

$$(8\times3+7\times5+6\times2)\div(3+5+2)=7.1$$

平均水平在 4(log2)以上，说明该鸡群为免疫鸡群。若在检样 HI 抗体效价的最高值与最低值相差太大时，则不能用上法计算平均水平，应根据临界水平以下的样品数在全部样品中所占的百分比决定免疫与否。大型养鸡场，每次进行抽样检测时，抽样率一般不低于 0.1%～0.5%；小型鸡群，抽样率应有所增加，一般认为理想的抽样率应为 2%。鸡群接种新城疫疫苗后，经 2～3 周测血清中的 HI 抗体效价，若提高 2～3 个滴度以上，表示鸡的免疫应答良好，疫苗接种成功；若 HI 抗体效价无明显提高，表示免疫失败。

☞ 28. 怎样利用鸡胚来进行病毒培养？

由于病毒不能在人工培养基上生长，必须在活的细胞内进行复制，所以在实验过程中需要大量的病毒时，就必须在细胞培养和鸡胚中进行。但细胞培养要求技术比较高,难以掌握。由于鸡胚容易获得,经济,大小合适,潜在的感染和外界的污染较少,非免疫鸡的鸡胚不存在对抗接种病毒的抗体,所以,利用鸡胚培养病毒就成为病毒研究中一种常用的方法,常用于某些病毒的分离、鉴定,制备抗原和生产疫苗等。

1. 材料 ①种蛋的选择:最好是产后10天之内的SPF新鲜鸡蛋。②鸡胚的孵化和验蛋:将选好的种蛋洗净消毒,然后放入37.5～38℃相对湿度为45%～60%孵化箱内孵化。孵化3日后,每天翻蛋2～3次。孵至第3天或第5天,用照蛋灯观察鸡胚发育情况,若仅看到模糊的卵黄黑影,看不到鸡胚迹象,则为未受精蛋,这种鸡蛋应剔除不用。若见到清晰的血管和鸡胚的暗影,较大的鸡胚可见到胚动,则为存活的鸡胚。以后每日检查1次,随时淘汰发育停滞、不能主动运动、血管昏暗或断折处于濒死状态或死亡的鸡胚。

2. 接种的途径和用途 鸡胚接种的途径有尿囊腔接种、绒毛尿囊膜接种、卵黄囊接种、羊膜腔接种、静脉接种和脑内接种等(表1-5)。

表1-5 鸡胚接种部位和适用病毒种类

接种部位	胚龄(日)	接种量(ml)	病毒种类
尿囊腔	9～12	0.1～0.2	AIV、NDV、IBV、腺病毒、脑炎病毒、禽衣原体
羊膜腔	7～15	0.1～0.2	禽流感病毒、新城疫病毒
绒毛尿囊膜	10～12	0.1～0.5	LITV、FPV、MDV、IBDV
卵黄囊	5～8	0.1～1.0	呼肠孤病毒(病毒性关节炎)
静脉	10～15	0.02～0.05	血液学研究
大脑	8～14	0.01～0.02	脑病变研究、疱疹病毒

3. 接种方法

(1)尿囊腔接种法:这个途径的优点是接种和收获样品简单,适用于获得大量的感染病毒的液体进行生化试验、生产疫苗和制备血清学试验用的抗原。①接种方法:选用孵化 10～11 天的鸡胚,经照视后画出气室,在离开胚胎和羊膜腔的气室底部下方约 3 mm处无大血管的地方用铅笔标记,作为第一个接种点;在气室上方的蛋壳最高点,用铅笔标记作为第二个接种点(图 1-6)。用碘酒和酒精消毒后,以灭菌钢锥在接种处钻一小孔,破蛋壳而不破壳膜,针头沿小孔避开鸡胚刺入,注入 0.1～0.2 ml 病毒悬液,用

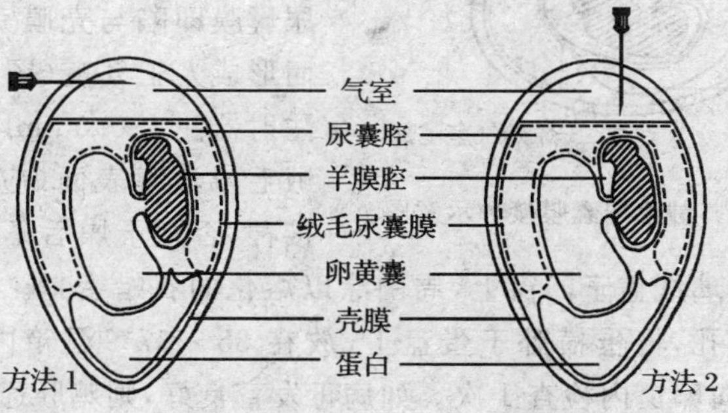

图 1-6　尿囊腔接种示意图

石蜡封口后,置温箱内孵化,每日翻蛋 2 次检查 1 次。②收获方法:采用直立收获法,收获时间需根据所感染病毒种类而定。收获前将种蛋置冰箱中冷冻一夜,以免解剖时出血,收获时将蛋放在蛋架上,用碘酒和酒精将气室端消毒,用灭菌镊子除去气室部蛋壳和壳膜,在绒毛尿囊膜无大血管处穿破,用吸管吸取尿囊液,每一只鸡胚可获得尿囊液 5～6 ml。

(2)绒毛尿囊膜接种法:这个途径可用于病毒的初期分离培养,容易产生可见的病灶或"痘疱"。绒毛尿囊膜是研究病理变化和包涵体的合适部位,通过痘疱的计数技术,可以确定病毒的滴度。①接种方法:选用孵化 10～12 天的鸡胚,通过照视,画出气室及绒毛尿囊膜的发育面,在绒毛尿囊膜处(靠近胚胎无大血管处)的蛋壳上用碘酒和酒精消毒后,挫成一个三角形或方形裂痕,除去

蛋壳造成“卵窗”，注意勿伤及壳膜。另在气室顶部的蛋壳上钻一小孔，将蛋横卧于蛋盘上，在“卵窗”处滴无菌盐水1滴于壳膜上，以针尖将壳膜划破一小孔，不可伤及下面的绒毛尿囊膜，然后用胶皮乳头置气室端的小孔处往外吸气，使盐水渗入壳膜与绒毛尿素膜的裂隙内，此时绒毛尿囊膜即陷与壳膜完全分离，而形成人工气室（图1-7）。用注射器注入0.05 ml病毒液于绒毛尿囊膜表面（应于1～2 h接种，否则干燥后不能使用），然后用玻璃纸盖于卵窗上，周围涂以熔化的石蜡密封。同时封闭气室端小孔，将蛋横卧于蛋盘上，放在35～37℃温箱内，不要翻动，每日向卵窗内检查1次。如病毒发育良好，则鸡胚通常在48～96 h死亡。②收获方法：将待收获种蛋的卵窗用碘酒消毒，用灭菌镊子撕掉玻璃纸，扩大卵窗，除去壳膜，轻轻夹起绒毛尿囊膜，用小剪子沿人工气室周围将接种的绒毛尿囊膜全部剪下，放置在培

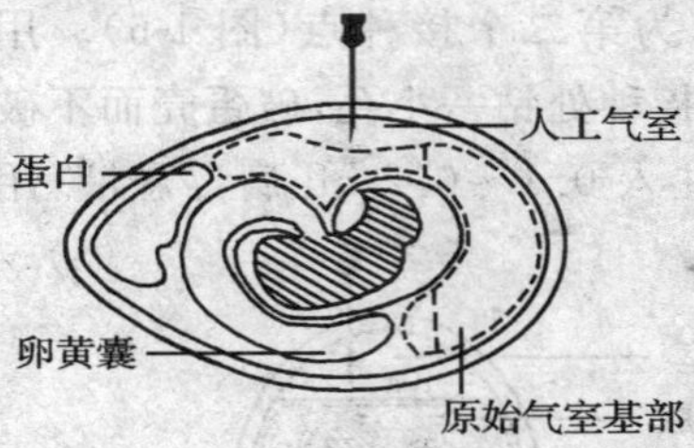

图1-7 绒毛尿囊膜接种示意图

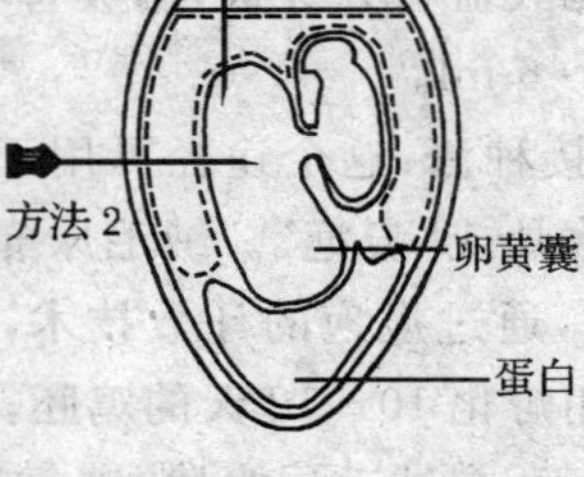

图1-8 卵黄囊接种示意图

养皿或玻璃板上，观察病变，将病变显著的部分，放入灭菌小瓶内保存。

(3)卵黄囊接种法：①接种方法：选用孵化 5～6 天的鸡胚，垂直放到蛋盘上，用碘酒和酒精消毒气室顶部的蛋壳，用钢锥在气室顶部蛋壳上打一小孔(图 1-8)，沿小孔避开胚胎刺入针头，注入病毒悬液。最后用石蜡封口，置温箱内孵化。②收获方法：剖开种蛋后，撕开下面的卵膜，除去内膜，用镊子夹出卵黄囊，放在灭菌的平皿内。

☞ 29. 农村养鸡鸡病频发的原因有哪些？应怎样克服？

由于农村养鸡专业户、专业村的不断出现，鸡病也随着频发不断，造成鸡病频发的原因主要是：

(1)养鸡人员素质偏低：有些养鸡人员文化水平较低，专业知识贫乏，技术落后，管理水平低下。有些新户未经专业技术培训就匆匆忙忙建场进鸡饲养。有些老养鸡户自我满足，不求上进，固步自封，有什么问题也不问别人，自我封闭，不适应现代养鸡的要求。因此致使农村养鸡鸡病频发。

(2)饲养管理不到位：①大小老少混养，现在农村养鸡大部分还没有脱离庭院养殖，在一个百多平方米的小院里有的育着雏、养着青年鸡，还养着产蛋鸡，一家几口还挤在这个小院里吃饭住宿。有些既是脱离庭院养殖的专业户也是大鸡没处理小鸡又进来，这样循环往复连续不断，不实行“全进全出制”是造成鸡病频发的一个重要原因。②小群体大规模的专业村，连片养殖小区也是鸡病频发的一个重要因素。有些农民看着别人养鸡挣钱，自己也开始养鸡，这样一个带动 2 个，2 个带动 4 个，慢慢地就形成了专业村。还有的领导为了追求政绩，让农民把鸡舍建的一排一排的并且建在路边上进行连片饲养，时间一长致使鸡病频发而难以控制。③只注重防疫、投药不注重环境卫生也是造成鸡病频发的一个原因。对于疫苗一般都按防疫程序进行使用，比较认真。发病时也舍得花钱买药，只要治好病花多少钱都行。但是在环境卫生上很不注意，进出鸡舍时也不换鞋和换衣服，鸡舍门前也不设消毒池，喂鸡时也不用消毒药洗手。更可笑的是，有的养鸡户让买鸡蛋的去帮着拾鸡蛋，让买鸡粪的去给帮着掏鸡粪。这样都很容易造成鸡病的传播。有的养鸡户好几天不除1次鸡粪，掏出来的鸡粪往大街上一放，也不进行处理，特别是在炎热的夏天，污水横流，蚊蝇滋生，臭气熏天，特别是养鸡专业村一进村就能嗅到刺鼻的鸡粪臭味，鸡长期处在这样的环境哪有不生病的道理。乱放鸡粪也是造成鸡病传播的一个重要原因。④养鸡户自我封闭也是造成鸡病传播的一个原因，有的养鸡户鸡发病时也不给其它养鸡户通报一声，好采取一定的防范措施。而是怕别人说，趁夜黑人静的时候把病死鸡装进袋子里偷偷地扛出去把它埋掉。这种现象特别在养蛋鸡的专业村尤为明显。⑤多种动物混养，不少养鸡户在重视“立体养殖”、“生态养殖”的同时忽视了兽医卫生制度，引起了疾病的发生。有的猪、鸡、兔混养，有的养鸡户在夏天为了让鸡舍里少生蝇蛆，就养上鸭子来吃蛆。有的养鸡户还养上犬、猫，有死的鸡也不经处理就拿来直接喂犬和猫。从而造成饲养场地的严重污染，引起鸡病的传播。⑥老房子养鸡，窗子小，鼠洞多，通风不良，特别在夏天很容易造成鸡病的发生。⑦开放式饲养，致使鸡病连绵不断。现在农村养鸡大部分是开放式养鸡，饲养户顾及面子，不好意思拒人门外。因此，大人、小孩、参观者络绎不绝，来者不拒，昼夜舍门常开，有的养鸡户还相互串门观看，借此来交流经验，从而造成鸡病的传播。⑧消毒不严，造成鸡病频发。有的养鸡户无菌观念太差，认为鸡舍平时没有消毒也没有多少流行病。在进鸡苗前也不将鸡舍彻底冲刷、消毒、空舍一段时间再进鸡。而是草率行事。有的鸡舍从未带鸡消毒，即便是带鸡消毒也是应付了事，用个小喷雾器将舍内喷一遍，几分钟完事，连粉尘都无法减少更谈不上消毒效果了。⑨饲养密度过大，通风不良，温度、湿度控制不当，引起鸡群发病，疫病流行,难以控制。这种现象多见于蛋鸡饲养户的育雏和育成阶段。⑩没有使行正确的免疫程序和方法,造成鸡病频发。有的养鸡户不按照正确的免疫程序进行免疫,该免疫的时候不及时免疫。免疫方法不正确造成疫病频发。如有的养鸡户在使用鸡痘疫苗时本来进行刺种,他偏偏为了图省事来进行饮水,结果造成免疫失败,引起鸡痘暴发,损失惨重。⑪垫料不当引起鸡群发病,垫料发霉引起曲霉菌病。大部分肉鸡饲养户还有的用石灰粉做垫料,认为这样可以起到杀菌作用,其实干燥的石灰粉毫无杀菌作用;相反风一吹鸡吸入以后反而容易发生呼吸道病。有的用沙或泥土作垫料来养鸡,特别是冬天地面比较凉,一些鸡长期趴在凉的地面上容易得肠道病,这些多见于肉鸡饲养户。⑫鸡发病时选购药品不当,有些养鸡户在鸡发病时,有的选购使用药品不对症,有的贪图便宜选购了一些劣假兽药,结果是钱花了不少,病没治好,延误了治疗时机,造成疫病频发。

(3)社会因素:导致鸡病频发的社会因素主要包括:①农村散养禽引起鸡病频发,现在农村千家万户大部分都养个十只八只的鸡、鸭、鹅等家禽,这些家禽在疫病防治上大部分不好,再加上农村有个习惯,每逢过年过节,都有拿活鸡串门的习惯,因此,每到过节前后,鸡新城疫、禽霍乱等鸡病频发。②劣质雏鸡充斥市场。据初步调查,肉鸡场雏鸡苗大多来自于一些小型孵化场,弱苗多,患脐炎、大肠杆菌病、沙门氏杆菌病多,抵抗力差,极易发生大肠杆菌病、沙门氏杆菌病、肾型IB、IBD、ND等病。这样使农村鸡病层出不断频发。③劣质饲料、兽药、添加剂的使用造成鸡病频发。有些饲料、兽药经销户将劣质饲料、伪劣兽药及添加剂大量购入,直接送于养殖户,对禽病根本不懂就以技术员的身份胡乱推销他的药物;有的东家看了西家看,也不注意卫生,看似是送医送药,实际也送病,给用户带来巨大损失。④减效、变质疫苗造成农村疫病频发。有些兽药经销者对疫苗的运输、保管不够注意,特别是在炎热的夏天，在运输疫苗时也不带保温桶，致使疫苗升温减效、变质，送至养殖户使用。有些种鸡场、孵化场，为提高"全方位"服务，将无批准文号的疫苗、减效劣质疫苗给养鸡户防疫，有的种鸡场还成立一个专门给鸡断喙、防疫的服务小分队。这样东家干了西家干，不注意消毒，结果造成疫病的传播，引起疾病的暴发。⑤种鸡场违反防疫规则，后患无穷。按要求雏鸡出壳后，种鸡场、孵化场应于1日龄注射马立克氏病疫苗，但现在不少种鸡场不进行该疫苗接种，特别是肉种鸡场。由于商品代肉鸡不表现马立克氏病症状，但马立克氏病在肉鸡体内仍在复制散毒。另外，种鸡场销售雏鸡时，种鸡场存在什么病、接种过何种疫苗，均属保密之列，谁也不介绍，使用户在制定防疫计划时无从参考，致使疫病频发。另外，天气突然变化；断电、停水也会造成不应有的损失。突发性噪声，如过年和喜庆时燃放鞭炮，汽车、火车鸣笛使鸡惊吓乱飞、乱跳、惊叫等造成鸡只的死亡。

克服这些原因要建立合理的免疫检测程序。有条件的鸡场可定期进行抗体监测。畜牧兽医主管部门要切实做好兽药疫苗的管理工作，加强兽药监督，整顿市场秩序。兽药疫苗的管理要从源头抓起，不让劣假兽药和疫苗进入养殖市场。畜牧兽医部门要做好饲养技术的培训工作，定期和不定期的举办一些养殖方面的培训班，传授一些饲养管理和防病治病的技术知识，提供各种资料信息，提高养殖户的饲养管理和防病治病的技术。重视种鸡场的建设，搞好全程服务。种鸡场办好办坏，对广大养鸡场户至关重要。因此畜牧兽医主管部门要严格审查、把关，对未经验收的种鸡场应及时令其停办整顿，以免贻害社会。要建立健全兽医防疫队伍，做好禽病诊断与防治工作，为养鸡业的健康发展提供可靠的保证。

☞ 30. 什么叫免疫系统，它主要包括哪几部分？

免疫系统是指存在于鸡体等动物体内具有免疫功能的器官、

组织、细胞（淋巴细胞等）和分子（抗体）组成的完整解剖系统并具有一定生理功能的结构。当抗原物质（病原微生物等异物）侵入机体以后，机体能迅速识别并清除这些“非自身”的抗原物质。另外，它还具有识别和清除自身衰老残损组织细胞的能力，以及杀伤和清除异常突变细胞（即癌变细胞）的能力，从而监视和抑制肿瘤在体内的生长，以维持机体“自身”的稳定性。免疫系统主要包括参与免疫应答的中枢免疫器官、外周免疫器官和各种免疫细胞。

☞ 31. 什么是免疫器官，鸡的免疫器官有哪些？

免疫器官是指在结构上具有一定形状、占据一定位置，并行使免疫功能的组织构成的独立结构。鸡及其它鸟类的免疫器官的结构和功能与哺乳类动物基本相似，但也存有一定的差异，其中最为重要的差别是鸟类有一个特殊的免疫器官——法氏囊；另外，鸡和大部分鸟类没有淋巴结而只有集合淋巴组织；免疫器官分为中枢免疫器官和外周免疫器官。鸡的中枢免疫器官由胸腺和法氏囊组成，它对外周淋巴器官的发育起支配和决定作用。

胸腺位于颈部成对多半沿着长长的脖颈，紧靠颈静脉一侧分布，一直延伸到胸腔，有12～14叶，每叶又分若干小叶，有大量的淋巴细胞所浸润和上皮性网状细胞组成。来自骨髓的淋巴干细胞，在胸腺内一小部分经诱导分化后成为成熟的T细胞，以发挥细胞免疫作用和辅助B细胞产生抗体。鸟类的胸腺既是中枢免疫器官也是外周免疫器官，在雏鸡胸腺比较活跃，成年鸡胸腺活动有所下降，但仍能保持一定的功能。

法氏囊也是鸟类所特有的一个免疫器官，它又叫腔上囊。位于泄殖腔的上方并以短管相连。雏鸡特别发达，在小鸡孵出后1～2周发育最大，以后随着年龄的增长和性成熟而逐渐萎缩退化直至消失。囊内散布着淋巴细胞的滤泡。含有淋巴细胞、浆细胞和巨噬细胞。来自骨髓的淋巴干细胞在法氏囊中诱导分化为成熟的B细胞，再经淋巴和血液进入外周淋巴器官，参与体液免疫。它还合成某些抗体，起到一个外周免疫器官的作用。在法氏囊管的开口处的正上方还有小的T细胞灶。外周免疫器官包括脾、盲肠扁桃体及各种组织器官中的淋巴集结。

淋巴结：在鸭和鹅的颈胸和腰部有两对淋巴结，有许多小淋巴细胞、B细胞、浆细胞、网状细胞和巨噬细胞。来清除流经淋巴结内的细菌和异物。但包括鸡在内的大部分禽类都没有淋巴结而一些淋巴组织集合广泛分布于体内，如一些实质器官、消化道壁、淋巴管壁内，这些淋巴组织集合主要是小淋巴细胞组成，有B细胞，少量的T细胞和巨噬细胞构成。T、B细胞的混合分布，在免疫应答中起着协同作用。肠道淋巴组织主要有法氏囊、散在黏膜层的淋巴浸润、盲肠扁桃体、迈克尔氏憩室和派伊尔氏结组成。鸡派伊尔氏结位于回肠末端，由生发中心和散在的淋巴组织组成。迈克尔氏憩室在出孵2周龄以后才开始有淋巴细胞浸润，慢慢形成一些功能性的生发中心，它能产生大量的浆细胞。

哈德仁腺是眼旁的一些淋巴组织集合，它位于眼正后的眼眶上，腺体内上皮细胞间浸润有大量的浆细胞，主要是负责眼部和鼻部及上呼吸道的局部免疫。所以鸡在免疫时用疫苗点眼滴鼻可获得分泌型抗体，起到局部免疫的作用。

脾脏：鸡的脾脏较小，呈圆形，位于胃的右侧，它的表面有一结缔组织被膜包括内部是质软且脆的脾髓，含有网状细胞、B细胞、巨噬细胞、浆细胞和各种血细胞。因此，脾脏内的免疫细胞具有很强的吞噬和过滤作用。

☞ 32. 什么是免疫，它具有哪些功能，包括哪几类？

免疫是机体识别和清除非自身的大分子物质及自身变性物质从而保持机体内外界环境相对稳定的生理反应。它是由免疫系统来完成的。免疫是动物在长期进化中形成的一种保护性生理功能。它具有抵抗感染、自身稳定、免疫监视等功能。免疫主要分特异性免疫和非特异性免疫两大类。特异性免疫又分细胞免疫和体液免疫。非特异性免疫有免疫屏障(如皮肤黏膜、血脑屏障等);非特异性细胞吞噬作用;非特异性体液免疫(如补体、溶菌酶、干扰素等)。

☞ 33. 什么是免疫细胞,它主要有哪几种?

免疫细胞是指所有参与免疫应答的细胞及其前身,包括在免疫应答过程中起核心作用的淋巴细胞、单核巨噬细胞以及以其它方式参与免疫应答的细胞。在免疫细胞中,淋巴细胞受抗原刺激后会产生特异性免疫应答、产生抗体或淋巴因子,称这些细胞为免疫活性细胞,主要有T淋巴细胞和B淋巴细胞。

T淋巴细胞:来源于骨髓多能干细胞,在胸腺分化发育,成熟的T细胞迁至外周淋巴器官的胸腺依赖区(如脾脏的白髓),一旦接触抗原后即被致敏,分化为几种类型的T细胞,当再次接触抗原时,这些致敏的T细胞发挥各自的功能,TE细胞产生淋巴因子,TC细胞直接杀伤靶细胞,TH和TS细胞对细胞免疫起调节作用。

B淋巴细胞:也来源于骨髓的多能干细胞,在法氏囊中诱导分化,先分化为淋巴定向干细胞,再发育成前B淋巴细胞,成熟的B细胞随血液迁出,进入外周淋巴器官,抗原进入机体后直接或间接(经巨噬细胞处理)与带有相应抗原受体的B细胞结合,激发B细胞进行分化和增殖,这些B细胞分化为两类细胞。一类为记忆细胞,可加强再次接触相应抗原时的抗体生成;另一类为浆细胞,能合成抗体参与体液免疫。

单核细胞:离开血液循环进入全身组织就分化为各种类型的巨噬细胞。它的作用是消灭病原体、清除异物、清除机体衰老死亡的细胞以及吞噬处理抗原等。另外,它还参与体液免疫及辅助淋巴细胞参与细胞免疫。

其它非淋巴样的细胞：它们来源于骨髓，由原始的粒细胞分化发育成为嗜异性粒细胞（相当于哺乳动物的嗜中性粒细胞）、嗜酸性粒细胞、嗜碱性粒细胞和肥大细胞等。嗜异性粒细胞的细胞核通常分 2～3 个叶，是血液中的主要吞噬细胞，具有吞噬作用。

☞ 34. 什么是抗原，它具有哪些特性？

凡能刺激机体产生抗体和致敏淋巴细胞，并能与之结合引起特异性免疫反应的物质称为抗原（Ag）。Ag 的免疫性能包括两个方面：即免疫原性和反应原性。由于 Ag 具有免疫原性而成为一切免疫应答（如体液免疫、细胞免疫和免疫耐受）的启动物质。Ag 进入机体以后，对机体的免疫效应引起免疫保护作用（如疫苗接种）。抗原通常只有“非己”的物质才能被免疫细胞识别激发免疫应答。一些疫苗病毒或细菌等 Ag 物质与鸡体的物质化学结构相差很远，因此，这些疫苗病毒和细菌是较强的抗原，接种后将获得较强的免疫保护作用。

☞ 35. 抗原主要分哪几类？

根据抗原性分类：它可以分完全抗原和不完全抗原，完全抗原是具有免疫原性又具有反应原性的抗原，它主要有大分子的蛋白质、病毒、细菌、疫苗等。不完全抗原也叫半抗原，它是只有反应原性而没有免疫原性，它主要有磷质、核酸、低分子量多糖、有些药物。

根据亲缘关系分：异种抗原是与被免疫动物无任何亲缘关系的抗原，绝大多数的抗原属于这一类，如各种疫苗，各类微生物及其代谢产物以及异种动物蛋白等。其它还有同种异体抗原，自身抗原和异嗜性抗原。

根据对胸腺的依赖性分类主要分为胸腺依赖性抗原和非胸腺

依赖性抗原。

根据来源不同进行分类，可分为外源性抗原和内源性抗原。外源性抗原主要包括微生物、疫苗、异种血清，异体组织等，如菌体(O)抗原、鞭毛(H)抗原及荚膜(K)抗原等。各种细菌它的抗原成分不同，所以其血清型也就不同。毒素抗原是有些细菌产生外毒素，它具有很强的抗原性，如经甲醛处理后，毒力下降但仍具有良好的免疫原性，称为类毒素，可用于预防免疫。病毒抗原是有囊膜的病毒囊膜上的纤突所决定，如禽流感病毒的亚型分类即是根据其外膜上的血凝素(H)神经氨酸酶(N)来区分的。没有囊膜的病毒其抗原主要取决于病毒表面的蛋白质外壳，如鸡传染性法氏囊病病毒的血清型是由外壳上的 VP2 和 VP3 的结构蛋白所决定的。总之，一些细菌、病毒和其它异体性蛋白进入生物体内，或从细胞外被免疫细胞识别、捕获进入细胞内的均属外源性抗原，它主要是通过刺激 B 细胞产生抗体，通常以体液免疫为主，但也能激活体细胞诱导细胞免疫和免疫记忆。

内源性抗原是自身细胞内合成的一些抗原，如细胞内寄生的原虫等，这类抗原一般只能诱导细胞免疫，有时也可以转化为外源性抗原，来激发体液免疫。

☞ 36. 什么叫抗体？

抗体(Ab)是在抗原刺激下产生的，并能与之特异性结合的球蛋白，也叫免疫球蛋白(Ig)，根据其化学结构和抗体性分(IgG、IgM、IgA、IgE、IgD)。它是由抗原敏感 B 淋巴细胞与特异性抗原相互作用，最后由浆细胞所产生的蛋白质分子。它能特异性地与抗原结合，并加速抗原的破坏或消灭。抗体属于一组蛋白质，主要存在于血液及其它体液(包括组织液)和外分泌液中，还可分布于 B 淋巴细胞膜表面。禽至少有三种免疫球蛋白，即 IgG、IgM 和 IgA，它们均是淋巴细胞合成的。IgG 为单体结构，是血清中主要的免疫球蛋白。在抗体介导的防御反应中起主要作用。它不仅含量多,而且持续时间较长,是抗感染免疫的主力,具有抗菌、抗病毒和抗外毒素等多种活性。IgM 是由五个单体组成的五聚体,是体内最大的免疫球蛋白,在血清中的浓度仅次于 IgG,IgM 在一级免疫应答中其形成占优势。它也产生于二级免疫应答,但往往被二级应答中大量生成的 IgG 所掩盖,尽管生成的数量较少,但 IgM 在激活补体发挥溶菌、溶细胞和中和病毒等方面,比 IgG 更有效得多。IgA 是各种外分泌液中的优势免疫球蛋白,主要存在于鸡的唾液、泪液、鼻分泌液及胃肠液等分泌物中,又称分泌型或黏膜抗体,分泌型 IgA 由存在于黏膜和腺体组织上的浆细胞所产生,是黏膜上抗感染的重要免疫球蛋白。能使颗粒性抗原凝集和中和病毒,它在肠道、呼吸道、泌尿道和眼部黏膜上的作用是阻止细菌或病毒及有害抗原黏附于黏膜表层,阻挡其进入体内。鸡新城疫的饮水、气雾免疫,禽出败菌苗用于水禽的饮水免疫等,都取得了良好的效果。

☞ 37. 抗体主要分哪些类型?

(1)根据刺激机体产生抗体的抗原分类有:异种抗体它是由异种抗原免疫所产生的抗体。大部分抗体属于此类。应与异种血清相区别,后者是指用于制备血清用的动物与被免疫的动物系不同的种,亦称异源血清。

同种抗体:同一种属的两个个体之间进行同种免疫所产生的抗体。不同于同种血清,后者是指用同种动物制备的免疫血清,亦称同源血清。因无排异反应,免疫期为 1 个月左右。

自身抗体:对自身抗原所产生的抗体,如抗核抗体等。

异嗜抗体:由异嗜抗原引起的或对应的抗体。

(2)根据有无抗原刺激分类:可分为天然抗体和免疫抗体。

天然抗体或正常抗体:没有明显的特异抗原刺激而天然存在

于体液中的抗体,如血型抗体。除一些遗传因素所产生的抗体外,某些显性感染或不知不觉中受到某种抗原刺激所产生的抗体,也可以是某些交叉反应细菌感染所引起的抗体等属于此类。

免疫抗体:经感染、预防接种及人工免疫后所产生的抗体,亦即康复血清和免疫血清中存在的抗体。如从母体经胎盘、卵黄或初乳中获得的抗体,称为母体抗体或母源抗体。

(3)根据与抗原反应的性质分类:可分为完全抗体和不完全抗体。

完全抗体:即二价或多价抗体。免疫球蛋白的单体(IgG)正常情况下有两个抗原结合位点,所以是二价的。完全抗体至少是二价的,它与抗原结合后可在特定条件下出现可见性反应。

不完全抗体:即单价抗体或封闭抗体。IgG上两个抗原结合位点之一失去活性,剩下一个位点可与抗原结合,这时与抗原反应时就不能形成大的抗原抗体复合物,从而不出现可见性反应。但它能封闭抗原的决定簇,阻止抗原与完全抗体结合时出现的可见性反应的再现。

☞ 38. 什么是免疫应答?

免疫应答是机体免疫系统识别病原微生物等各种异物,并把它们杀死、降解和排除的过程。根据其进化程度、识别能力和清除效率可将免疫应答区分为非特异性免疫应答和特异性免疫应答两大类。非特异性免疫应答是先天的、遗传的,其识别功能较低,对异物无特异区别作用,而只能识别自身和非自身,没有再次反应,没有记忆,主要表现为吞噬作用和炎症反应。它具有发挥作用快,范围广,初次与外来异物接触时,即可发生反应,起着第一线的防御作用,以后随着特异性免疫应答的形成,又可与之起协同作用。特异性免疫应答是机体受到抗原刺激后,其淋巴细胞选择性地活化、增殖和分化,并产生免疫效应的特异性应答过程。特异性免疫又叫获得性免疫，它具有严格的特异性和一定的免疫期，短则一二个月，长则维持终身。

☞ 39. 什么是非特异性免疫应答？

非特异性免疫因素主要包括外部屏障（皮肤、黏膜）、正常菌群、单核巨噬细胞系统、补体及干扰素等。①皮肤：完整的皮肤，对病原微生物侵入起着重要的屏障防御作用。羽毛更是阻挡病原体侵入的屏障。②黏膜：眼睛、鼻、咽、呼吸道、消化道及泌尿生殖器官等黏膜的分泌物，均具有很强的杀菌作用，也可机械的冲刷黏附的病原微生物，呼吸道黏膜的小纤毛不停地由下而上有节律地摆动，可以机械地排除细菌。黏膜虽可阻止多种病原微生物侵入机体，但也是病原体入侵机体的主要门户，有侵袭性的病原微生物能突破健康黏膜而侵入机体。③正常的菌群：鸡体内的正常菌群对一些病原具有拮抗作用，同时刺激免疫器官使其发育成熟。④单核巨噬细胞系统：鸡体内广泛存在着各种吞噬细胞，如血液及组织中的异嗜性白细胞、单核细胞、巨噬细胞，这些吞噬细胞内具有杀菌或降解异物作用的酶类及其相关物质。⑤补体：补体当受到某种“激活剂”如抗原抗体复合物的作用后，活化的补体成分及其裂解片段具有酶的活性，能溶解细胞或杀菌作用。具有免疫黏附作用和调理作用，吸引白细胞至炎症区的趋化作用。促进抗体中和病毒的作用，可阻止病毒进入靶细胞和干扰病毒在细胞中增殖等作用。⑥γ-干扰素（γ-IFN）：γ-IFN 又称免疫干扰素，是在其诱导剂（如新城疫病毒就是优良的干扰素诱导剂）的作用下，由淋巴细胞产生的一种或多种具有特殊功能的蛋白质。鸡 γ-IFN 可能具有调节免疫的作用，还有很强的抗病毒作用。

☞ 40. 什么是特异性免疫应答？

特异性免疫应答是由抗原物质进入机体后激发特异性免疫应

答的过程称为特异性免疫应答。它一般分三个阶段：①识别阶段是抗原进入机体后在淋巴组织中巨噬细胞吞噬、处理，并传递抗原信息给免疫活性细胞的活化过程。②活化阶段是接受了抗原刺激的淋巴细胞克隆被活化，并增殖、分化形成各种效应细胞群的阶段。③效应阶段是抗体、淋巴因子和各种免疫细胞发挥排斥外来抗原功能的阶段。有体液免疫即抗体免疫和由浆细胞产生的抗体，可以进入血流和组织液，作用于相应抗原。抗体一旦形成后，一般可在血流中持续存在几个月或更长。细胞介导免疫是T细胞在受到抗原刺激后，分化、增殖、转化为致敏淋巴细胞所表现出来的特异性免疫应答。

☞ 41. 影响机体免疫应答的因素有哪些？

影响机体特异性免疫应答的因素主要有抗原的种类和性质，被免疫动物的种属、年龄、母源抗体、抗原进入机体的方式及佐剂等。①抗原方面的因素：抗原除其相对分子质量、化学结构与空间构象等会影响免疫应答外。细胞内寄生菌的慢性感染和细胞内长期感染的病毒等，主要诱导细胞免疫。细胞外细菌的急性感染、全身性病毒感染以及免疫原性强的异种蛋白质免疫动物时，引起的主要是体液免疫性抗体的产生，但若将蛋白质与弗氏完全佐剂混合注射，也可诱导产生细胞免疫。②机体方面的因素：被免疫动物的不同种类、品系乃至个体的不同均将影响其对抗原物质的免疫应答反应。各种先天性免疫缺陷病，如体液免疫缺陷、细胞免疫缺陷、吞噬作用缺陷等均会直接影响机体对抗原的免疫应答。此外，还有很多后天的继发性免疫缺陷，如鸡早期感染MDV、IBDV或CAV会使其胸腺、法氏囊萎缩，从而降低其细胞与体液免疫应答的能力。年龄也是影响机体免疫应答的一个重要因素。胚胎期免疫反应性很低，若在这一时期接触抗原主要引起免疫耐受性。母源抗体，一方面能保护雏鸡免于感染；另一方面也能抑制机体对进入体内的抗原的免疫应答。有活性的弱毒疫苗将被母源抗体中和、抑制而不能在体内增殖，从而影响免疫力的产生。因而在应用ND、IBD等弱毒疫苗给雏鸡初次免疫时，必须考虑到其体内母源抗体的影响。③免疫方法、途径的影响：不同的免疫途径往往引起不同性质的免疫应答。免疫剂量、滞留时间和免疫次数也能影响免疫应答。佐剂也是影响机体免疫应答的一个因素，佐剂本身并无免疫原性，但与抗原合并使用时能增强抗原的免疫原性，佐剂有吸附性佐剂、油水乳剂佐剂、微生物及其代谢产物佐剂、蜂胶佐剂、人工合成佐剂等。

☞ 42. 什么是抗感染免疫？

当病原微生物侵入机体后，与宿主相互作用，一方面能导致感染的形成即病原体在机体内繁殖，释放出毒素或侵袭性酶侵入宿主细胞组织，引起细胞组织以及器官发生病理变化；另一方面宿主机体也能建立对侵入体内的病原体的免疫，即抗感染免疫。抗感染免疫分为抗细菌感染免疫、抗病毒感染免疫、抗真菌感染免疫和抗寄生虫感染免疫。

☞ 43. 什么是抗细菌感染免疫？

它是指动物机体抵御细菌感染的能力，其能力的强弱与细菌的结构成分、抗原性质、细菌的毒力和抗体状态有关。细菌抗原可分为外抗原、内抗原和分泌抗原。外抗原主要有鞭毛、纤毛、荚膜抗原和一些细菌壁抗原，抗外抗原的抗体在抗细菌感染免疫中发挥重要的作用。内抗原包括细胞质、细菌膜及细胞壁抗原，抗内抗原的抗体一般没有可靠的保护性。分泌抗原又叫可溶性抗原，包括外毒素和内毒素。抗这些毒素的抗体则可中和其毒性而起保护作用。以上这些抗原都能有效地诱导细胞免疫，而细胞免疫在抗细胞内细菌感染的保护作用中特别重要。抗细胞外细菌感染的免疫通常被体液中的抗体、补体和溶菌酶等体液因子介导而杀灭。溶菌作用仅限于革兰氏阴性菌。抗细胞内细菌感染免疫在细菌侵入后，细菌抗原在体内刺激淋巴细胞释放多种淋巴因子，能吸引与激活巨噬细胞，增强其杀灭胞内菌的功能。

☞ 44. 什么是抗病毒感染免疫？

抗病毒感染免疫其免疫力是由天然抵抗力和特异性免疫力两者协同作用产生的。病毒是严格的细胞内寄生微生物，按病毒对细胞的感染与扩散方式不同可分为三种类型。①细胞外扩散又称杀细胞性感染。病毒在宿主细胞内复制，造成靶细胞裂解，大量的病毒一次性从细胞内释放到细胞外或以出芽方式从感染细胞中释放出来，进而再感染其它细胞。②细胞内扩散又称非杀伤细胞性感染。有些病毒可通过细胞间的融合接触或细胞间感染，如鸡马立克氏病毒、鸡痘病毒等。感染此类病毒的宿主细胞表面常含有该病毒抗原。③细胞核内扩散又称致瘤性感染。是指病毒的核酸潜伏在感染细胞的核内或掺入宿主细胞的染色体中，引起细胞增殖、转化、发生肿瘤，如淋巴细胞性白血病病毒以及其它肿瘤病毒。

抗病毒感染免疫往往以非特异性免疫为主，其中巨噬细胞、NK 细胞和免疫干扰素（γ-IFN）起重要作用，特别是在病毒感染的早期，它们的作用更为重要。特异性免疫一般出现较迟，其细胞免疫和体液免疫可分别或协同作用。对抗细胞外扩散的病毒感染的免疫通常以体液免疫为主，抗体是抗病毒感染体液免疫的主要因素。病毒感染后产生的中和抗体均有中和病毒感染性的能力。阻止病毒吸附易感细胞或穿入细胞内；消除或降低血流中和细胞外液中病毒的感染性；黏膜抗体是针对局部感染病毒的主要抗体；母鸡血中的中和抗体能在鸡蛋蛋黄中集聚，使小鸡含有母源抗体，获得了先天免疫力（被动免疫）。由于中和抗体不能通过细胞膜，因而对进入胞内的病毒以及循环抗体不能到达的部位的病毒则很难发挥其中和作用。抗体与带病毒抗原的感染细胞结合后，能激活补体而使感染细胞溶解。抗体除中和病毒外，还可通过抗体依赖细胞介导的细胞毒作用杀伤带病毒抗原的靶细胞。虽然抗体有中和病毒的作用，但在非溶细胞型的病毒感染及致瘤性病毒感染中，细胞免疫的作用更重要。

☞ 45. 什么是疫苗，鸡疫苗有哪些种类？

疫苗是指由病原微生物及其产物制成的并接种动物后能激发机体产生自动免疫，从而预防疫病的一类生物制剂均称为疫苗。用细菌制成的叫菌苗；用病毒制成的叫疫苗，另外还有一些类毒素、寄生虫疫苗等，习惯上统称为疫苗。常用的疫苗有弱毒活疫苗、灭活疫苗和亚单位疫苗以及各种新型的疫苗等。

(1)弱毒活疫苗：通过物理的、化学的和生物的方法获得减毒毒(菌)株或从天然毒株中筛选出自然弱毒株，用以制备的疫苗称为弱毒活疫苗。其优点是接种较少量就可诱导产生坚强的体液和细胞免疫，免疫力持久，无需使用佐剂，产量高，生产成本低。其缺点是残毒在鸡群中持续传递后毒力有增强、返祖为毒力型的可能；弱毒苗多制成冻干苗，以便于运输和延长保存期。如 NDⅣ系(LaSota)、克隆-30、NDI 系疫苗；IB 弱毒疫苗(H120，H52，)；ILT 弱毒疫苗和 MD 疫苗等。病原体是个活体，会有变异。如 IB 病毒、IBD 病毒等在很多国家出现了变异型病毒(变异株)，要控制这些变异型病毒引起的疾病，用标准株疫苗不行，必须用变异型病毒制造的疫苗才有效。这种疫苗称为变异株疫苗。

(2)灭活疫苗：也称死苗，是将病原体用物理的(热、射线等)或化学的(如福尔马林等)方法，使细菌或病毒丧失感染性或毒性(即失活)，但仍保持其免疫原性。最常用的灭活方法是使用化学灭活剂如福尔马林。灭活苗的优点是研制周期短、无毒、安全并易于保存运输，疫苗稳定，便于制备多价或多联苗，不受干扰，能刺激机体产生较长时间的较高水平的体液免疫应答。但死苗不能在体内复制，所以，每单位容积内要含有大量抗原。为了增强灭活苗的免疫效果，做疫苗时必须加入适当的佐剂。

(3)亚单位疫苗：病原微生物经物理和化学方法处理，除去其无效的毒性物质，提取其有效抗原部分制备的疫苗。多数细菌的荚膜、鞭毛、多数病毒的囊膜、衣壳蛋白等，经提取后可制成不同的亚单位疫苗，由于此类疫苗具有明确的生物化学特性、免疫活性并且没有核酸，因而免疫效果更好，使用更加安全。但亚单位疫苗也具有灭活疫苗的所有缺点，由于其制造困难、价格昂贵，在畜禽传染病预防上使用较少。

(4)新型疫苗：新型疫苗包括基因工程亚单位疫苗、基因缺失疫苗：是一种人工致弱的病原体，其毒力基因由于缺失而丧失其功能；基因活载体(病毒或细菌)疫苗：用基因工程方法将编码保护性抗原的基因插入到细菌(如大肠杆菌质粒)或病毒(常用痘病毒)载体生长的基因非必需区而构建的活载体，从而产生一种包含了常规活疫苗以及灭活疫苗主要优点的基因工程活载体疫苗，它具有活疫苗的高效率和灭活疫苗的安全性，还可以进行大规模气雾免疫，制造成本低。目前，科学家们正致力禽痘病毒为载体的多价禽病活载体疫苗的研制，即将多种禽病保护性基因集中在禽痘病毒上，并使之高效表达，从而一次种痘可预防多种鸡病。另外，还有合成肽疫苗、蛋白工程抗原(疫苗)、抗独特型抗体等。

(5)单价疫苗：利用同一种微生物菌(毒)株或同一种微生物中的单一血清型菌(毒)株的增殖培养物制备的疫苗，称为单价疫苗或简称单苗。单苗可对单一血清型微生物所致的疫病有免疫保护作用，如新城疫各疫苗株制备的疫苗(Ⅰ系、Ⅱ系及 LaSota 苗)，都能使被接种鸡获得完全的免疫保护，但单价苗仅能对多血清型微生物所致疾病中的对应血清型有保护作用，而不能使被免疫鸡获得对所有血清型的免疫保护，如预防 MD 的火鸡疱疹病毒冻干苗，只对 MD 血清Ⅰ型毒株提供有效免疫保护，而对血清Ⅱ型等其它血清型毒株无保护作用。

(6)多价疫苗：是指用同一种细菌(或病毒)中若干血清型菌(毒)株的增殖培养物共同制备的疫苗。多价疫苗能使免疫鸡获得完全的免疫保护，并且可在不同地区使用，如 MD 二价疫苗、IBD 三价苗等。

(7)多联疫苗：又称混合疫苗，指利用不同细菌(或毒)联合制成的疫苗。这种疫苗具有减少接种次数、使用方便等优点，可以达到免疫一次预防几种疫病的目的。多联疫苗可根据实际疫病流行情况、微生物组合的多少，有二联疫苗、三联疫苗、四联疫苗等之分。如 ND、IB 二联苗；ND、IB、EDS-76 三联苗等。生产多联苗要注意到在生产上是否需要，特别是多联活疫苗几种微生物放在一起是否会相互发生干扰。

☞ 46. 怎样运输和保存疫苗？

(1)对运输兽用疫苗的要求：①运送疫苗应采用最快的运输方法，尽量缩短运输时间。②凡要求 2～15℃储存的灭活疫苗及血清等，宜在同样温度下运送。若在严寒冬季运输，须采取防冻措施。③需要低温储藏的活疫苗，应按制品要求的温度进行包装运输。④所有运输过程，必须严防日光曝晒，如果在夏季运送，应采用降温设备；冬季运送液体制品，则应注意防止制品冻结。⑤不符合上述要求运输的生物制品不得使用。作为养殖户购买疫苗时，应带保温桶，特别在炎热的夏天更应该注意。

(2)对储藏疫苗的要求：①各兽用疫苗生产、经营企业和使用单位必须严格按各疫苗的要求，进行储存。一般进口疫苗由于保护剂比较好，可以在 2～8℃保存。一些组织灭活苗和一些油苗可以进行不结冰保存。冻干苗要零下保存。②有相应的冷藏设备，指定专人负责，按各制品的要求条件严加管理，每天检查和记录储存温度。③各种兽用生物制品应分别储存，并有明显标志。④检验不合格的疫苗应及时销毁。⑤超过规定储存时间的或已到失效期的兽用生物制品，必须从库中及时清出销毁。⑥兽用生物制品的入库和分发，均应详细登记。⑦养殖户在购进疫苗时要由冷藏设备带走，回去后要立即使用，不能放置时间太长。如果需要存放必须放入冰箱进行冷藏或冷冻保存。

☞ 47. 养殖户在选购疫苗时应注意哪些问题？

养殖户在选购疫苗时首先要注意疫苗是不是正规厂家生产，有无批准文号。一般正规厂家生产的疫苗在“生药字”前面如果是农业部颁发的应加“农”字，是省农牧部门颁发的应在“生药字”前面加省的简称，后面再加生物药厂的编号、类别号和品种编号。再看一看批号，批号代表生产日期。把生产日期和有效期结合起来就可以知道这个疫苗是否失效。另外，还要注意疫苗瓶盖是否松动，疫苗瓶是否爆裂，在使用疫苗时特别是活疫苗是否失真空，凡是失真空的疫苗都是无效的。油苗和组织苗是否有絮状物或变质，组织苗晃动以后是否均匀一致，如不均匀一致呈颗粒状就可能失去免疫原性。若出现以上这些情况均不能使用，所以在选购疫苗时要认真检查。以免购进劣质疫苗贻误免疫时机而造成免疫失败，引起疾病的发生。

选购好了疫苗后，要用低温设备来运输，特别在炎热的夏天更要注意，以免疫苗在运输过程中受热失效。

☞ 48. 怎样给小鸡点眼、滴鼻接种疫苗免疫？

由于在鸡的眼旁和鼻旁有一些淋巴组织集合即哈德仁腺，负责眼部和鼻部及上呼吸道的局部免疫。所以鸡在用疫苗点眼滴鼻时可使疫苗通过呼吸道进入体内，获得分泌型抗体，起到局部免疫的作用。因此，在鸡免疫时用疫苗点眼滴鼻比较好。此法主要适用于NDⅡ系、Ⅲ系、Ⅳ系疫苗和IB疫苗以及ILT弱毒型疫苗的接种，此法是逐只进行的，能保证每只鸡都能得到免疫，并且剂量均匀。所以，这种方法是弱毒疫苗免疫的最佳接种方法。

操作方法：先把疫苗用生理盐水（或蒸馏水、凉开水也可）稀释，用水量的多少与滴管口径大小有关。其水的用量测定是吸满一滴管水，再滴出，数一下共有多少滴。因一只鸡用2滴，一管水如果滴了30滴，就可滴15只鸡，一瓶疫苗用多少管水也就得出。滴鼻时要用一只手抓住鸡雏；另一只手把疫苗挤出，滴在同侧的鼻孔和同侧的眼上，看着疫苗确实吸进鼻孔和眼内时方可撒手。

☞ 49. 怎样用注射法来接种疫苗免疫？

它是用注射器将疫苗注射到家禽体内的一种接种方法，有皮下注射法和肌肉注射法。注射部位主要有颈部皮下、胸部肌肉、肩部肌肉或腿部肌肉。此法适用于鸡新城疫Ⅰ系疫苗、禽霍乱菌苗和一些灭活疫苗的接种均可采取注射法免疫，皮下注射法多用于雏鸡的MD疫苗的接种和商品肉鸡所用注射疫苗的接种。由于商品肉鸡在注射油苗时选择其它部位会影响鸡肉的质量，所以，在注射免疫时采取颈部皮下注射为好。

操作方法：在颈部注射疫苗时，要在鸡的颈部1/2处，向鸡的背部皮下刺，不要向鸡的头部刺，免得在注射疫苗时引起头部浮肿。肌肉注射时以小于45°角把针头刺入肌肉1～2 cm。在肩部和胸部肌肉注射时不要垂直刺入，以免由于小鸡太小肌肉太薄针头刺的太深而引起内脏出血死亡。

☞ 50. 怎样给鸡进行饮水免疫？

此法是家禽预防传染病中比较常用的一种免疫方法。因有些病原体常在入侵部位造成损害，免疫机制以局部产生抗体为主，如呼吸道病常以呼吸道局部免疫为主。过去曾认为经口免疫抗原在消化道会遭到破坏而使免疫失败。近年研究表明，皮下、黏膜下众多淋巴样组织可形成免疫力的2/3。饮水并非只进入消化道，还要经过与口腔黏膜、扁桃体等接触。饮水时还将鼻部插入水中，特别是鸭饮水免疫时常将鼻部浸在水中，增加了鼻咽黏膜接触疫苗的机会。饮水经过消化道时胃肠道黏膜下丰富的淋巴样组织可以接受抗原刺激而形成局部免疫。饮水免疫应用于饲养量比较大，难于抓捕的家禽。使用此法不会因逐只进行接种费时费力，惊扰鸡群，影响产蛋和增重。所以此法具有简单易行，省时省工，不用抓鸡，对鸡群应激反应小等特点。因此有很多养鸡户都采用此法进行免疫。但由于个体饮水和采食量的差异，每只鸡饮得的疫苗量不同，因而免疫程度也就不同。所以用此法免疫若应用不当往往会造成免疫失败，故要很好掌握。饮水免疫多适应于NDⅡ系、Ⅲ系、Ⅳ系疫苗，IBD疫苗以及IB疫苗的接种多采用此法。

操作方法：一般免疫前后48 h不要用消毒药饮水或刷鸡槽，水槽不得有残留的消毒剂、铁锈和影响免疫的有机污物等。用于稀释疫苗的饮水也要洁净，不得含有重金属离子，不能用加有氯的自来水，用深井水，必要时可用蒸馏水或凉开水。在稀释疫苗时不能用铁桶，要用塑料桶或木桶，以免金属离子将疫苗毒杀灭。饮水器具要充足，必须保证所有的家禽在短时间内饮到足量含疫苗的饮水。用于饮水的疫苗必须是高效价的，要加大疫苗的用量，一般认为饮水免疫疫苗的用量应是注射免疫的4～5倍，甚至更高。饮水免疫疫苗应是活疫苗，灭活疫苗免疫力差，不能用于口服。在免疫前应控水，一般冬天控2～4 h，夏天要控1～2 h。在夏天要避开太阳照射时间，一早一晚的进行免疫，以免因太阳辐射天气太热而引起疫苗失效。在稀释疫苗时为保证疫苗不被金属离子的破坏可在水中加入0.1%的脱脂奶粉。用水量一般按鸡每天饮水量的1/4来稀释疫苗。也可以在第一天做一下实验，看一看停水2 h以后鸡到底一次能喝多少水，以此来作为稀释疫苗用水的量。在饮水免疫时可以将疫苗的用量1/2让鸡在1 h之内用完，间隔1 h以后再用另1/2，这样在第1次喝不到疫苗的鸡可在第2次喝到，不至于由于稀释疫苗用水太少而造成漏免。饮疫苗时要在1～2 h内饮完，时间尽可能的要短，特别是ND疫苗。饮完疫苗后经1～2 h再正常供水。

☞ 51. 怎样给鸡进行气雾免疫？

此法是通过气雾发生器用压缩空气将稀释的疫苗喷射出来，使之形成雾化粒子浮游在空气中，通过口腔、呼吸道黏膜等部位吸收以达到免疫作用。气雾免疫包括气溶胶和喷雾两种形式，但最主要的是气溶胶免疫。气溶胶根据粒子大小及运动性质可分为三种：高分散度气溶胶，又称蒸发性气溶胶，雾粒在0.01 μm以下。中分散度气溶胶，又称浮游性气溶胶，粒子大小为0.01～10 μm，在大气中较稳定漂浮。低分散度气溶胶，粒子为10～100 μm，粒子大，易下沉。气雾发生器将疫苗喷射在空气中形成雾状，这些雾状的疫苗颗粒可随空气进入鸡的呼吸道，通过呼吸道黏膜和气管、肺泡的血管进入血液和淋巴，这样可以有利于吞噬细胞的吞噬，经过机体免疫应答反应而产生良好的免疫力。气雾免疫适于半机械化和机械化养鸡场，既省力、省工、省苗、速度快，又不惊扰鸡群，不影响产蛋、增重，免疫效果确实。还不受或少受母源抗体的干扰。特别对呼吸道有亲嗜性的疫苗非常有效。但是容易激发潜在的慢性呼吸道病及大肠杆菌病引起的气囊炎，这种激发作用与粒子大小有关，粒子越小，激发的危险性越大。所以，在存有慢性呼吸道病潜在危险的鸡群，不应采用此法，但可采用粗分散度溶胶（雾粒在60 μm左右）法以减少激发呼吸道病的发生。一般喷雾免疫只能用于60日龄以上的鸡，60日龄以内的鸡使用此法，容易引起支原体病和其它上呼吸道疾病。

操作方法：该法主要用于ND的免疫，也可用鸡痘和禽霍乱的免疫。可用 NDⅣ系疫苗，按每毫升免疫 80 只鸡计算出所需疫苗数量，然后按再每毫升加 25 ml 蒸馏水稀释，用特制的喷雾枪进行喷雾。为达到好的免疫效果，喷雾前要把鸡群驱赶到鸡舍一角，或用塑料布搭设临时免疫气雾间，以防喷雾出去的气雾粒子随空气流散。同时要关闭门窗和排风设备来减少空气流动，还要避免阳光直射。操作者手持气雾枪面向鸡群头部的前上方喷雾，喷头距离鸡 1 m，为使鸡能充分的吸入疫苗，要不时轰动鸡群调换位置，喷完后 15 min 才可通风。在进行气雾免疫时所用的疫苗必须是高效的，并且剂量要大几倍。在稀释疫苗时最好用去离子水或蒸馏水，水中可加入 0.1% 的脱脂奶粉，不能加任何盐类，以免雾粒喷出后迅速干燥引起盐类浓度提高从而影响疫苗病毒的活力。

☞ 52. 怎样给鸡进行刺种免疫？

此法主要用于鸡痘疫苗、鸽痘疫苗和 ND 弱毒疫苗的接种。操作方法：将疫苗用冷开水、蒸馏水或生理盐水稀释 50 倍，用刺种针或干净的笔尖蘸取疫苗，刺种于鸡翅膀内侧无血管处的翼膜内。1～2 周的雏鸡刺种 1 针即可，较大的鸡可刺种 2 针。鸽痘疫苗可在鼻瘤处进行刺种。

☞ 53. 怎样进行擦肛接种疫苗免疫？

此法仅用于 ILT 强毒型疫苗的接种，方法是将鸡倒提使肛门黏膜翻出，用接种刷蘸取疫苗刷肛门黏膜，至黏膜发红为止。注意刷肛不是涂肛，也不是滴肛。有的养鸡户在免疫时用棉棒蘸疫苗涂在肛门上或将疫苗滴在肛门上完事，结果造成免疫失败。

☞ 54. 何为紧急接种，在禽病预防和控制中有什么意义？

所谓紧急接种就是当鸡群发生疫病时，威胁到其它鸡舍或鸡场时，为了迅速控制和扑灭疫病的流行，对疫区及受威胁的禽群进行紧急接种。紧急接种可以用高免血清或高免卵黄抗体，也可用疫苗。实践证明，在疫区内使用疫苗和高免卵黄抗体，不但可以防止疫病向周围地区蔓延，而且对某些疫病（ND、IBD）还可以减少已发病鸡群的死亡损失。这主要是利用疫苗病毒产生免疫力快的特点，使未受感染的鸡群获得抵抗力。但是对正处在潜伏期或尚未明显发病的鸡可采用4～5倍剂量的弱毒苗饮水免疫，使鸡群迅速产生干扰素，防止疫病扩大蔓延。但注射疫苗时要一只鸡一个针头，先注射健康的再注射有病的，以免通过注射而相互感染。

☞ 55. 养鸡户在进行免疫接种时应注意哪些事项？

①要注意饲养管理和禽群的健康情况，只要禽群健康，饲养管理和卫生环境良好，就可保证接种的安全并产生较强的免疫力；反之，就可能出现明显的接种反应，甚至由于疫苗接种而发病，产生免疫力差。②要考虑母源抗体的干扰，母源抗体可以抵抗疾病的早期感染，但也妨碍免疫效果。给雏禽接种时，应考虑这一问题。③母源抗体持续时间和水平，一般来说，IB的母源抗体可维持2周左右，ND的母源抗体3周后完全消失，IBD的母源抗体可持续2～3周。雏鸡的母源抗体又受母鸡循环抗体的影响。由于母鸡免疫接种经过时间的不同，或者孵化的种蛋来自不同的鸡群（场），其后代雏鸡的母源抗体水平就会有较大的差异。所以就很难规定一个适用于各场的免疫程序。对于母源抗体水平低而个体差异又较小的雏鸡，首次接种ND疫苗时应在早龄进行；母源抗体水平高的雏鸡应推迟接种。对于母源抗体水平参差不齐，而又受到疫情威胁的雏鸡应早接种，以提高母源抗体水平低的雏鸡的免疫力。以后再接种1次，以使原来母源抗体水平较高的雏鸡也能对疫苗接种有良好的应答。这种重复接种，可根据抗体监测的情况而定，如果多数鸡的HI试验抗体下降至2^4以下时，就应进行强化免疫。④注意药物的干扰：接种弱毒活菌苗前后各5天，鸡群应停止使用

对菌苗、菌株敏感的药物，以免影响免疫效果。病毒性疫苗中加入某些抗菌药物（青霉素、链霉素等），虽然不能杀灭疫苗病毒，但其pH值会影响疫苗病毒的活性，从而影响免疫效果。⑤避免各种疫苗相互干扰，养鸡场常常进行多种疾病的免疫，因此必须考虑到接种各种疫苗的相互配合，以减少相互之间的干扰作用。为了保证免疫效果，对当地流行最严重的传染病最好能单独接种，以便产生坚强的免疫力。有些养鸡户为了图省事进行多种疫苗免疫时，不管行不行，就把它放在一起使用，有的把ND疫苗和IB疫苗放在一起随便制成二联或三联疫苗，结果造成免疫失败。⑥要做好免疫接种记录：对各种疫苗菌苗一定要按说明书的要求进行运输、保管和合理使用，确保免疫效果。要做好接种日期、鸡的品种、日龄、数量、所用疫苗的名称、厂名、批号、生产日期及有效期，稀释剂及稀释倍数，疫苗接种方法，操作人员要详细登记。但不少的养鸡户往往做不到这一点。⑦要观察鸡群的接种反应，免疫接种后要注意观察鸡群接种反应，如有不良反应或发病等情况，应根据具体情况采取适当的措施。特别是弱毒疫苗，在接种后容易出现呼吸道病，应及时治疗。在弱毒苗接种10天，灭活苗20天后进行检查免疫效果，尤其是改用新的免疫程序及疫苗种类时更应检查，以免造成免疫失败。

☞ 56. 免疫接种失败的原因有哪些，应怎样克服？

①雏鸡在免疫接种时母源抗体的水平和整齐度直接影响免疫效果。疫苗抗原常被母源抗体所中和而影响雏鸡主动免疫的产生。所以要根据鸡群的母源抗体水平确定首免的时机，否则，免疫效果不理想。②疫苗选择不当，在疫病严重流行的地区，仅选用安全性好但免疫效力较低的疫苗品系，往往免疫效果就差。③疫苗质量差，灭活疫苗灭活不完全，留有残毒。疫苗效价较低，效价降低或蚀斑量（PFU）不够，弱毒疫苗中混有强毒或带有其它的病毒

或细菌，往往成为免疫失败的主要原因。其原因，一方面是生产厂家生产的疫苗不合格；另一方面是由于运输、保管不当，造成疫苗失效或减效。有很多疫苗生产厂生产的疫苗使用非 SPF 鸡胚，常含有一些病原体（鸡白痢沙门氏菌、霉形体和某些病毒），它除了影响疫苗质量和免疫效果外，还传播疾病，对鸡群尤其是种鸡危害较大。④血清型的差异、变异株和强毒株的存在导致免疫失败；IBV 的血清型有几十余种，目前所用的毒株是以麻株和康株为多，根据致弱的程度又分为 H120 和 H52 两种毒株。由于血清型的差异，H120、H52 不能防止由澳洲 T 株引起的肾型 IB。IBDV 也有变异株，由于抗原性的差异，用标准株生产的疫苗不能控制变异株引起的 IBD。野毒的存在使鸡群接种疫苗后不能保护强毒的攻击，如火鸡疱疹病毒（HVT）对一般马立克氏病毒株有很高的预防效果，但是对超强毒株抵抗保护性较差，而造成免疫失败。⑤免疫抑制和免疫缺陷：免疫抑制：骨髓、脾脏、胸腺和法氏囊是鸡的免疫器官。IBD、MD、淋巴白血病、腺病毒感染和鸡传染性贫血病等，可以破坏鸡的免疫器官，引起免疫抑制。免疫缺陷：各种应激因素（高温、寒冷、饥饿、缺水、停电、噪声、有害气体等）、霉菌毒素、营养不全、某些药物等多种因素，都能影响鸡体的免疫应答能力，造成免疫失败。⑥疫苗联合使用的相互干扰和不同疫苗之间的抑制，ND 弱毒疫苗和 IB 疫苗，同时使用时可相互干扰。ILT 和 ND，ND 能干扰 ILT 的免疫。因此，除厂家研制好的联苗外，一些活疫苗不能随便联用，以免影响其免疫效果。⑦另外还有选用疫苗和接种途径，如 1 周龄内的雏鸡，采用 ND Ⅰ 系疫苗或 IBH52 滴鼻、点眼。免疫接种工作不认真，如采用饮水法免疫时，饮水器不足。稀释疫苗时，计算错误或稀释不均匀；没有把应该接种的鸡全部接种等，都可造成免疫失败。克服这些问题应根据免疫失败的原因一一的进行纠正，争取尽可能的把家禽免疫工作做好，让你所养的家禽健康的成长，只有这样你才能获得好的经济效益。

☞ 57. 养鸡户应怎样科学的制定免疫程序？

由于鸡的品种繁多，疫苗种类也多种多样，所在地区和鸡场的疫病流行情况不同，所以免疫程序也不尽相同。为了科学的制定一个合理的免疫程序，必须根据各地和各养鸡场的实际情况和需要，全盘考虑，统筹兼顾。制定一个适合于本场的免疫程序。①根据本场、本地区的疫病流行情况，特别是一些危害比较大的传染病，来确定所用的疫苗。如 ND、MD、IB、ILT、IBD 等。必须注意的是，在未发病的地区和鸡场不要使用活毒疫苗免疫，以免造成污染。②要根据鸡的品种、日龄、鸡的用途，来确定疫苗的种类，免疫的时间，免疫的次数。不同品种的鸡，有不同的生长和生产特点。如肉用鸡，饲喂时间较短，对某些疾病只免疫一次即可。而对于种鸡和蛋鸡，则需经多次免疫，才能为其在整个产蛋期和生长期提供足够的保护力。对于雏鸡由于母源抗体的存在，如免疫太早，母源抗体干扰而影响免疫效果。要根据日龄选择疫苗的种类，如 ND Ⅰ系只能用于 60 日龄以上小鸡，IBH52 只能用于 1 月龄以上雏鸡。③要根据抗体监测情况和鸡群健康状况以及用药情况来随时调整免疫程序。抗体监测可以查明鸡群的免疫状况，指导免疫程序的设计和调整。对发病鸡群，不应进行免疫注射。这样会加剧免疫接种后的反应，免疫应答的能力下降，有时还会加重病情引起死亡。但发病时的紧急免疫接种另说。因有些药物能抑制机体的免疫，所以在免疫前后尽量不要使用抗生素和磺胺类等药物，可以多用点多维。④根据具体情况来确定合适的免疫剂量、方法和上次免疫接种至本次的时间。剂量过小，不能有效地刺激机体产生免疫反应；剂量过大，则又会造成免疫麻痹。接种剂量一定要按其说明书确定，不能随意增减。免疫方法要根据养鸡规模、疫苗特性及使用要求决定，尽量做到方便、易行、保证效果确实。分别使用几种疫苗时，应安排适当间隔时间，以防止相互干扰作用，影响免疫效果。如用 ILT 疫苗的前后 7 天不能用 ND 弱毒苗，以免影响 ILT 的免疫效果。

☞ 58. 商品蛋鸡的免疫程序如何？

免疫程序的制定应根据鸡苗供给场和你的鸡场所在地区的疫病流行情况来进行制定，不能千篇一律，更不能照搬别人的，应根据有这个病就用这个苗没这个病就不用这个苗的原则，结合自己场的实际情况来选择合适的免疫程序。下面有一免疫程序仅供参考。

1 日龄	MDCVI988 液氮苗皮下注射
4 日龄	传染性支气管炎 H120 饮水
8 日龄	NDⅣ系苗 2× 点眼、滴鼻
12 日龄	IBD 中毒疫苗 2× 饮水
22 日龄	NDⅣ系苗 4× 饮水或 2× 点眼、滴鼻和 ND-IB 多价灭活苗注射
25 日龄	IBD 中毒疫苗饮水
30 日龄	FP 苗刺种
40 日龄	ILT 疫苗点眼或刷肛（无此病的鸡场最好不用）
50 日龄	传染性支气管炎 H52 饮水
70 日龄	传鼻-慢呼二联灭活苗注射
80 日龄	FP 苗刺种
110 日龄	禽霍乱-大肠杆菌蜂胶苗注射
120 日龄	ND-IB 多价-EDS-76 灭活苗注射、NDⅣ点眼滴鼻
250 日龄	NDⅣ系 4× 饮水

☞ 59. 商品肉鸡的免疫程序如何？

肉鸡免疫程序的制定应根据鸡苗供给场和你的鸡场所在地区

的疫病流行情况来进行制定，不能千篇一律，下面是一肉鸡免疫程序仅供参考。

1 日龄	MD 疫苗皮下注射
4 日龄	传染性支气管炎 H120 饮水
8 日龄	NDⅣ系苗点眼、滴鼻
12 日龄	IBD 中毒疫苗饮水
20 日龄	NDⅣ系苗饮水
24 日龄	IBD 中毒疫苗饮水
30 日龄	FP 弱毒苗刺种(随季节不同适当调整)

☞ 60. 免疫佐剂有哪些种类，它对禽类免疫有什么好处？

佐剂在单独使用时一般没有免疫原性，与抗原物质合并使用时，能非特异性地增强抗原物质的免疫原性，增强机体对抗原的免疫应答，发挥其辅佐作用，或者改变机体免疫应答类型的物质，称为佐剂，也称免疫佐剂。根据佐剂的性质分类有微生物及其代谢产物和非微生物物质佐剂：如氢氧化铝、矿物油（如白油）、植物油（如花生油）、左旋咪唑、表面活性剂、蜂胶等。中草药类，如冬虫夏草、天麻、黄芪、苦参等也有佐剂作用。佐剂在免疫中的作用是与抗原混合后，能够增加抗原分子的表面积，提高抗原物质的免疫原性，延长抗原在体内的存留时间。使抗原缓慢地释放，持续刺激机体的免疫系统，使之产生较强的免疫应答。一般灭活苗、类毒素、微生物亚单位苗、基因工程苗及合成肽苗等，免疫原性均较差，加入佐剂以后可以增强其免疫原性。另外，还可以作用于机体内的巨噬细胞，使之激活，大量增殖分化，释放白细胞介素-1 等细胞因子，增强免疫细胞的活性。

☞ 61. 什么是高免血清和高免卵黄抗体，它与疫苗有什么不同？

高免血清是指经多次免疫的动物血清或发病康复动物的血

清。高免血清可用同种动物也可用异种或异源动物制备，前者称为同种血清，后者为异种或异源血清。可用猪、牛、山羊制备抗IBD高免血清。用异种动物制备高免血清可避免同源疫病的传播。

高免血清经皮下或肌肉注射后，1～2 h血清抗体即可达到有效浓度，进入鸡体后有效作用期为10～15天。因此，可用高免血清进行治疗和紧急预防。在流行刚开始时应用，能迅速控制疫情，减少损失。先注射未发病鸡，再注射发病鸡，病鸡可加倍应用。注射时最好要一只一针头，以免带毒传播。

高免卵黄抗体是由于鸡血液中循环抗体能传递到卵黄中，因而高免鸡卵黄抗体可替代高免血清，并且取材容易，制造工艺简单，成本低廉等特点。但卵黄抗体的吸收较血清抗体慢，经肌肉或皮下注射后需3～5 h，血清中抗体才能达到有效浓度。但由于生产高免鸡卵黄抗体的鸡大部分是来自普通鸡群的鸡，所以很难保证你所注射高免卵黄抗体的鸡不受蛋传性疾病的感染。因此，在生产高免鸡卵黄抗体时要选用无鸡白痢、慢性呼吸道病、传染性贫血、白血病、EDS-76等能垂直传播的传染性疾病的健康商品代蛋鸡群进行生产。

它与疫苗的区别是其作用时间短，最多只有半个月就失去保护作用。而给鸡接种疫苗，免疫持续时间要长的多，有的甚至终生免疫。在生产实践中由于各种原因，往往使一些鸡只或全群免疫失败，或未免疫鸡群遭受感染，这时可用高免血清或高免卵黄抗体注射，从而使被动地获得针对该病原体的抵抗力，达到紧急预防和治疗的作用。

☞ 62. 在禽病预防和控制过程中应怎样选用药物？

在禽病防治过程中，合理用药是保护鸡群健康的重要措施。相反，滥用药物不但造成浪费，还会延误治疗时机。因此，除掌握一些用药常识外，还要根据家禽的特殊生理构造和功能，掌握其固有的用药特点；根据家禽所患的疾病来选择适合该病的药物进行防治。

治疗禽病的药物很多，一般可根据以下几个方面去考虑。①要选用敏感性好的药物来治疗禽病，因为敏感性好的药物对禽病的防治作用快，效果好，浪费少，能缩短疗程。这是因在禽病的防治中，常有耐药菌株的产生，使一些药物对其治疗无效。所以，在选择药物时最好通过药敏试验，选择敏感性好的药物，以减少无效药物的使用。②副作用小的：有的药物疗效虽好，但毒副作用严重，选用时应予以放弃。如产蛋鸡患病时，不选用磺胺类药物治疗。因磺胺类药物对产蛋影响较大。③残留少的：药物的应用会在家禽的体内残留，人若长期食用这类禽肉或禽蛋，会对人体产生过敏反应、导致耐药性菌株的产生和引起菌群失调等危害。所以在选择药物时，应选用药效高、残留少的药物。例如预防和治疗球虫病时可选用残留少的马杜拉霉素或一些中草药制剂，而少用或禁用残留高的克球粉和某些磺胺类药物等。④要选用比较经济容易买到的药品：在现代养禽，饲养数量较多，发病后用药量较大，所以必须精打细算，尽量选择那些既疗效确实，又价廉易买的药物，以减少药费开支，增加总体效益。但也要注意，现在生产兽药的厂家和经销药品的商家都比较多，不要图一时的便宜，不追求质量，买到一些假冒伪劣产品，使用效果不佳还延误了治疗时间。要到比较好的生产厂家和信誉比较高的经销户购买。⑤要根据家禽的生理特点选用药品，由于鸡舌黏膜味觉乳头较少，食物在口腔中停留时间较短，当鸡消化不良时，应用龙胆末等苦味健胃药，起不到反射性健胃作用，应选用食母生、大蒜素等用来助消化和促进胃肠的消化功能；鸡的呼吸系统有气囊构造，能增加肺的通气量，通过呼吸道给药，可增大药物的扩散面，增加吸收量，所以，喷雾给药是有效方法之一；平常鸡的尿液属酸性，但在产蛋后的短时间内（无钙沉淀时)变为碱性,在使用某些药物时(如磺胺类)应注意其酸碱度的变化等。总之,要选择最好的药物,来达到最佳治疗效果。

☞ 63. 家禽使用药物时有哪些方法?

由于各种药物其性质和应用目的的不同,其使用方法也就不同。一般采取:①混于饲料:这是集约化养禽场经常使用的方法,这种方法方便、简单、不浪费药物。它适合于用药时间比较长、不溶于水及加入饮水中适口性比较差的药物。拌料时为了保证所有禽只都能吃到基本相等的药量,必须使药物和饲料混合均匀。如果把数量极少的药物直接加入到大堆饲料中,即使搅拌多次,也很难拌匀。为此,有条件的可把药物和饲料加入搅拌机中进行混合,均匀后再用。如无搅拌机,可使用“逐渐扩大法”拌药,先把药物和少量饲料混合均匀,然后把这些混有药物的少量饲料加入到多一点饲料中再搅拌,这样反复进行,逐渐扩大,直至拌匀。对于药物数量实再太少,毒性较大,一些家禽采食后易引起中毒,而另外一些家禽却达不到治疗量的药物,可用饮水法给药。②饮水法给药:此法也是集约化养禽场,饲喂颗粒饲料的养鸡场户经常使用的方法。把药物溶于饮水中,让鸡自由饮服或顿服,这种方法适用于短期用药、紧急治疗投药、家禽发病后不能采食但能饮水时可用此法。饮水投药时,只适用于能溶于水的药物,对于不溶或难溶于水的药物不宜采用此法。如呋喃唑酮,在水中的溶解度较低,若将其饮水治疗禽病,绝大部分沉于容器底部,这样先饮的禽只达不到治疗量,而后饮的则发生药物中毒。某些药物,如庆大霉素、丁胺卡那等,虽然易溶于水,但饮后不能从消化道吸收进入血液中,对消化道以外的病原菌起不到杀灭作用。因此,对此类药物也不能经饮水给药。饮水投药时,也应由少量逐步扩大到大量。尤其不能向流动着的水中直接加入药物的粉剂或原液,这样做不能保证药物在饮水中充分的混匀而达到有效的剂量。所以,应该根据药物的用量，事先配好一定浓度的药液，然后加入饮水器中，让家禽自由饮用。③经口投服：这是直接把药物的片剂或胶囊剂经口投入家禽的食道上端，或用带有软塑料管的注射器把药物经口注入家禽的嗉囊内或食道膨大部内的一种投药方法。这种方法适合于大群家禽的个别治疗，此法虽费时费力，但剂量准确，如投药及时，疗效较好。④体内注射给药：对于难被肠道吸收的药物，为了获得最佳的治疗效果常采用皮下和肌肉注射法给药。它有吸收快，剂量准确，药物不经胃肠道就可进入血液中，可避免消化液的破坏。适用于逐只治疗，尤其是紧急治疗。皮下注射是将药物注入胸部或颈部皮下疏松结缔组织中，经毛细血管吸收。一些刺激性药物及油类药物不宜皮下注射，否则易造成蜂窝织炎或硬结。肌肉注射是将药物注入富含血管的肌肉（如胸肌）中，吸收速度比皮下快。油剂、混悬剂、刺激性大的药物，均可肌肉注射，对于刺激大的、有毒性的药物，不应注射。如新霉素，由于毒性较大，不应直接注射。⑤体表用药：家禽患有虱、螨、蜱等外寄生虫时，啄肛、脚垫肿等外伤，可在体表涂抹或喷洒药物。⑥蛋内给药：此法是把有效的药物直接注入种蛋内，以消灭某些能通过种蛋垂直传播的病原微生物，例如鸡白痢沙门氏菌、鸡败血霉形体等。此法也可用于MD疫苗的胚胎免疫。⑦药物浸泡：浸泡种蛋药物渗透到蛋内，可将蛋壳表面和蛋内的病原微生物杀灭，以控制和减少蛋传疾病的发生。其方法是把对某种病原微生物敏感的抗生素配成一定浓度。把种蛋浸泡于药物中，为了使药物能更好地渗入蛋内，可采用真空浸蛋法或变温浸蛋法。就是把种蛋浸入药液后，抽气机把容器内的空气抽走，造成容器内负压，一般要求真空度达12 665.59 Pa（950 mmHg），并保持5 min，然后恢复常压，把蛋取出晾干，即可孵化。变温浸蛋法是把种蛋的温度3～6 h升到37～38℃，然后趁热浸入4～15℃的药液中，保持15 min，利用种蛋与药液之间的温差造成的负压使药液被吸入蛋内，这种种蛋的药物处理方法常用来控制鸡白痢沙门氏菌、霉形体、大肠杆菌等病原菌。⑧环境用药：环境中季节性定期喷洒杀虫剂，以控制外寄生虫及蚊、蝇、蠓、蚋等。以减少禽痘、禽住白细胞原虫病及其它疾病的发生。还可定时喷洒消毒剂，以杀灭环境中存在的病原微生物。

☞ 64. 怎样合理使用药物预防禽病？

合理使用药物是预防和控制禽病发生和流行的重要措施。①要先确诊后再用药，切忌滥用药，要根据家禽所患疾病的性质，特别是一些由病原微生物引起的疾病，要选用一些敏感的药物进行使用。某种抗菌药物只能对某些致病菌起作用，且不可将抗菌药物视为万能，盲目滥用。滥用抗菌药的危害极大，除增加治疗成本外，还使耐药性菌株增加，给治疗带来困难；另外滥用抗菌药破坏了家禽体内正常的菌群平衡，敏感菌株被抑制，耐药菌株大量繁殖，导致严重的二重感染，久治不愈，生长发育受阻等。有条件的可做药物敏感试验，以此来指导用药。多数病原微生物和原虫易形成抗药性，所以用药时间不可过长，要与其它药物交替使用。用药时间，一般性药物 5～7 天，毒性较大的药物 3～4 天，如需继续用药，须间隔 1～2 天再用，切不可长时间用药，以防药物在体内蓄积而引起中毒。使用磺胺药物通常用 3 天停 2 天，若连续给药 10 天，可能发生磺胺药中毒。②要注意合理配伍用药：在防治疾病时能用一种药来治疗的就不用多种药。如果是急性传染病并且是混合感染或继发感染时，应合理地联合选用 2 种，最多不超过 3 种抗菌药物。选用多种药物治疗时的其作用应该是相互协同或相互增强而不应该相互拮抗，或产生毒性反应，是否起中和作用，会不会引起某种变化使疗效降低或丧失。磺胺药与抗生素合用时则产生中和作用，水中出现沉淀物，药效会降低；维生素 C 属于酸性，遇上碱性药则分解；盐酸四环素类与青霉素钠（钾）合用可使青霉素分解，生成青霉素酸析出。③要选择合适的途径给药：用药前首先要了解药物的性质。有些药物是水溶性的，有些是悬浮剂，有些完全不溶解只能加在饲料中使用。有些药物只能在肠道中起作用（不能进入血液），有些可进入血液运行到全身各组织器官。有些药物短期内大量使用才有效，有些是每日食少量，需要长期服用才有效。④用药量计算要准确：一般混于饲料或溶于饮水的药物浓度常以克/吨计算。饮水时，若药物为液体，则以体积/体积计算。在将药物加入饲料或饮水之前，应根据药物的规定使用浓度，计算出所使用药物的准确量。切不可随意加大剂量。⑤从未使用过的药物，首次应用时应先进行小群试验，证明确实有效、安全、无害后，再大群应用。以免浪费药物，或导致家禽药物中毒，造成不可挽回的经济损失。

☞ 65. 临床上常用药物的敏感试验有哪些方法，应怎样操作？

抗菌药物对于治疗禽类的疾病发挥了巨大的作用。但是，由于使用抗菌药物不当，常导致耐药菌株的产生。因此，为了测定细菌对抗菌药物的敏感性，选择最有效的药物防治禽病，减少无效药费的开支，常进行药物敏感试验。其方法有纸片法、试管法、挖洞法、挖沟法、琼脂稀释法等。现只介绍纸片法。

纸片法是常用的药敏试验方法，它简便、易行、出结果快。

（1）试验材料：①普通琼脂培养基或特殊培养基；②药敏试纸（市场购买或自制）；③灭菌试管，棉拭子和镊子等；③被试细菌。

（2）试验方法：①用灭菌的接种环挑取待试细菌的纯培养物或待试细菌于少量灭菌生理盐水中制成细菌混悬液，以划线接种方式将挑取的细菌涂布到培养基表面，尽可能涂的致密而均匀（磺胺类药物的药敏试验要用无冻肉汤琼脂平板）。为了更加快捷，可无菌采一块认为含菌量比较高的组织直接涂布到培养基表面，这样在时间上可大大缩短，（大肠杆菌药敏）快的 3 h，慢的也只用 6 h 多就可出结果。②用灭菌尖头镊子取抗菌药纸片。分别密贴到上述培养基表面，纸片在培养基上的分布，一般可在中央贴一种，外周以等距离贴若干纸片，这样一个直径 90 mm 平板可贴6～10个抗菌药纸片。标记好试纸片药名即可。③将平皿底部向上，置于37℃温箱中培养 24 h 后，取出观察结果。

(3)观察结果与判定标准：经培养后，凡对涂布的细菌有抑制能力的抗菌药物，在其纸片四周出现一个无菌生长的圆圈，称为抑菌圈。判定结果时，可用直尺测量抑菌圈直径大小作为判定敏感程度高低，20 mm 以上的为极敏；15～20 mm 为高敏；10～14 mm 的为中敏；10 mm 以下的为低敏；0 则说明该菌对此药具有耐药性。经药敏试验后，应首先选择高敏药物进行治疗，也可选用两种药物协同应用，以减少耐药菌株的产生。

第2部分　禽传染病

☞ 66. 什么是传染病，传染病具有哪些特征，传染病的发生和流行应具备哪三个基本环节？

传染病是指由特定病原微生物引起的一种具有一定潜伏期和临床症状并具有传染性的疾病。当机体抵抗力较强时，病原微生物侵入后一般不能生长繁殖，也不会出现临床症状。机体能够迅速动员机体的非特异性免疫力和特异性免疫力而将该病原体杀灭和消除。动物体对某种病原微生物缺乏抵抗力或免疫力时，就对该病原体有易感性，称其为易感动物。病原微生物侵入易感动物机体后可以造成传染病的发生。

在临床上，不同传染病的症状千差万别，同一种传染病在不同种类动物上的表现不一样，甚至对同种动物不同个体的致病作用和临床表现也有差异，但与非传染性疾病相比，传染性疾病具有一些共同的特征。①传染病是由病原微生物引起的；②传染病具有传染性和流行性；③感染动物机体可出现特异性的免疫学反应；④传染病耐过动物可获得特异性的免疫力；⑤被感染动物有一定的临床表现和病理变化；⑥传染病的发生具有明显的阶段性和流行规律。具有潜伏期、前驱期、临床明显期和恢复期，而且在群体中流行时通常具有相对稳定的病程和特定的流行规律。

传染病的发生和流行应具备传染源、传播途径和易感动物三个基本环节。在传染病的发生和流行过程中，这三个基本环节缺一不可，少了哪一个传染病都不会发生和流行。

☞ 67. 什么是病毒，什么是细菌，二者在结构上有什么特点？

病毒和细菌都比较微小，在普通显微镜下能看到单个的细菌和病毒的集合体，也称包涵体。也就是说病毒比细菌更加微小，病毒是一种不能在无生命的培养基中繁殖、只能在宿主细胞内进行复制的最小微生物。病毒无细胞壁，有一个蛋白质外壳，称为衣壳，只有一种核酸，或者是RNA，或者是DNA，蛋白质衣壳和核酸全称为核衣壳。有些病毒的核衣壳外面还有一层脂质包膜称为囊膜。不进行新陈代谢活动，对抗生素有抵抗力，但受干扰素抑制。病毒的种属繁多，形态结构、宿主范围和感染特性也各不相同。病毒感染细胞后，可导致细胞染色体损伤和核型紊乱，从而引起机体机能的异常和代谢障碍。

细菌为二分裂繁殖的单细胞原核生物，具有坚硬复杂的细胞壁和有弹性的细胞膜，无核膜、核仁和线粒体，细菌有两种核酸，既有RNA、又有DNA。有的细菌体上长有鞭毛、菌毛；有的能运动；有的有荚膜；有的在不利的环境中细胞浆脱水浓缩而形成芽孢。细菌可在人工合成的培养基上生长繁殖。细菌的种类十分繁多，形态结构和生理生化特性各有不同，按形态分有球菌、杆菌和螺旋菌三类。许多种属的细菌都可以感染家禽，引起疾病。

☞ 68. 什么是病毒性传染病，什么是细菌性传染病，各有什么特点？

由病毒引起的传染病叫病毒性传染病。病毒性传染病具有传播广泛，宿主范围相对比较严格，多有其本身特有的临床症状和病变特征，用抗菌药物治疗无效。其炎症反应特征是单核细胞和淋巴细胞浸润。有些病毒感染家禽后，仅出现生长发育受阻、羽毛蓬乱和免疫抑制等非特异性症状。多数病毒病都会继发有细菌感染，这使得病毒病的临床症状和病理变化更为复杂。病毒性传染病，由于其发生比较频繁，发病率和死亡率较高，发病后又没有有效的药物治疗，成为严重危害养禽业的重要疾病。

由细菌引起的传染病叫细菌性传染病。由于细菌广泛地存在于自然界中，如动物机体内、饮水、饲料和空气等环境中。对外界环境具有较强的抵抗力，能在自然环境中长期存活。可通过家禽的呼吸道、消化道和卵等多种途径直接或间接地发生水平或垂直传播。细菌性疾病具有分布广泛、传播速度快、病程长、易反复、易蔓延扩散以及临床症状和病理变化比较明显，且各具特征等特点。可用于细菌病的治疗方法和药物比较多，只要正确选用对该种细菌敏感的药物，就可以有效地预防和控制。但是多数细菌容易产生耐药性，因此单纯用药难以根除和消灭。为了控制发病鸡的死亡率，很多养鸡户长期超剂量地使用各种各样的抗菌药物。使一些细菌产生抗药性，有时投喂一些药物效果不十分明显，有时有一定的效果，但往往是一停药，死亡率又回升，不仅增加了饲养成本，降低了生产效率，还产生很多耐药性菌株，导致鸡场以后无法选择敏感药物，形成有药不治病的恶性怪圈，给养鸡户造成了重大的经济损失。

☞ 69. 什么是水平传播，什么是垂直传播？

水平传播是传染病从动物群体的一部分传播到另一部分，如鸡新城疫从一只鸡传给另一只鸡而使其发病。水平传播又分直接传播和间接传播两种。直接传播是易感动物与患病动物及其排出物接触而引起的传播。例如，鸡马克氏病病鸡的皮屑被易感鸡吃掉可引起直接传播。间接传播是通过中间载体将病原从感染动物传给易感动物。载体可以是有生命的也可以是无生命的，通常称为媒介。但在多数情况下媒介是指活的携带者，如一些昆虫等。传染性病原体的风源性传播常越过远距离，也被认为是间接传播。

垂直传播是指病原体在子宫中或卵子阶段感染胚胎或胎儿，将感染传给下一代。也就是由母亲传给子代的传播叫垂直传播。传播可以在不同阶段发生，有的是在卵巢表层或卵子本身的感染。上行感染是从下生殖道向上逆行感染传播。产道感染，在产蛋时被粪便污染，若不及时消毒，就有可能造成感染。垂直传播的疾病有沙门氏菌、禽白血病、支原体等。

☞ 70. 禽传染病的传播方式有哪些？

在前面已经说了传染病的传播，必须具备传染源、传播媒介和易感禽群三个基本环节，缺少任何一个环节，传染病就会停止流行。传播媒介是指病原体排出体外后，通过某种载体进入易感禽群的因素。①饲料和饮水：禽的大多数传染病是禽摄入被病原体污染的饲料和饮水而感染的。病禽的分泌物、排泄物及尸体可直接或通过污染加工、储存、运输的工具、设备、场所及工作人员而间接污染饲料和饮水。而被霉菌及其毒素或其它毒物所污染的饲料，则是禽曲霉菌病及中毒病的最常见病因。②空气：有些病原体存在于家禽的呼吸道中，通过打喷嚏或咳嗽等排到空气中，被健康易感禽吸入而发生感染；有些病原体随分泌物、排泄物排出，干燥后可形成微小粒子或附着在尘埃上，经空气传播到较远的地方，经这种方式传播的疾病主要有鸡败血霉形体病、ND、AI、IB、ILT、MD、鸡传染性鼻炎、鸡痘、禽大肠杆菌病和禽曲霉菌病等。③垫料和粪便：病禽粪便中含有大量病原体，而病禽垫料常被含有各种病原体的粪便、分泌物和排泄物所污染。如NDV、IBDV、沙门氏杆菌、大肠杆菌、MDV、葡萄球菌和球虫等存在于粪便和垫料中，如果不及时清除粪便和更换垫料，鸡群的健康就难以保证，同时还会殃及相邻的鸡群。④禽蛋：有的病原体存在于卵巢或输卵管内，在蛋的形成过程中进入蛋内或附着在蛋壳表面。还有一些蛋通过被污染的产蛋箱和孵化器以及工作人员带菌带毒的手，并通过蛋孔进入蛋内而发生传播。现已知经蛋传播的疾病有沙门氏菌病、大肠杆菌病、禽白血病、禽脑脊髓炎、鸡败血霉形体病、EDS-76和包涵体肝炎等。⑤孵化室：主要发生在雏禽开始啄壳至出壳期间。这时的雏禽开始呼吸，接触周围环境，就会被附着在蛋壳碎屑和绒毛中的病原体感染。通过这一途径传播的疾病有禽曲霉菌病、脐炎、沙门氏杆菌病和大肠杆菌病等。⑥羽毛：MDV存在于病鸡的羽毛中，对这种羽毛处理不当，羽毛就成为该病的重要传播因素。⑦设备与用具：养禽场的设备和用具，尤其是几个鸡群共用的场内、场外的设备和用具，如饲料箱、蛋箱、装禽箱、运输车、饮水器、清洁工具等，常是传播疾病的重要媒介，特别是在消毒清洁程序不严的禽场。经设备和用具传播的疾病有，ND、禽霍乱、沙门氏杆菌病、大肠杆菌病、ILT等。⑧动物和人：在自然界中的鸟兽（犬、猫、鼠，各种飞禽、水禽）和昆虫（蚊、蝇、蠓、蚂蚁、蜻蜓）以及蜱、甲壳虫、蚯蚓等都是禽传染病的活媒介。它们既可起到机械的传播作用，又可以让一些病原体在自身体内寄生繁殖而发挥其传染源的作用。如鼠和飞禽可传播禽霍乱、新城疫、沙门氏菌病等；水禽可传播禽流感、禽霍乱；蚊可传播鸡痘等。绦虫的发育必须经过在蚂蚁、甲壳虫等动物的体内寄生才能完成。人常常在禽病传播中起着十分重要的作用。当经常接触禽群的工作人员所穿衣服、鞋袜以及体表被病原体污染后又不彻底清洗消毒，再去管理健康鸡群，就会把病菌（毒）带进健康禽舍，最容易传播疾病。管理人员鞋子上所黏附的粪便、尘埃及其它脏物，往往是传染病传播的重要原因。⑨交配或水平传播：鸡的某些传染病，如白痢、大肠杆菌病、霍乱等可通过鸡的自然交配或人工授精过程中未严格消毒而造成的传播。由公鸡传染给母鸡或母鸡间的交互感染而引起大批发。⑩混群传播：成年鸡经过自然感染或人工接种而获得了对传染病的免疫力，但这些鸡可能是带菌、带病毒或带虫者，具有很强的传染性。如果把后备鸡群或新购入的鸡群与其混合饲养，往往会造成许多传染病的暴发和流行。

☞ 71. ND是怎样发生的，临床有何主要特征，主要感染哪些家禽？

新城疫(ND)是一种由副粘病毒感染所引起的高度接触性和毁灭性的急性败血性传染病，家禽发病后的主要特征是呼吸困难，下痢，伴有神经症状和黏膜、浆膜出血，成鸡严重产蛋下降，感染率和致死率高等。又称亚洲鸡瘟、伪鸡瘟等。是由禽副粘病毒Ⅰ型新城疫病毒(NDV)引起的一种可感染50个鸟目中27个目240种以上的禽类的疾病，但主要侵害鸡、火鸡、麻雀、乌鸦、喜鹊、孔雀、珍珠鸡、雉鸡及野鸡、鹌鹑和鸽子等多种禽和野鸟及观赏鸟类的高度接触传染性、致死性疾病。近年来，对新城疫普遍采取了免疫预防接种和综合性防疫措施相结合，已大大减少了该病造成的损失。但由于饲养密度大，饲养周期短，科学的防疫和免疫力度不够，免疫失败和非典型ND常有发生。

☞ 72. 新城疫病原结构具有哪些特性，该病是怎样传播流行的？

NDV属于副粘病毒科、副粘病毒属，其血清型为Ⅰ型。成熟的病毒粒子呈多形性，圆形，多数呈蝌蚪状，外部含有类脂性蛋白囊膜，在囊膜内由一个与蛋白质呈螺旋形对称排列的单链RNA所形成的螺旋形核衣壳，囊膜表面有纤突。并含有血凝素和神经氨酸酶，血凝素可与禽和其它动物红细胞结合而凝血。因此，该病毒能凝集多种动物的红细胞，如凝集人、鸡、鹅、鸭、鸽、豚鼠和小白鼠的红细胞。病毒感染一般要经过吸附、穿入、脱衣壳、生物合成、装配及释出等六个阶段。在感染发生时，病毒吸附和穿入细胞是关键的两个阶段。

不同毒力和不同病原型的NDV对鸡和鸡胚的致病力及致死时间也各不相同。利用这些差异可以区别流行病毒或疫苗毒株的生物学性质。尽管有细微的抗原差异性存在，所有的ND均属于一个单一的同源性抗原组。这对ND的血清学诊断和预防、控制无疑是有利的。NDV的毒力随宿主而发生改变，在易感鸡群中流行时，可使毒力增强，有一定免疫力的鸡群流行时，有可能形成毒力减弱的毒株。所以在自然界中分离出来的病毒的毒力差异很大。因此，根据其对小鸡和鸡胚的致病力不同而将其分为3个类型，即速发型、中发型和缓发型。

NDV感染鸡以后，首先感染上呼吸道或胃肠道上皮细胞（特别是嗜内脏型病毒株）。病毒在组织细胞中复制，后被释放，继而感染白细胞，进入血流引起病毒血症，扩散到其它组织（例如，嗜神经毒株感染大脑、肝脏和生殖器官），然后再进入血液引起第二次病毒血症。NDV在病鸡的所有组织器官、体液、分泌物和排泄物中均有分布，其中以脑、脾、肺含毒量最高，以骨髓保毒时间最长。鸡胚是实验室最佳实验材料。经卵黄囊或尿囊腔接种均很适宜，而且卵黄囊接种会加快鸡胚死亡。在鸡胚中，以尿囊液和羊水含毒量最高。NDV可以在多种细胞培养基上生长，有致细胞病变作用，但由于滴度不高，细胞培养不适于大量复制病毒。该病毒对热、光等物理因素的抵抗力较其它病毒稍强。在直射阳光下，病毒经30 min死亡。真空冻干病毒在30℃可保存30天，15℃可保存230天。在室温条件下可存活1周左右，在60℃存活30 min，在55℃存活45 min，4℃可存活1年，－20℃可存活10年以上。在鸡舍内能存活7周，在鸡粪内于50℃可存活5个月，在鸡尸体内15℃可存活98天，骨髓内病毒可存活134天。该病毒由于有囊膜对乙醚和其它脂溶剂敏感，对一般消毒药均有杀灭作用。2%的氢氧化钠，1%来苏儿，3%石炭酸，1%～2%的甲醛溶液在几分钟内就能杀死。在pH 2～12时不被破坏，尤以低pH的不敏感性可以与真性鸡瘟病毒相区别。

新城疫病毒是1926年从禽中分离的副粘病毒属中最早的一

个病毒。现已在全世界各地均有发生。鸡最易感，水禽对该病有抵抗力，鸭和鹅可带毒，但不发病。品种鸡和杂种鸡比土种鸡更易感，死亡率也高。某些观赏鸟（如虎皮鹦鹉）对该病有相当抵抗力，常呈隐性或慢性感染，成为重要的病毒携带者和散播者。各种年龄的鸡易感性也有差异，幼雏和中雏易感性最高，2 年以上的老鸡易感性低，一般不容易发病。该病一年四季均可发生，以冬春寒冷季节较易流行。病鸡、带毒鸡或野鸟的粪便、口鼻分泌物等是其主要传染源。被病毒污染的饲料、饮水和尘土经消化道、呼吸道或结膜传染给易感鸡群是主要的传播方式。可以通过被污染的饲料、饮水、野禽、人员、器械、车辆、垫料（稻壳等）、种蛋、幼雏、昆虫、鼠类的机械携带，以及带毒的鸽、麻雀等均可造成直接或间接接触传播。一般认为不能通过蛋发生垂直传播。

☞ 73. ND 临床症状和病理变化如何，各型症状是怎样划分的？

NDV 感染易感鸡以后，一般潜伏期为 3～5 天开始发病。毒力弱的可延至到 20 天左右。发病的早晚及症状表现依病毒的毒力、宿主年龄、免疫状态、感染途径及剂量、并发感染、环境及应激情况而有所不同。因此，根据临诊表现和病程长短，可分为最急性型、急性型、亚急性型或慢性型三种类型。

最急性型：此型多见于疫病的流行初期，无明显症状，突然死亡，多见于雏鸡和中鸡。

急性型：在发病的初期体温升高，一般可达 43～44℃，病鸡出现精神沉郁，食欲减退或消失，渴欲增加，不愿走动，垂头缩颈，眼半闭或全闭，鸡冠及肉垂明显发绀。产蛋鸡产蛋量下降或停止，畸形蛋增多，蛋壳颜色变浅（褐壳蛋）。随着病程的发展病鸡出现张口喘气，咳嗽，呼吸困难，吸气时常张口伸颈呼吸，气喘，并发出“呕—呕—”的声音。口腔和鼻腔分泌物增多，口角常流出大量的黏液，为排出这些黏液，病鸡常作摇头或吞咽动作。嗉囊膨胀，内充满大量的液体内容物，倒提时常从口内流出一些酸臭的液体。排出绿色和黄白色或黄绿色稀粪，有时混有少量的血液。有些严重的病鸡出现神经症状，如头颈向后仰，有时置于背部，阵发性痉挛、颈扭转、角弓反张，有时头、腿或颈乃至整个身体不自主的有节奏的抖动，有的两腿麻痹，站立不稳，共济失调。最后体温下降衰竭而死亡。

亚急性型或慢性：多由急性转变而来，初期与急性症状相似，不久症状渐轻，同时出现神经症状，病鸡翅腿麻痹、跛行或站立不稳，头颈向一侧扭转，动作失调。有的鸡看似正常，但受到惊动时，则突然伏地旋转，共济失调。有的病鸡因吃不到食而消瘦，终归死亡。此型多见于流行后期的成年鸡，致死率比较低。

对于新城疫的临床分型有的还根据不同的毒株所引起临床症状的严重程度的不同，将ND划分为五种疾病类型：①速发嗜内脏型新城疫（VVND）。可致所有年龄的鸡发生最急性或急性、致死性疾病，突出的病变常见有消化道黏膜出血性。我国常见的为这种类型。②速发嗜肺脑型新城疫（VPND）：可致所有年龄鸡发生急性通常是致死性疾病，以出现呼吸道和神经性症状为特征。③中发型：中发型ND引起的呼吸系统或神经系统疾病的低致病性形式，幼龄鸡可发生死亡，成年鸡则有呼吸症状，食欲减少，产蛋量下降出现软皮蛋。④缓发型：由某些缓发型ND引起的轻度或不显性的呼吸道疾病，成年鸡感染后，没有任何明显的症状，雏鸡有少数出现呼吸道症状，但不出现死亡。缓发型ND已被广泛地用做疫苗。如B1（Ⅱ系），F（Ⅲ系）和LaSota（Ⅳ系）毒株，均属此型。⑤无症状型或缓发嗜肠型：主要是肠道感染，可从消化道及粪便中分离到病毒，或由血清学反应证明其存在，如澳大利亚V4耐热株，Clone-30株等。该型在任何年龄的鸡感染后都没有临床症状，只有通过血清学检查，才证明被感染。

由于ND疫苗的普遍接种，使得过去引起最急性和急性的

ND病例已经少见，比较多见的是免疫鸡群的非典型形式。因此，人们又习惯上把ND分为典型的和非典型的两种临床类型。典型ND是由于非免疫鸡群或严重免疫失败的鸡群受到速发嗜内脏型和肺脑型毒株攻击时，而暴发的。在临床症状和病理变化上都非常典型。而非典型ND是由于鸡群尽管接种了ND疫苗，但由于种种原因，在具有一定免疫水平的鸡群仍可以发生。临床表现不很典型，往往为人们所忽视或误诊，以致造成较重的经济损失。主要特点是：一般不呈暴发性流行，多为散发，病情比较缓和，发病率和死亡率都不高；该病多发生于有一定抗体水平的免疫鸡群；临床表现以呼吸道症状为主，病鸡张口呼吸，咳嗽，口流黏液，排黄绿色稀粪，继而出现歪头、扭脖等神经症状，产蛋鸡产蛋量突然下降5%～12%，重者可达50%以上，并出现畸形蛋、软皮蛋、粗糙蛋，康复鸡群产蛋率可缓慢回升至标准曲线附近。剖检可见气管轻度充血，有少量黏液。鼻腔有卡他性渗出物，气囊混浊。少见腺胃乳头出血等典型病变。多剖检一些病鸡，往往可发现一些具有诊断意义的特征性病变。该病虽然死亡率不高，但对于肉鸡生长和蛋鸡的产蛋影响相当严重，应引起足够的重视。

本病的病理变化主要以败血性变化为特征，以消化道和呼吸道黏膜和内脏器官的浆膜出血，淋巴系统肿胀、出血和坏死。最急性型的病鸡由于发病比较迅速，多数没有肉眼可见的病变，个别死鸡可见胸骨内面及心外膜上有出血点。急性型的病变比较明显，口腔中有多量黏液和污物，嗉囊内有大量酸臭液体和气体，食管和腺胃、腺胃和肌胃交界处常见有出血斑或出血带，腺胃乳头肿胀、出血，严重者腺胃壁出血，肌胃角质膜下也可见有出血点；整个肠道充血或严重出血，以十二指肠和直肠后段最为严重，十二指肠常呈弥漫性出血，直肠黏膜常密布针尖大小的出血点，泄殖腔充血和出血。肠淋巴滤泡肿胀而突出于黏膜表面，局部肠管膨大，内有气体和粥样内容物；盲肠扁桃体严重肿胀、出血和坏死，病程稍长者，肠黏膜上可出现纤维素性呈"岛屿状"坏死灶，除去坏死假膜，即可见有枣核样的溃疡斑。心冠脂肪上可见出血点，严重者肠系膜及腹腔脂肪有出血点。喉头、气管内有大量黏液，并严重充血、出血，产蛋鸡卵黄膜严重充血，瘀血，卵黄破裂，形成卵黄性腹膜炎。

亚急性或慢性型，剖检变化不明显，个别鸡可见肠卡他性炎症，盲肠扁桃体肿胀、出血，小肠黏膜上有纤维素性坏死。

非典型新城疫的特征主要是呼吸道症状和神经症状，腺胃出血不明显，病变检出率也低。但直肠黏膜和盲肠扁桃体出血的比例增多，肠黏膜脱落，肠壁变薄，肠壁毛细血管充血或出血，与周围界限明显。腺胃变软、变薄，腺胃乳头间有出血。产蛋鸡除上述病变外，卵泡变形，卵黄液稀薄，严重者卵泡破裂，卵黄散落到腹腔中形成卵黄性腹膜炎等。组织学变化主要是在各器官中充血、出血、血管中间层水肿变性、毛细血管和小肠玻璃样变性以及由于血栓而导致的小血管内皮细胞坏死等变化。神经系统主要在神经索、延髓、中脑和小脑中有神经胶质病灶、神经元变性和血管周围淋巴细胞浸润等非化脓性变化。

☞ 74. 怎样来诊断一群鸡是否发生鸡新城疫？

当鸡群突然采食量下降，出现呼吸道症状拉绿色稀粪，神经症状，再结合临床病理剖检变化，成年鸡产蛋量明显下降，应首先考虑到该鸡群可能患有新城疫。确诊要靠对 NDV 的分离和鉴定。①采集病料：病毒分离可从气管、泄殖腔、肺、脑、肝、脾、肾等处采集病料。最好选发病初期的病鸡脾、肺和脑，病料要求新鲜。活鸡可用棉拭子从气管或泄殖腔采集病料。死鸡可用盲肠扁桃体和气管。发病中、后期如果有神经症状，可以取脑或骨髓作分离病毒的材料，如果死鸡已腐败，最好是从骨髓分离。强毒株感染时，也可用脾、肺、肝脏、肠道和粪便。棉拭子应完全浸没于 pH 7.0 的抗生素 PBS 液中。粪便样品应单独处理。但要注意取病料时一定要做到无菌。将病料研磨成乳剂，加入灭菌生理盐水做成10倍稀释成悬浮液，离心取上清液，按每毫升加入青霉素和链霉素各500单位放入冰箱备用。②病毒的分离：取上清液0.1 ml接种于9～10日龄SPF鸡胚或无NDV抗体的鸡胚尿囊腔后，置于37℃温箱中继续孵化。若为强毒株，在接种后48～72 h即可致死鸡胚；若为弱毒株，3～6天致死鸡胚。收集死亡鸡胚的尿囊液，进一步作病毒鉴定和细菌检查。由鸡新城疫病毒致死的鸡胚，胚体全身充血、出血，以头、翅和趾部尤为明显。上述病料也可以接种在鸡胚成纤维细胞上培养，若是新城疫病毒，在感染细胞呈融合性病变，此时红细胞凝集反应阳性。③病毒鉴定：将分离来的病毒，作红细胞凝集试验(HA)，但仅凭这个还不能确定为新城疫病毒，像禽流感病毒、禽腺病毒都能凝集禽类红细胞。于是进行血凝抑制试验(HI)。④血凝抑制试验(HI)：HI可以作病毒鉴定，若是NDV所凝集的红细胞能被ND抗体所抑制。也可利用ND来鉴定感染鸡群血清中是否有ND抗体以及ND抗体的效价。如果感染鸡群HI抗体在发病前平均值为5～6 log2，经过11～15天后，HI抗体的效价可达9～10 log2。就可证明该鸡群已感染了新城疫强毒。ND血凝抑制试验抗原采用经适当稀释的具有感染性的尿囊液，常用0.1%甲醛灭活。但通常多用LaSota株代替比较方便。如果同种疫苗的重复免疫，或用更强毒力的毒株重复接种，可大大提高免疫效价。如果配合油乳剂灭活疫苗，HI效价常可达到10～12 log2。对未免疫或未被感染的禽，HI效价通常低于1∶8。有规模的种鸡场或商品鸡场，至少应每个月一次地定期监测鸡群的ND-HI抗体水平，从而掌握鸡群的抗体消长规律。一旦鸡群突然出现较大幅度的抗体效价的升高或降低，即可推断该鸡群有发生非典型新城疫的极大可能性。HI抗体虽然与病毒的中和抗体呈正相关，但不能等同。尤其是生产后期，鸡群HI滴度有时偏低，但对NDV的实际抵抗力往往尚高；相反地，有时HI效价很高，却

仍然会发生 NDV 感染。⑤ELISA 试验：ELISA 试验在国外已普遍应用于检测 ND 抗体。优点在于它的灵敏、快速及其程序的电脑自动化。检测 NDV 特异性 IgM 抗体，可对临床上疑似 ND 病例做出早期诊断。⑥荧光抗体技术(IF)：荧光抗体技术是荧光色素标记抗体的免疫检测法，具有简便、快速、高度特异性、敏感性和准确性等特点，作为被检查病料以脾为首选，也可采用肺和肝。冷冻切片，然后将 ND 荧光抗体稀释成一定浓度，滴加入经固定的切片标本上，进行染色，镜检。在荧光显微镜下见黄绿色、红色或蓝色荧光者为 NDV 所在部位。

在鸡群发生 ND 时，还会并发或继发其它传染病，如 IBD 发生时可以继发 ND，也有的鸡在发生 ND 时还继发和并发鸡霉形体和大肠杆菌病等，这样不但增加了病死率，而且还给 ND 的诊断带来一定的困难，往往会造成误诊。因此要通过临床症状、病理变化和化验室诊断进行全面分析，综合判断，对该病做出确诊。

☞ 75. 鸡新城疫疫苗有哪些种类，应怎样正确使用？

目前在我国生产使用的 ND 疫苗有两大类：一类为弱毒疫苗(也叫活毒苗)；另一类为灭能疫苗(也叫灭活疫苗、死毒苗)。

(1)弱毒疫苗：我国现行使用的 ND 弱毒疫苗种类很多，不同种类的弱毒疫苗其免疫性能也不一样，免疫的方法也不完全相同。①Ⅰ系疫苗：它的毒力较其它弱毒疫苗强，特别是对雏鸡，可引起死亡，故不能使用。但它的免疫原性好，2 月龄以上的鸡免疫后，能产生坚强的免疫力，而且免疫持续时间长可达 1 年以上。此疫苗可供肌肉注射和刺种，免疫接种后 3～4 天即可产生免疫力。其免疫剂量应按说明书规定使用。现在市面上有克隆Ⅰ系疫苗，该疫苗保持Ⅰ系苗的免疫原性特点，对幼鸡毒力低，经滴鼻免疫后，最高 HI 效价可达 8 个滴度以上，免疫期也比较长。②Ⅱ系弱毒疫苗(B_1 系或 HB_1 系)：该疫苗毒力比较弱、安全性好，主要适用于雏鸡免疫。该疫苗适用于滴鼻或点眼免疫，雏鸡滴鼻免疫后，HI抗体上升较快，但是下降也较快。在雏鸡母源抗体高的情况下，仅进行一次免疫其免疫持续时间短，据调查有的鸡场使用Ⅱ系苗滴鼻免疫后，1～2个月就有ND疫情的发生。因此带有母源抗体的雏鸡，经1～2次免疫后，再用Ⅰ系疫苗免疫接种1次，可获得良好免疫效果。③Ⅲ系弱毒疫苗(F系)：本疫苗也是自然弱毒株，其特性在许多方面与Ⅱ系疫苗相似，也是适用于雏鸡的滴鼻和点眼免疫，其免疫效果与Ⅱ系苗相仿。该苗的毒力比L系苗低，在我国尚未广泛使用。④Ⅳ系弱毒疫苗(LaSota系)：本疫苗的毒力比Ⅱ系及Ⅲ系稍高些，用本疫苗免疫鸡群，其HI抗体效价较Ⅱ系和Ⅲ系苗高，而维持时间也较长。目前已在我国广泛应用，本疫苗用于饮水免疫，可获得良好免疫效果。⑤鸡新城疫LoSota克隆化N79型弱毒疫苗：是从LoSota毒株，经空斑技术克隆后选育出一种弱毒疫苗。该疫苗的特点是安全性和免疫原性好，其毒力介于Ⅱ系疫苗毒和Ⅳ系疫苗毒之间，该疫苗从免疫力和免疫持续期以及HI抗体效价均优于Ⅱ系和Ⅳ系疫苗。它可适用于滴鼻、点眼和饮水免疫。另外还有鸡新城疫克隆30弱毒疫苗，V4株疫苗，这些疫苗对免疫预防ND效果都很好。异源苗和细胞培养苗的研究开始兴起，有的用鹅胚化的Ⅳ系疫苗对雏鸡进行滴鼻、饮水、肌肉注射和气雾等不同途径免疫接种，均无不良反应并获得良好免疫效果。

(2)灭能疫苗：①ND氢氧化铝吸附灭活疫苗：它是利用鸡胚培养的NDV作为制苗材料，以甲醛溶液灭活，加氢氧化铝胶吸附。用这种疫苗接种鸡后，10～14天开始获得保护，免疫力可持续8个月。用绒毛尿囊膜和尿囊液代替全胚，同时减少氢氧化铝胶和甲醛溶液量，改进提高了疫苗效力。铝胶苗的使用剂量为1 ml/只，免疫持续期一般3～6个月，注射2次可得到良好的免疫效果。这种苗可用于各种年龄的鸡，但是鸡的日龄越大免疫力越好。2日龄雏鸡免疫后可获40%保护，8～14日龄可保护70%；37

日龄免疫可保护 80%；60～120 日龄免疫可保护 100%。②ND 油佐剂灭活苗：这种疫苗比铝胶苗免疫效果好，免疫持续期长，使用者越来越多。特别是在受 NDV 污染的鸡场用灭能苗后对控制非典型 ND 有着重要作用。以白油加司本-80 作油相，以福尔马林灭活的鸡胚毒加吐温-80 作水相，混合乳化后研制成油佐剂灭活苗。用做油佐剂灭活苗的 ND 毒株，一般选择Ⅳ系疫苗毒株最佳，其免疫效能不次于强毒株所制备灭活苗。近年来对污染鸡场采用弱毒疫苗和灭能苗同时进行免疫接种，获得免疫效力更佳，免疫持续时间更长，免疫鸡的 HI 抗体的效价可高达 9 log2，而且免疫鸡的 HI 抗体分布均匀，维持时间长，使用安全等特点。

⑶联合疫苗的免疫：联合苗是指两种或两种以上的弱毒疫苗，对鸡同时免疫接种达到预防两种以上的传染病。应注意两种疫苗病毒不产生相互干扰作用，或者影响某种疫苗的免疫效果。有将Ⅳ系弱毒疫苗株与 IB 疫苗毒株（IBH52 或 IBH120），在同一鸡胚内培养生产二联弱毒疫苗获得成功，对雏鸡滴鼻免疫安全性好，免疫后 4 个月用强毒攻击，仍能获得完全保护。NDⅡ系弱毒疫苗和鸡痘鹌鹑化弱毒二联苗。还有用两种弱毒疫苗混合或联合免疫，如 NDⅣ系弱毒苗与 IBD 疫苗混合免疫；新城疫Ⅳ系苗与 MD 联合免疫等。灭活苗中有 ND 和 IBD 油佐剂灭活苗；ND 和 EDS-76 油佐剂灭活苗。另外，还有 ND 和 IB、EDS-76 三联油佐剂灭活苗，ND 和大肠杆菌二联油佐剂灭活苗。一般说 ND 和 IB 二联苗，要进行 2 次以上免疫接种，才能获得良好免疫效果。

对于 ND 的免疫，有好的疫苗，还要有正确的免疫方法，才能产生良好的免疫效果。关于免疫接种方法请参照前面问题。

☞ 76. 养鸡场应怎样预防和控制鸡新城疫？

目前，作为新城疫仍然还是养鸡业的大敌，如果不很好地预防和控制，将会造成重大的不可估量的经济损失。①要采取综合性防制措施：对于预防本病饲养管理、防疫、消毒、免疫及监测五个环节缺一不可。要制定出严格的消毒和隔离制度，严格执行。不能单纯依赖疫苗来控制该病，要加强兽医卫生，注意饲料营养，减少应激，提高鸡群的整体健康水平；特别要强调“全进全出”和封闭式饲养制，提倡育雏、育成、成年鸡分场饲养的方式。要经常带鸡消毒，杜绝ND强毒株的污染和入侵。做好这些工作可有效地预防和控制ND的发生和发展。②做好预防和免疫工作：要制定出科学的适合于本场实际情况的免疫程序，充分考虑母源抗体水平，疫苗种类及毒力，最佳剂量和接种途径，鸡的品种和年龄。坚持定期的抗体监测，随时调整免疫计划，使鸡群始终保持有效的抗体水平。一旦发生非典型ND，应立即隔离和淘汰早期病鸡，全群紧急接种3～4倍剂量的LaSota（Ⅳ系）活毒疫苗，必要时也可考虑注射Ⅰ系活毒疫苗。如果把3倍量Ⅳ系活苗与ND油乳剂灭活苗同时免疫，效果更好。对发病鸡群投服多维和适当抗生素，可增加抵抗力，控制细菌继发和并发感染。特别要注意断绝发病场（舍）和其它场（舍）的联系，防止疫情扩散。在进行ND免疫时要注意几个问题。最初的细胞免疫应答在疫苗接种后2～3天，细胞免疫反应即可检出。血清抗体通常可在免疫后6～10天内开始检出，抗体高峰在3～4周后出现；HI抗体在中发型病毒感染或多次疫苗接种后可持续检出达1年以上；在抗体效价开始下降后再感染或再免疫，数周后会引起二次免疫应答反应。ND-HI的免疫临界值为1∶8（成年）或1∶16（雏鸡）。低于1∶16，当遇到NDV侵入时，鸡群会100％发病，甚至死亡，1∶16～1∶128保护率90％；1∶256以上可100％保护。故当雏鸡HI＞1∶16时，可适当推迟首免时间，＜1∶16时，须立即进行疫苗接种。由上可以看出，雏鸡的母源抗体滴度在4 log2以下时，对免疫接种才有良好的应答，在4～6 log2时仅有部分雏鸡有应答反应，在高于6 log2时，对弱毒苗的接种几乎不能引起应答反应。母源抗体的半衰期为4.5天，因此可以根据1日龄的母源抗体来计算出鸡群在哪一天首免为好，其公式是：首免日龄＝4.5×(1日龄HI效价－3)。

上述公式在一般情况下使用，但要根据鸡的品种，当地疫情的严重程度来适当调整此公式。如果在疫情严重的鸡场应将公式中的3改为5；肉仔鸡由于生长速度比较快，母源抗体每3天就下降一半，计算时应将4.5改为3。当计算结果为0或负值时，均应在1日龄进行首免，这也说明种鸡没有免好。但是当鸡受到IBD，CAV，MD，霉菌毒素侵袭时，则引起机体的免疫抑制，而降低对ND疫苗的应答反应。因此，还要搞好以上这些病的免疫预防工作。

对于种鸡场或商品蛋鸡场来说，上述1∶16的免疫临界水平是远远不够的。低于1∶256时，若鸡场或周围存在ND强毒，鸡群虽不会发生严重死亡，却会出现产蛋率明显下降。为避免非典型ND发生，生产鸡群的免疫临界水平应保持在1∶256以上，这就是产蛋安全临界水平。也就是说，产蛋期ND-HI应控制在1∶(256～1 024)较为恰当。在体液抗体可检出的同时，局部免疫抗体也出现在上呼吸道和肠道分泌物中；非经肠感染不能引起呼吸道及肠道的局部免疫抗体。所以局部免疫也是非常重要的，有时血液中的抗体效价尽管很高，但在临床上也会出现一些呼吸道症状。这是因为NDV首先侵害的是黏膜，如果黏膜的分泌型抗体不足，不能把黏附在黏膜上病毒中和掉，则会出现一些ND的症状。气雾免疫、饮水免疫和点眼滴鼻免疫可获得黏膜免疫。血液中的抗体固然重要，黏膜中的局部免疫也不能忽视。鸡群的HI抗体水平以抽检样品HI效价的平均值表示。每次送检时，抽检率应为0.6%左右。小型鸡群，抽样率应增至2%。一般而言，每群鸡每次送检30羽份血样为宜，每份1.5～2.0 ml，切忌溶血。鸡群在接种ND疫苗后2周左右，HI抗体效价若升高2个滴度以上，说明免疫应答良好，免疫成功，否则表示免疫失败。应尽快从鸡群健康状况、疫苗质量、免疫方法等寻找原因，设法补救。

鸡场的免疫可用弱毒疫苗和油乳剂灭活苗。活毒疫苗有中等毒力(如Ⅰ系苗)、弱毒力(如Ⅱ、Ⅲ、Ⅳ系苗)和无症状低毒力型(如Clone-30，V4株)。Ⅰ系苗有一定毒力，不能用于幼雏和首免，通常也不用于点眼、滴鼻和喷雾，否则会引起较强烈的副作用，并对下一批鸡苗造成病毒污染。一般多用于紧急接种或加强免疫。Ⅱ系和Ⅲ系毒力较弱，常与IB弱毒联合使用，以减少疫苗反应。现在普遍使用的弱毒苗大部分是鸡NDⅣ系苗。ND灭活苗可大大加强活疫苗的免疫效果，并使有效免疫期延长。单纯灭活苗只能引起体液免疫，一般在注苗后3周左右出现抗体高峰。它应以活毒苗作基础免疫，或与活疫苗同时使用，才能起到较好的保护作用。一般认为，ND的免疫在0～60日龄期内应进行三次ND活疫苗免疫，首免与二免之间不应超过15天，二免和三免之间不要超过25天。60日龄以后根据免疫监测情况，再决定复免的日期。

免疫程序要根据鸡场的具体环境及情况而定。关键要看免疫监测情况来作调整，使抗体水平保持在安全区限之内。不同的免疫途径，ND疫苗接种效果有很大差异。饮水免疫往往不够均匀和稳定，常引起部分免疫失败。所以，活苗首免最好点眼、滴鼻或喷雾。二免最好也不要用饮水。饮水免疫后往往发生非典型ND，原因可能与水质干扰、饮水时间及免疫不均衡等有关。如采用优质弱毒疫苗，以80～120 nm粗雾滴的喷雾免疫则可收到理想效果。如果鸡群存在败血霉形体感染，喷雾免疫应当谨慎。鸡新城疫的参考免疫程序，肉仔鸡7日龄用LaSota或Clone-30弱毒苗滴鼻、点眼；21日龄用LaSota喷雾免疫。也可在1日龄ND-V4或Clone-30弱毒苗；15日龄LaSota弱毒苗点眼，或喷雾或2倍量饮水。蛋鸡和肉种鸡7日龄LaSota滴鼻、点眼，同时ND灭活苗0.3 ml剂量肌肉注射；28日龄LaSota喷雾免疫或2倍量饮水；9周龄LaSota喷雾免疫，必要时可用Ⅰ系疫苗注射加强免疫；

开产前 2～3 周 ND-IBD-IB 三联灭活苗肌肉注射，同时 LaSota 点眼；开产后每 6～10 周用 ND-IB 活苗喷雾 1 次；44 周龄时复免一次 ND-IBD 灭活苗效果更佳。对于鸡的免疫程序，要根据自己鸡群的情况来制定。在免疫时，也要认真细致的执行，千万不能马虎，否则就会造成免疫失败。

☞ 77. 为什么接种过 ND 疫苗的鸡还患新城疫？

在兽医门诊经常有些养鸡户问，我的鸡已经接种过 ND 疫苗了为什么还发生 ND。关于这个问题是比较复杂的，过去一般均以接种 ND 疫苗后的血凝抑制抗体滴度(HI)作为衡量鸡群对 ND 免疫力的标准，有些资料表明，即使 HI 滴度达到 1∶(80～160)，也不能完全保护鸡群不发生此病。HI 抗体滴度是衡量机体抵抗力强弱的一个比较容易检测到的有参考价值的指标，但不是一个绝对保险的指标。因为抗体对 ND 的免疫力，应是鸡体非特异性防御体系和特异性防御体系的综合。除 HI 抗体之外，中和抗体及存在于呼吸道、消化道和生殖道黏膜上的分泌型抗体，在免疫力(尤其是局部免疫)方面发挥着极其重要的作用。例如在仅接种灭活油乳剂疫苗而没有接种活的弱毒疫苗的鸡群，可以检测到比较高的 HI 抗体水平。但这样的鸡群仍可能发生以呼吸罗音，呼吸困难，喉气管充血、出血为主要特征的 ND，其原因可能与灭活疫苗能刺激机体产生较高的循环抗体，但却不能刺激机体产生足够的局部分泌型抗体有关。至于幼龄雏鸡，由于免疫体系尚未完善，所以尽管进行多达 2～3 次的免疫接种，也不能保证其能对此病形成坚强的免疫力。再加上初生雏鸡体内存在着母源抗体，如果在这种抗体未降低或消失时就接种疫苗，抗体与疫苗相遇就会发生中和作用，不能产生免疫应答反应，导致免疫失效。这种免疫过的雏鸡如受到 ND 强毒攻击，仍然会发病。正确的接种 ND 疫苗首次时间应在 7～10 日龄。接种方法不正确：ND 的接种方法很多，如注射、滴鼻、点眼、刺种、饮水和气雾等。由于鸡的日龄，鸡的品种，鸡群的组合不同，所需要的免疫方法也不一样。由于接种方法不一样，应选用的疫苗种类和稀释浓度也不一样。不同的接种方法，都有各自的具体规定，假如实践工作中违背了具体规定（如剂量不足，疫苗分布不均匀等），就达不到免疫效果，遇到ND流行时还会发病。免疫程序不正确，现在应用的ND疫苗有Ⅰ系、Ⅱ系、Ⅲ系和Ⅳ系疫苗。Ⅰ系疫苗毒力较强，对易感鸡容易引起发病甚至死亡，因此适用于2月龄以上的鸡，接种后能产生坚强的免疫力，免疫期长达1年。Ⅱ系、Ⅲ系和Ⅳ系疫苗毒力较弱，免疫比较安全，适用于雏鸡，免疫期为3个月。所以免疫程序规定，雏鸡用Ⅱ系、Ⅲ系和Ⅳ系疫苗作基础免疫（即首次7～10日龄，二次25～30日龄）后，60日龄以上再用Ⅰ系疫苗接种。以后还应根据抗体监测情况，及时进行免疫接种，如果没有监测条件，也可以在育成鸡开产前20天，再进行一次ND疫苗接种。在生产实践中，有些养鸡户为了让ND的免疫自我感觉更确实，也不讲究科学，在疫苗的用量上随意加大到多少倍，在两次免疫间隔的时间上也比较短，有的甚至几天就免1次，往往给鸡造成免疫麻痹，而ND抗体效价反而较低而造成ND的发病。有时一个鸡群内，尽管进行过免疫接种，部分或全群鸡免疫失败的可能性也是存在的。例如，某些个体先天的免疫缺陷；在接种ND疫苗的鸡群中存在着潜伏的或发病的IBD、MD、白血病、IB等疾病，以及应激因子的影响（高温、空气污浊、营养不良），这些因素会造成鸡体的免疫抑制或病毒的干扰，因而虽然接种了疫苗也达不到应有的免疫效果。因生产、运输或保存失误所致的疫苗效价降低或造成疫苗失效，也会使鸡受到强毒的感染。因为ND疫苗是生物制剂，对保管的温度有着严格的要求，例如，在－15℃以下保存，有效期不超过2年；在0～4℃保存，不超过8个月；10～15℃保存不超过3个月；25～30℃保存10天就失效。所以疫苗如保存不当或放在阳光下或稀释后的疫苗，当天没用完隔天再用，不同疫苗之间的干扰等，都会影响疫苗质量，某些个体的漏免疫苗，都会造成免疫失败。一般 ND 疫苗如果是饮水免疫的话，在稀释后 1 h 内要用完。由于免疫失败可使整群或群体内某些个体对 ND 敏感，一旦强毒株侵入，便随时有可能使疫情暴发。病毒与鸡体之间的相互作用，是一种相当复杂的关系，在强毒株感染鸡群后，有一定免疫力的鸡群也不一定立即发病，而是处于长期的带病毒状态。又由于个体间免疫力的差异，现场病毒的毒力和数量对鸡体免疫力不断的相互作用，这样 NDV 就有可能突破鸡群中一些免疫力较差的鸡在体内进行复制增殖而发生 ND 典型症状。

☞ 78. 当鸡群发生 ND 以后应怎样处理？

因为 ND 是病毒性传染病，一旦发病，目前还没有特效的治疗药物，只能选用相对安全的抢救措施，紧急强化鸡群自身的免疫功能，尽快控制疫情，减少死亡，降低经济损失。对于发病鸡群要尽快做出正确的诊断，及时处理，以免延误病情。延误诊断和抢救措施不当都是加重 ND 造成的损失，引起群体性死亡。目前对 ND 的抢救措施很多，但相对效果最好、速度最快、损失最小的是紧急选用弱毒疫苗进行免疫接种，一般采用 NDⅣ系（LaSota）饮水强化免疫法来进行控制。其道理是在未感染 NDV 的鸡紧急接种免疫后，刺激其产生抗体，从而达到一定的保护作用。为了增加鸡群的饮水密度和疫苗的有效剂量，要适当加大疫苗的用量，一般采用4～5倍量为宜。饮苗时不要停水控水，把要饮的疫苗分 2 次饮用，第一次用全部疫苗的 1/2，稀释后要在 1 h 内用完，1 h 后再用另外 1/2。在使用疫苗时，要多加饮水器，以免有些弱鸡喝不到疫苗水，而达不到效果。用此法饮水紧急免疫用水量不要太少，这样可能漏免较多。也不要用水太多，饮水时间过长，则会影响疫苗效力。如有漏免次日应补偿性用相同方法重复用苗 1 次。饮水免疫，注意不要应用毒力较强的Ⅰ

系或容易诱发呼吸道症状的 IB 联苗，以免加重疫苗反应，影响效果。紧急饮水免疫是自由式群体免疫，能避免在对个体免疫时的捕捉操作带来的应激反应和通过人员抓捕和注射而造成疾病的传播。饮水免疫疫苗能通过病鸡的鼻孔和咽部向呼吸道扩散，通过消化道进入肠管来激发气管黏膜巨噬细胞和肠黏膜淋巴滤泡，迅速建立一道免疫保护屏障，阻挡病毒进入血液循环和其它实质性器官，同时疫苗抗原通过血液循环进入全身各处，来激活全身的免疫系统，发挥吞噬、溶解、中和病原综合免疫的作用。在饮疫苗的同时，还可以用白细胞介素与其同用，因白细胞介素-2 不仅能促进细胞免疫，还能促进体液免疫，它对病毒性和多细菌性疾病的免疫有特异的促进作用，增强家禽机体的抗病和抗感染、抗应激的能力，调整抗体的整齐度，提高机体的免疫力。

在发病时，还可使用由大连三仪公司生产的 ND 核酸制剂进行预防和治疗，它是由感染性核酸，活性蛋白酶构成。当进入机体后，感染性核酸在病毒 RNA 指导下的 RNA 聚合酶(转录酶)作用下可生产互补的正链，再翻译成蛋白质和病毒的基因组，包装成具有感染性核酸序列特异性的完整病毒粒子。病毒粒子大量繁殖诱导机体产生高水平的特异抗体，中和病毒，起到预防免疫和治疗的目的。新城疫核酸制剂分 A 液和 B 液，A 液可以与 ND 弱毒疫苗同时使用，B 液不能与 A 液及任何弱毒疫苗同时使用。在使用 A 液 24 h 后方能使用 B 液。这样可以达到预防和治疗的双重效果，一般应用 3 天后基本控制 ND 的死亡，鸡群很快康复。在鸡群发生 ND 后，还可以使用一些中草药制剂来进行处理。可以使用新囊素、新支灵以及黄芪颗粒等，来调节机体的免疫力。还可以使用其它一些抗病毒类药物，如利巴韦林、病毒灵等进行治疗，也能收到一定的效果。

总之，ND 是危害养鸡业的烈性传染病，发病后进行治疗有时还仍有一些鸡死亡，用药治疗也是不得已而为之。因此，对于本病还得立足于加强免疫检测，制定出合理的免疫程序，加强饲养管理、环境卫生和隔离消毒措施来进行预防和控制本病。

☞ 79. 鹌鹑新城疫应怎样预防和免疫？

鹌鹑对 ND 的抵抗力比鸡要强，但由于在人工饲养条件下，密度过大，卫生条件不好，通风不良，浊气太多，为提高产蛋量光照时间长，体力消耗大，饲料营养成分不足，如遇有 ND 流行季节，也会发病。

鹌鹑 ND 多在鸡新城疫流行的后期发生，各龄期的鹌鹑都易感。没有明显的季节性，一年四季均可发生。发病后死亡率一般为 25%～30%，但产蛋量很快下降。畸形蛋、软蛋、白皮蛋增多。如是种鹌鹑，受精率下降。精神不振，食欲减少，有的排出绿色稀便。急性发作或病的后期，会出现呼吸困难、神经症状，最后衰竭死亡。剖检变化，可在腺胃黏膜、肌胃角质层下、小肠及大肠有明显的出血点或出血斑，有时卵巢也有出血现象。

预防和免疫：①综合性防制。搞好鹌鹑舍内的环境卫生，如粪便勤打扫，食水槽要清洁，温度恒定，密度不要过大，通风良好，要严格消毒隔离制度。因鹌鹑对维生素 A 需要量大，所以在饲料内要给足维生素 A，其它维生素及微量元素添加剂也要满足其需要。②预防与免疫。在 ND 流行季节，要接种新城疫疫苗。一般采用饮水免疫法，用鸡新城疫Ⅳ系疫苗，1 g 疫苗可供 1 000 只鹌鹑饮用。饮用疫苗水要在 1 h 之内饮完。在 60 日龄以前，需接种 3 次。也可用鸡新城疫Ⅰ系疫苗给 40 日龄以上的鹌鹑作胸部肌肉注射，效果也很好。即用 1 g 疫苗，稀释 1 000 倍，每只鹌鹑肌肉注射0.2～0.3 ml。也可用鸡新城疫油佐剂灭活苗进行注射免疫，用量一般是鸡的 1/3。用Ⅳ系疫苗滴鼻、点眼法。疫苗经 10 倍稀释，鼻、眼各滴一滴。喷雾法也可以，不过一般多层笼养鹌鹑下面接种量有可能不足或漏掉。不管用什么疫苗，在接种前后注意，鹌鹑群要健康无其它传染病，如饮水免疫，在免疫 1 h 后再喂料为好;免疫后,更要搞好环境卫生,但不要消毒。

☞ 80. 鸽Ⅰ型副粘病毒病应怎样预防和免疫?

本病病原是鸽Ⅰ型副粘病毒引起的病毒性传染病。本病的潜伏期较长,鸽在发病前,外观完全正常,混群时,病毒就能传给来自不同鸽群的鸽子,引起本病的暴发。感染本病毒的鸽,首先发生严重水样下痢,拉黄绿色稀粪,精神欠佳,羽毛松乱,呼吸困难,食欲减少,饮欲剧增,眼结膜炎或眼球炎,鼻有分泌物。有些可见单侧性翅膀或腿麻痹,伴有阵发性痉挛、震颤,头颈扭曲,颈部僵直,头向后仰等症状。乳鸽感染本病易大批死亡,青年鸽和亲鸽也会死亡,病鸽的死亡率可达50%以上。鸽感染该病后,其病变与鸡新城疫的病变大致相同。病鸽结膜发炎、充血、出血,并有分泌物。出现脑充血,有少量的出血点,实质水肿;肝肿大,有出血点及出血斑;脾肿大;肾苍白、肿大。有的还见有小肠、直肠和泄殖腔出血或充血。自然病例的腺胃未见明显病变;部分病鸽肝有针头大小坏死点。将小脑、脑干、肾和肝作病理组织切片,有大量的单核细胞浸润。

接种疫苗是行之有效的预防措施,上呼吸道接种免疫效果优于翼膜或肌肉接种。最有效的疫苗是鸽Ⅰ型副粘病毒灭活疫苗,接种1次就具有良好的免疫力,非常安全。可从颈部中线的皮下注射0.5 ml/只疫苗,经3～4周可获得较高的免疫力。如果进行第二次接种,则可获得更高的免疫力。老鸽每年重复接种1次。

☞ 81. MD在临床上有何特征,病原结构有何特点?

鸡马立克氏病(MD)是一种淋巴细胞增生性、高度接触性病毒性传染病。其特征是周围神经、内脏器官、肌肉、虹膜和皮肤等发生单核细胞浸润和形成肿瘤。它是淋巴瘤性质的肿瘤疾病,具有很强的传染性。该病毒可损害小动脉壁的平滑肌细胞,引起小动脉硬化症。

MDV 属于细胞结合性疱疹病毒 B 群。在体内以无囊膜的裸体病毒颗粒和有囊膜的完全病毒两种形式存在。肿瘤病变中的病毒是裸体的和严格细胞结合型的病毒，离开细胞致病性即显著下降和丧失，在外界环境生存活力很低，病毒核衣壳呈六角形，直径为 85～100 nm；羽毛囊上皮细胞中的病毒是非细胞结合型的、有囊膜的完全病毒，对外界环境的抵抗力很强。它主要存在于细胞核膜附近或者空泡中，直径为 130～170 nm，可以脱离细胞而存在，在本病的传播上起着重要的作用。其毒株很多，致病力差异较大，可分为三个血清型：血清Ⅰ型是强毒力型，具有致病性和致瘤性，此型是 MD 强毒株可致鸡发生急性内脏型 MD。血清Ⅱ型是无毒力性的 MD 弱毒株，被此毒株感染的雏鸡，对强毒力型的 MD 有较高的保护率。血清Ⅲ型是指从火鸡体内白细胞中分离出的火鸡疱疹病毒，对雏鸡无致病性，此型毒株由于和Ⅰ型、Ⅱ型毒株有共同的抗原成分，因此最早用来制造预防 MD 的疫苗。病毒在－65℃是稳定的，长期保存病毒需放在－196℃的液氮中。体内细胞中的病毒在 4℃时存活 14 天，25℃存活 4 天，17℃存活 18 h，56℃存活 30 min，60℃存活 10 min，羽毛囊及脱落皮屑和羽毛上的病毒可在室温中存活 4～8 个月，垫草中的完全病毒可生存 16 周。病毒在血液中只存在于白细胞、淋巴细胞中，红细胞中无病毒存在。分离病鸡白细胞经卵黄囊接种后再经 1 天的孵育，可在绒毛尿囊膜上见到病毒所致的灰白色痘斑病变，痘斑大小为 0.5～2 mm，数量可由几十个到 300～400 个。

☞ 82. 马立克氏病病毒感染哪些家禽，临床有何表现？

MDV 主要感染鸡，而其它禽类如火鸡、鸭、鹅、鹌鹑以及某些野鸟感染的很少。自然感染病例主要发生在 2～5 月龄的青年鸡。病鸡和外表健康的带毒鸡是主要传染源，可通过羽毛囊上皮细胞向外散毒，通过空气传播，与易感鸡发生直接或间接接触而引起发病。母鸡发病率较公鸡高，本地土种鸡更易感染，不同品种鸡易感性不同。该病的水平传播能力很强，但不发生垂直传播。

本病是一种肿瘤性疾病，从感染到发病潜伏期长短不一，发病日龄区别很大。在1日龄雏鸡人工接种敏感鸡后，第3～4周出现症状及病变，并使部分鸡发生急性死亡，这是最短的潜伏期。潜伏期长短与病毒毒力、剂量、易感鸡的日龄及品种等因素都有很大关系。MD多发生于2～3月龄鸡，土种鸡和蛋鸡多在60～140日龄发病，但也有在300日龄鸡发病。MD病型根据其病变发生部位和临床症状不同，可分为内脏型、神经型、眼型和皮肤型，其中以内脏型和神经型发病率最高。

内脏型：病鸡呆顿，精神委靡，羽毛松乱。行动迟缓，常缩颈蹲在墙角下。病鸡脸色苍白，常排绿色稀便，病鸡多有食欲，后食欲消失，机体消瘦。急性病例一般在发病后的1～2周内死亡。剖检病死鸡可见肝、心、脾、肺、肾、腺胃、卵巢、肌肉有肿瘤发生，其中以肝脏、腺胃的发病率最高。①肝脏肿大、质脆，有时为结节型肿瘤，有时为弥散型肿瘤。肿瘤从粟粒至鸡蛋黄大小不等，从几个至几十个不等，肿瘤质韧，多突出于肝脏表面，呈灰白色或淡灰黄色。弥散型肿瘤的肝脏多呈灰褐色，肿瘤弥散在肝实质中，呈灰白色有时难与大肝病的肝脏相区分。②腺胃肿大如球，胃壁增厚，质坚实。切开腺胃壁，腺胃乳头融合，有的乳头肿大，黏膜有时片状出血或溃疡。腺胃的病变有诊断意义。③心脏：在心外膜见黄白色肿瘤，常突出于心肌表面，米粒大至黄豆粒大。肿瘤质韧而坚实。④脾脏肿大3～7倍，常在浆膜面上见大头针帽大小的灰点，有时见粟粒大小的灰白斑，脾呈淡红褐色。⑤卵巢常肿大2～10倍，呈菜花状或脑样，卵巢表面光亮，淡灰黄色，肿大的卵巢质韧。⑥睾丸肿大2～5倍，两侧睾丸多变形，表面光亮，呈灰白色。⑦单侧或两侧肾肿大，多散在大小不等灰白色瘤状物，有的肿瘤与肾组织界线明显，有的则镶嵌在一起，肾肿瘤质度脆。⑧肺见有灰白色的瘤状物与肺脏镶嵌在一起，质韧而坚实，肺泡失去了原有的弹性及功能。有时一侧，有时两侧。⑨肌肉肿瘤多发生于胸肌或腿部，肿瘤突出于肌膜之上，灰白色，米粒至蚕豆大小不等，胸肌肿瘤有时可达 3～4 个。⑩法氏囊多萎缩，切开囊腔后见皱褶大小不等，但不见形成肿瘤，此点与淋巴白血病是不同的。

神经型：此型发生较多，由于病变部位不同，症状有很大区别。当坐骨神经受到侵害时，早期症状只见走路不稳，逐渐看到一侧或两侧腿瘸，麻痹，严重时瘫痪不起。典型症状是一腿向前伸一腿向后伸的大劈叉姿势。严重时，病鸡卧地不起。病侧肌肉萎缩，有凉感，爪子多弯曲。当臂神经受侵害时，病侧翅膀松弛无力，常下垂到地面或胸前，如穿"大褂"。当颈部神经受侵害时，病鸡的脖子常斜向一侧，有时见大嗉囊及病鸡蹲在一处呈无声张口气喘的症状。病鸡早期食欲较好，常可存活较长时间。坐骨神经、臂神经及颈部和腹腔迷走神经肿大，增粗几倍到十几倍，神经表面光亮，银白色纹理部分或全部消失，神经粗细不匀呈节结状，灰乳白色或灰黄色，有时见散在出血点，神经周围的组织水肿。通常都是单侧性的，因此与另一侧相比，病变明显且易辨。

眼型：病鸡一侧或两侧眼睛失明，失明前眼睛不见炎性肿胀，仔细检查时病鸡眼睛的瞳孔边缘不整齐，瞳孔明显缩小，虹膜常出现环状或斑点状退色，呈弥漫性的淡灰色混浊，俗称灰眼或"蛤蟆眼"。瞳孔边缘不整这一特点，很有早期诊断此病的意义。

皮肤型：病鸡退毛后可见体表的毛囊腔形成结节及小的肿瘤。在颈部、翅膀、大腿外侧较为多见，背部也常有发生。肿瘤结节大小不等，呈灰黄色，突出于皮肤表面，破溃后常污染羽毛。

☞ 83. 怎样诊断鸡马立克氏病？

神经型 MD，可根据病鸡的特征性麻痹症状和病理变化，做出诊断。但内脏型 MD 易与淋巴性白血病相混淆，必须根据流行病学、临床症状、剖检变化。实验室诊断：琼脂扩散试验、免疫荧光试验、酶联免疫吸附试验及病毒中和试验等方法综合诊断。

琼脂扩散试验(参见第 26 问)。

病毒中和试验:从感染鸡的皮肤或羽毛囊、羽根获得脱离细胞病毒,1 份标准血清加 4 份病毒悬液,该混合物在 37℃孵育 30 min 后,接种在鸡胚或细胞培养物上,观察是否出现病变。

☞ 84. 怎样区别诊断鸡马立克氏病、禽白血病、网状内皮组织增殖病?

鸡马立克氏病、禽淋巴白血病和网状内皮增殖病的区别见表 2-1。

表 2-1 鸡马立克氏病、禽淋巴白血病和网状内皮增殖病的区别

项目	马立克氏病	淋巴白血病	网状内皮增殖病
病原	MDV(疱疹病毒)	LLV(反转录病毒)	REV(反转录病毒)
发病年龄	4 周龄以上	16 周龄以上	不明
麻痹或瘫痪	通常有	无	少见
外周神经、神经节受害	通常有	无	少见
虹膜混浊	经常出现	无	无
肝、脾肿瘤	浸润性增生	结节性膨胀性增生	弥漫性结节性增生
法氏囊	弥漫性增厚、萎缩,滤泡间肿瘤	结节性肿瘤,滤泡内肿瘤	常见萎缩
淋巴样细胞种类	多形性的成熟和未成熟细胞	均一的成淋巴细胞	网状内皮细胞
肿瘤细胞的性质	60%～90%T 细胞、3%～25%B 细胞	91%～99%B 细胞	不明
MD 肿瘤相关表面抗原	5%～40%肿瘤细胞带	无	无

☞ 85. MD疫苗有哪些种类，应怎样正确使用？

目前国内外使用的MD疫苗主要有两类：一类是MD细胞结合性疫苗；另一类是脱离细胞的疫苗，又称冻干疫苗。按疫苗株的血清型大致可分为四种：①MD血清Ⅰ型弱毒疫苗：这是将马立克氏病疱疹病毒（MDHV）在细胞培养中连续传代而使其毒力减弱，但仍保持其免疫原性而制成的疫苗。美国Witter氏的MD11/75C，荷兰的Pispens(1969)在一群无症状的鸡群中分离的一株无致病性MDHV，命名为CVI988株和利用K株生产的814弱毒苗等。接种于无母源抗体的鸡群，其保护率高于血清Ⅱ型和Ⅲ型疫苗。②MD血清Ⅱ型自然弱毒株疫苗：如SB-1及301B株已广泛被用做疫苗株。③MD血清Ⅲ型HVT疫苗：主要疫苗株为HVTFC-126，其它尚有AC-16、DB-THV1等。这类疫苗是冻干苗。由于火鸡疱疹病毒（HVT）和MDHV都具有共同抗原，但各自又有独特的抗原。MDHV的免疫性具有抵抗病毒结合性抗原和肿瘤结合性抗原的作用。HVT对鸡来说是一种异源疫苗，仅具有抵抗病毒结合性抗原的作用。这种疫苗的免疫，只是一种干扰作用。1日龄的雏鸡在未感染强毒前接种，能诱发阻止肿瘤形成的抗体，从而阻止MD发病与死亡。但仍能感染并复制MDHV强毒，并向体外排毒，造成环境污染。为了克服HVT的缺点，达到控制MD的目的，人们研究生产了多价苗。④MD多血清型的多价苗，有Ⅰ＋Ⅲ的CVI988＋HVT二价苗、Ⅱ＋Ⅲ的SB-1＋HVT二价苗、Ⅰ＋Ⅱ＋Ⅲ的Md11/75C＋SB-1＋HVTFC126三价苗。三价疫苗虽然比相应的双价疫苗保护率高，但由于生产成本高、工艺复杂，所以实际上并未大力推广应用。

那么怎样使用马立克氏病疫苗：火鸡疱疹病毒（HVT）疫苗是冻干苗，在使用时用厂家带的稀释液稀释后在1 h内用完。鸡颈部皮下注射0.2 ml/只。而其它疫苗则是细胞结合性疫苗，它必须在－196℃的液氮中保存，各方面要求比较严格。

使用细胞结合性疫苗时要在最佳温度 27℃温水中水浴融化冻结的疫苗，这时疫苗 100%可存活。温度太高或太低都会造成疫苗的失活。水浴中的安瓿直立并轻轻摇晃使安瓿内容物迅速融化。融化后的疫苗应立即稀释。在稀释疫苗时，稀释液的最佳温度是 22℃，稀释疫苗其存活 100%，4℃疫苗 70%存活。稀释疫苗时，最佳速度是在 1 min 内稀释完，疫苗 100%存活。稀释慢了疫苗存活时间可大大缩短。要注意在稀释疫苗时应在无菌环境下进行。1 000 头份的疫苗，配 200 ml 稀释液，0.2 ml/只。注射疫苗的速度，应在 1 h 内用完。如在 0.5 h 内用完效果更好。注射接种小鸡的速度不能过快，1 500 只/h 的速度较适合。在注苗时瓶子应有规律地转动，以防疫苗细胞沉淀，而造成免疫量不均。在疫苗中不应添加任何药品。在稀释疫苗时，要用大号针头（12# 以上），将疫苗缓慢注入稀释液中，避免破坏细胞。用 7～9# 针头注射疫苗，注射针头要求每注射 100 羽鸡只更换 1 次。

☞ 86. MD 应怎样预防和免疫，预防 MD 为什么要从小鸡做起？

预防鸡马立克氏病为什么要从小鸡做起？因成熟型 MD 病毒存在于皮屑及羽毛中，因此常和尘埃一起随空气流动而造成传染。初生雏鸡最易感染，1 日龄雏鸡的易感性比成年鸡大 1 000～10 000 倍，比 50 日龄鸡大 12 倍。由此看来给鸡免疫 MD 疫苗，必须在 1 日龄内进行。但是有的养殖户认为鸡接种了 MD 疫苗，鸡就不得 MD，其实不然，鸡在接种疫苗后如在 3 周内，也就是在产生免疫力之前，遇到强毒进入鸡体后，将严重影响疫苗的免疫效果而引起发病。因此，在鸡出壳后马上免疫，所用疫苗最好是细胞结合苗。并且严格隔离饲养，不要让小鸡接触带有病毒的尘埃、皮屑和羽毛，否则会干扰该病的免疫。①综合卫生防疫措施：对于本病目前国内外均无切实可行的有效治疗方法。在采取隔离淘汰、严格消毒、加强饲养管理和卫生防疫等综合性措施的基础上，重点应做好空气环境的消毒工作，特别是羽毛的消毒，以切断空气传播途径，防止空气传染。由于 MD 病毒存在于病鸡的皮屑、羽毛内和鸡舍中的尘埃当中，容易对种蛋进行污染，所以在种蛋产出后要进行消毒，来杀灭黏附在种蛋上的病毒。因此对于种蛋应采取一定措施处理（参见孵化厂卫生）。对初生雏鸡也可用福尔马林熏蒸消毒。在相对湿度 80%～90%，按每立方米空间用甲醛 6.4 ml，高锰酸钾 3.2 g，水 3.2 L，先在耐热容器内放入甲醛和水，然后放入高锰酸钾。鸡熏蒸 1 h，在熏蒸开始的 10 min 内雏鸡反应强烈，到雏鸡闭眼、甩头、伸脖、蹦跳等，0.5 h 后鸡逐渐安静。熏蒸过的雏鸡移到消过毒的接雏箱或育雏舍内。②预防与免疫：关于 MD 疫苗，在上一问题中已经阐述请参阅。在使用疫苗时，不要单纯使用鸡马立克氏病火鸡疱疹病毒冻干疫苗，因为疫苗是将火鸡疱疹病毒接种在病胚成纤维细胞的单层上制作的。这种疫苗接种后，虽然使免疫鸡不产生瘤状物，但它不能阻止鸡对 MDHV 感染和在鸡体内的复制，这种鸡还能排毒而污染环境。所以在选用疫苗时，最好用多价苗、细胞结合苗。这些疫苗在免疫效力上明显优于单价苗。在疫苗应用时必须认真配合上述的卫生防疫措施，方能起到好的预防效果。应尽早的对熏蒸消毒后的雏鸡接种疫苗。

另外，为了更好地控制 MD，应对整个社会所有的鸡都应接种 MD 疫苗，包括肉鸡也要接种，但是人们认为肉鸡不发病，就没有这个病。肉鸡尽管不表现症状，但 MD 病毒照样感染并在其体内复制而散毒，所以应当引起足够重视。

☞ 87. 禽流感病毒有什么特点，主要感染哪些家禽，临床有何特征？

禽流感（AI）是由 A 型流感病毒感染所引起的火鸡、鸡、鸭和鹌鹑等家禽以及野鸟、水禽等多种禽类的全身性或呼吸道和生殖道传染病。其临床症状从急性败血性死亡到无症状带毒等多种多样。主要表现为呼吸道感染，产蛋量下降，头颈水肿和严重腹泻。高毒力的毒株可引起鸡和火鸡大量死亡，低毒力株只引起少量死亡和不死亡表现生长障碍和生产性能下降。该病又称鸡瘟、欧洲鸡瘟和真性鸡瘟等。属Ⅰ类传染病，它不仅感染禽类，也可感染人、猪、马和多种水生哺乳类动物。野鸟是该病的大本营，常由野鸟的迁徙而引起家禽发病和流行。由于该病病原极易变异，亚型非常之多，使流行病学和免疫预防复杂困难。

该病病原属正粘病毒科，正粘病毒属的 A 型流感病毒，呈球形、杆状或长丝状等多形性，直径 100 nm 左右。内部含有一条螺旋状排列的 RNA，核衣壳呈螺旋对称，有囊膜，上有纤突，分别含有血凝素（HA）和神经氨酸酶（NA）。能凝集鸡和多种动物的红细胞。去污剂可使病毒裂解。流感病毒根据其抗原性不同，分为 A、B、C 三个型。禽类的流感病毒均为 A 型 AIV。现认为 AIV 有 16 种不同的 HA，分别以 H1～H16 命名。NA 已发现 10 种，分别以 N1～N10 表示。不同的 HA 和 NA 的组合，即成为一个亚型。由于一个病毒粒子上的 HA 和 NA 的变异是独立的，通过两者各自的变异可以产生许许多多不同亚型的毒株。所有 AIV 毒株均易在鸡胚以及鸡和猴的肾组织培养中生长，有些毒株也能在家兔、公牛和人的细胞培养中生长，产生病变。大多数毒株能在鸡胚成纤维细胞培养中产生蚀斑，有些毒株在鸡、鸽或人的细胞培养之后，对鸡的毒力减弱。病毒可以在鸡胚上很好发育，有的毒株不致死鸡胚，在 35～37℃孵育易于生长，接种病毒后 36～37 h 达最高峰。有的毒株经 24～72 可杀死鸡胚，胎儿皮肤、肌肉有出血斑或出血点，呈暗红色，肾充血。病毒粒子在不同基质中的密度为 1.19～1.25 g/ml。流感病毒对热、脂溶性溶剂、酸和乙醚敏感，紫外线、阳光和普通消毒药易杀灭病毒。肥皂、去污剂和氧化剂、甲醛也能破坏其活性。病毒存在于身体的所有组织、分泌物和排泄物中，凡被污染的饲料、饮水、土壤可散布本病，经空气可以迅速传播。病毒在22℃相当稳定，4℃能存活数周，在56℃经30 min灭活，某些毒株需要50 min才能灭活。冻干后－70℃可存活2年，感染的组织置50%甘油盐水中在0℃可存活数月。在干燥的灰尘中可存活14天。病毒在羽毛上可以存活18天以上，干燥的血液和组织中可存活数周，在冻存的胴体内可存活300天左右。

☞ 88. 禽流感临床上有何表现，其病理变化如何？

本病呈世界性分布，在家禽中以鸡和火鸡的易感性最高，其次是珠鸡、野鸡和孔雀。某些野禽、鸽、鸭、鹅及其它水禽的易感性差。水禽呈隐性感染可带毒数月，病毒随一些野生禽类的迁徙而传播。各种年龄鸡均易感，多突然发病，感染率和死亡率都很高，强毒株感染可以100%死亡，低毒力株感染则死亡率很低，病程10～20天。同一群内的鸡AI传播很快，有感染禽和易感禽的直接或间接接触而造成感染传播。

该病潜伏期数小时到3天。其症状表现多种多样，有最急性、急性、亚急性及隐性感染等。最急性的发病鸡无先驱症状，突然发病，急骤死亡。急性的主要表现体温升高43～44.4℃、精神沉郁、食欲减退、垂头和昏睡等；常见有鸡冠、肉垂发绀，呈紫红色，冠出血坏死，肉髯肿胀发硬，向两侧撑开；头面部及眼睑周围肿胀，流泪，眼角处有小水泡或干酪样分泌物，严重的可造成失明或两眼突出呈金鱼眼。腿脚鳞片出血，紫变，这一点是该病特征之一；病鸡常咳嗽，打喷嚏，呼吸罗音，张口呼吸，尖叫，副鼻窦肿大，流黏液性鼻汁。病鸡排水样稀便，呈灰黄色和黄绿色，尿酸盐增加。发病急的，致死率就高。产蛋鸡在发病后2～3天，产蛋量突然下降，一般在20%左右，维持2～5周后逐渐回升。蛋鸡多发于25～32周龄，死亡率0～20%；肉鸡以眼及呼吸道症状为主，死亡率10%～40%。火鸡和鸭感染后，死亡率很低。细菌和霉形体的合并感染，可大大增加疾病的严重程度和死亡率，造成严重经济损失。

由于病毒致病性的不同，病变也不尽相同。从轻度的呼吸道症状到多种内脏器官广泛出血。病鸡头面部、肉垂和鸡冠浮肿，皮下胶样浸润和出血，心包积水、心外膜有点状或条纹状出血，心肌软化，腺胃乳头、肌胃黏膜、肠黏膜出血但不出现溃疡，盲肠扁桃体出血。脾脏、肝脏肿大出血，甚至血肿，肾脏肿大，法氏囊水肿呈黄色。体内脂肪及浆膜（心冠、肠系膜）广泛出血。胰脏及肾脏小点坏死。许多病例可见卵巢和输卵管萎缩，卵巢卵泡畸变、发育停滞，或者卵泡出血和破裂，形成卵黄性腹膜炎。气管黏膜充血、出血，可有血性分泌物，酷似传染性喉气管炎。肉鸡多见气管内及腺胃病变，有不同程度的气囊炎、腹膜炎等。

☞ 89. 怎样诊断、预防和控制禽流感？

由于AI的症状和病变各不相同，很多禽病都与其相似，因此其诊断比较困难，确诊必须进行病毒的分离鉴定和血清学试验等。①病毒的分离：急性病例以其内脏采样为好；呼吸道症状严重的病例，以呼吸道黏液或组织为宜。病料加抗生素处理后，可接种于9～11日龄SPF鸡胚绒毛尿囊腔，接种剂量0.1～0.3 ml，接种后在33～37℃（最好35℃）孵化48～72 h，某些毒株繁殖迅速，鸡胚在48 h内死亡。有些毒株繁殖很慢，鸡胚长期不死。无论鸡胚死亡与否，72 h之前均应取出冷藏致死。吸取尿囊液作鸡红细胞的血凝试验。如血凝试验阴性应盲传三代，以免病毒太少而将病毒弃掉，如再做一次血凝试验仍为阴性方可认为是阴性。若有AIV用ND血清不能抑制血凝现象；用AI血清作HI效价可达1∶（320～640）。②血清学试验：血清学检查可用来证实抗体的存在，这种抗体在感染后7～10天便可被检测出来。用于血清学检查的方法有血凝抑制（HI）试验；检测抗血凝素（HA）抗体。可用琼脂扩散试验（AGP），检测发病初期和康复期（发病后14～28天）的血清检测，如果康复期的血清抗体比发病初期升高 4 倍以上，则可证实禽流感的发生。琼脂扩散试验（AGP）可用已知的抗原来检测已知的抗体。在琼脂板上打一梅花孔，中间孔滴加抗原，周围几孔留一孔作阳性对照，其它滴加被检血清，置温箱内 24 h 可出现沉淀线，48 h 更加清晰。它具有型的特异性，可初步确诊为 A 型禽流感。亦可以用 A 型流感病毒核糖核蛋白抗血清做琼脂免疫扩散试验，以确定是否为 A 型流感病毒。此外，还可用病毒中和试验和酶联免疫吸附试验，核酸探针以及 PCR 技术来诊断 AIV。

(1)综合性防制：该病属畜禽一类传染病，无有效疗法，传播迅速，致死率高。故一旦暴发，确诊之后应立即彻底扑杀发病区内的禽只，采取严格的封锁、隔离、淘汰、销毁等综合防制措施。当怀疑该病时，应迅速报告当地兽医部门，不得移动，并采取严格的控制措施。对发病鸡舍、场地、设备、衣物严格消毒，消毒药物可选用 0.5%过氧乙酸，2%次氯酸钠，二氯异氰尿酸钠或二氧化氯、甲醛以及火焰消毒等。对粪便、垫料及各种污物要集中作无害化处理；消灭禽场的蝇蛆、老鼠、野鸟等传播媒介。平时应加强禽场的防疫管理，禽场门口要设消毒池，谢绝参观，严禁外人进入禽舍，工作人员出入要更换消毒过的胶靴、工作服、用具、器材、车辆要定时消毒。建立严格的检疫制度，严禁从疫区引进种蛋和雏禽以及一些家禽和禽产品。由于本病危害极大，要防止 AI 从国外进入我国。因此，海关检疫非常重要，在进口各种家禽和鸟类时要严格检疫，病原分离和血清学检查是阴性者，才能转至内地隔离饲养观察，无症状表现时可混入鸡群饲养。一定要严防高致病性 AIV 从国外传入。

(2)预防与免疫：AIV 可使鸡体产生免疫性。少数病鸡耐过后，都有坚强的免疫力，血清中的效价也很高。用甲醛灭活病毒作两次免疫鸡群，能获得很好的保护力。但由于该病病毒易于发生变异，各亚型抗原性有一定的差异，各血清型毒株间缺乏交叉免疫性。因此，在实际生产中，很难生产一种对各亚型都有良好免疫原性的疫苗，这就给疫苗的应用带来了困难。在国外对于本病有的主张用疫苗来防，认为对疫区外围的禽群进行免疫接种，不仅可防止病毒扩散，而且还可防止病毒毒力的增强。有的不主张用苗，发现疫情采取大批扑杀的办法来控制疫情。因接种疫苗后将会掩盖临床症状，注射疫苗增加了扩散传播的危险，肉鸡在接种后 42 天才能上市。在现阶段美国采用自家鸡胚灭活疫苗，在降低病的严重程度上和减少损失上取得了一定的成功。因此，一旦发生本疫病，尽快拔除疫点，并对受威胁的鸡场在政府主管部门的监控下，使用加有佐剂的单价和多价灭活苗，可保护健康鸡免遭死亡、发病和产蛋率下降等损失。但严禁使用活毒疫苗和自家制作疫苗。为了更好的预防本病，最主要的是避免将禽流感病毒引入鸡群，做好日常防疫检疫工作，避免易感鸡群与可能带毒的野鸟、其它禽类，特别是水禽，以及人类等的接触。本病无特异性的有效治疗方法，应用抗生素进行治疗，可减少霉形体和其它细菌的并发感染，减轻呼吸道症状。

☞ 90. 鸡传染性支气管炎临床有何特征，其病原有何特点？

鸡传染性支气管炎(IB)是鸡的一种急性、高度接触性呼吸道传染病，其特征是病鸡发生气管罗音、咳嗽、气喘、打喷嚏、呼吸困难。在雏鸡可能还有流鼻涕，成鸡产蛋率下降、产软皮蛋和畸形蛋，蛋清稀薄。有的还能引起肾炎综合症，肾脏肿大、尿酸盐沉着等症。该病原为冠状病毒科、冠状病毒属的传染性支气管炎病毒。病毒在电子显微镜下观察呈多形性，多为圆形小体，大小为 80～120 nm。有双层脂膜，表面有长而粗的棒状纤突，外观似皇冠。具有感染性单链正链 RNA。由于病毒重组的结果，使传支病毒在多种不同的血清型和变异株。现已查明 IBV 有几十种不同的血清型。有人认为，IBV 只有马萨诸塞和康涅狄格两个主要血清型，其它可能都是一些变异株。马萨诸塞型的病毒株有 H120、H52、Ma5、M41 等能引起最严重的呼吸道和生殖道症状，我国主要流行此型，和康涅狄格(Conn)型交叉免疫。传支病毒株还有衣阿华 97、衣阿华 609、Holte 株、Gray 株、JMK 株等。多数血清型的病毒可引起明显的呼吸道症状，而有些血清型的病毒可引起明显的肾脏损害不引起或只有很轻微的呼吸道症状。病毒能在 10～11 日龄的鸡胚中生长。在鸡胚肾细胞多次继代可产生病变，使细胞出现空斑。在鸡的体内病毒主要存在于病鸡的呼吸道渗出物中，肝、脾、肾和血液内也能发现病毒。含病毒的组织块浸于 50％的甘油溶液中，可以得到很好的保存。大多数病毒株在 56℃下经 15 min失去活力，在低温下能长期保存，用低压冻干法保存病毒可存活 24 年之久。本病毒对一般消毒药物的抵抗力不强，1％来苏儿、1％福尔马林、0.01％高锰酸钾、70％酒精等 3 min 内能把病毒杀死。

☞ 91. 鸡传染性支气管炎临床有哪些症状和病理变化？

鸡是传染性支气管炎病毒惟一的自然感染者，其它家禽都不易感染。各种年龄的鸡都可感染发病，但雏鸡最为严重。本病呈世界性分布，一年四季均可发生，但以冬春季节更为严重。死亡率一般为 5％～25％。病鸡是 IB 的传染源，康复鸡能向外排毒 35 天之多。传染方式是病鸡通过呼吸道分泌物和排泄物排出病毒，经空气飞沫传染易感鸡。还可通过人员等发生间接传播。本病毒一般不能经蛋垂直传播。在自然条件下 30 日龄以内的雏鸡极易感染。若易感鸡与病鸡同舍饲养，往往在 48 h 内即可出现症状。自然感染的鸡一般在 36～48 h 就可发病，病鸡气管内黏液量增加，流鼻涕，张口呼吸，咳嗽，打喷嚏，常可听到水泡音以及由呼吸罗音造成的怪声和异常声，夜间更易听到。其它可见精神沉郁，羽毛蓬乱，眼睛湿润，鼻肿胀，采食量下降，生长速度减慢等，病程一般为1～2周。雏鸡死亡率较高，6周龄以上的鸡死亡率很低，有的症状极轻微，呈隐性感染。产蛋鸡产蛋率的急剧下降，虽在3～4周后逐渐恢复，但很难恢复到发病前的水平。在恢复期，蛋的质量下降，主要表现为具有特征性的畸形蛋，如软皮蛋、无壳蛋、小蛋及畸变等，其蛋清稀薄如水或混浊，蛋黄、蛋清分离，以及蛋白黏着壳膜表面等，影响卵的孵化率和出雏率。当剖检病死鸡时可见鼻腔、喉、气管、支气管的卡他性炎症或干酪样渗出，气管黏膜充血、水肿。肺脏支气管肥厚，气囊有时混浊。产蛋鸡的卵巢可见有卵泡膜充血、出血，卵泡血肿，卵黄坠落在腹腔。子宫黏膜皱襞减少、变薄，输卵管炎症及堵塞也很常见。雏鸡在1～18日龄以内发生IB，输卵管的损伤将是永久性的，感染年龄越小，影响越重，成为长大后不能产蛋的“假母鸡”。大日龄的鸡感染本病以后，生殖器官病变较轻长大后产蛋会受到一定影响。

由于有的IBV能引起肾脏病变。所以又叫它肾型传支，多发于20～50日龄的幼鸡。尤其是肉鸡更为多见。起初在20日龄左右，有轻微的呼吸道症状，常被忽视，在2～4天后消失。再过10～12天(即4周龄以后)出现死亡高峰，鸡群全身症状突然加重，精神沉郁，厌食，排出灰白色稀便或白色糊状粪便，有时呈水样下痢，严重失水，脚爪干枯(俗称干爪病)。整个病程21～25天，死亡率10%～25%。一般在6周龄以后病情缓和，死亡率降至1%以下。饲料蛋白水平越高，死亡率越高。剖检病死鸡可见双肾肿大、苍白，由于肾小管因尿酸盐沉积而使肾脏呈槟榔样花斑肾，两侧输尿管也因沉积尿酸盐而变得明显扩张增粗。慢性病例，肾退色，肾实质中布满粟粒大小的黄白色尿酸盐结节，有时可至黄豆到蚕豆大小。有时在心包膜及肝脏表面也沉积有大量的尿酸盐，似一层白霜。剪开直肠和泄殖腔，内有积满白石灰膏样稀薄的尿酸盐物质。另外，由于脱水严重，在剖检病死鸡时可见肌肉干燥，鸡的皮肤很难与肌肉剥离。肾型传染性支气管炎的发病日龄目前有提前的趋势，而且，往往和大肠杆菌、败血霉形体合并感染，大大增加了鸡的死亡率。

☞ 92. 怎样进行鸡传染性支气管炎的实验室诊断？

通过临床症状、病理变化看似 IB 的鸡要进行实验室诊断做出确诊。

（1）病毒分离：分离病毒的最适材料是病鸡的气管和肺，其它也可用肾、输卵管、泄殖腔和盲肠扁桃体等。活鸡可以用棉拭子从早期病鸡的气管或泄殖腔中分离和鉴定出 IBV。将病料制成匀浆的加双抗放于 4℃冰箱 4～6 h 后，接种 8～9 日龄鸡胚，鸡胚盲传 5 代，废弃掉 HA 试验阳性者，对 HA 试验阴性，鸡胚萎缩发育不全的侏儒胚。因 IBV 易在鸡胚中生长，是分离病毒的最好方法之一。

（2）血清学试验：①琼脂扩散试验（AGP）：本法主要用于检测 IBV 抗体，用感染 IBV 的绒毛尿囊膜制作抗原。在琼脂平板上用打孔器打成梅花孔，孔径 3 mm，中心孔与周边孔距离为 3 mm。中心孔加抗原，边缘孔加稀释的待检血清，在湿盒中 37℃条件下作用 24～48 h 观察结果。如有 IBV，在抗原和血清之间有白色沉淀线。此法操作简便，但敏感性不高。②免疫荧光抗体技术（IFA）：该法可用于检测 IB 抗原和抗体。检测抗原时，将病料滴在载玻片上，固定后滴加 IB 抗体，37℃下在湿盒内作用 1 h，冲洗 20 min，加入荧光素标记的抗抗体，室温下作用 1 h，冲洗 90 min，镜检，阳性病料中会出现荧光。③酶联免疫吸附试验（ELISA）：酶联免疫吸附试验可用于检测 IBV 和抗体。间接法检测 IB 抗体水平时，先将提纯的抗原包被反应板，4℃下作用 16 h 后冲洗，加入待检血清，37℃下温育 40 min，洗涤，加入酶标抗抗体，温育 3 h，洗涤，加入底物，反应显色，测定其吸光度。该法检测 IB 抗体水平的优点在一般的血清学试验均敏感，使用一株病毒抗原包被就可检出多种毒株的抗体水平，适应于大规模血清学调查。但此法的缺点不能区分抗体是何种毒株刺激机体产生的。但该法仍是用于抗体水平检测的理想方法。

(3)鉴别诊断中，应注意与其它急性呼吸道病相区别，如ND、ILT、传染性鼻炎和霉形体病等。IBD也排白色石灰水样稀便及肾脏肿胀，尤其是易与肾型IB相混淆。有的IB毒株也可以引起法氏囊的水肿和出血。但是，IBD肾脏肿大和花斑肾没有IB那样明显，病程也短，有尖峰式死亡曲线。IB没有腿、胸肌的出血变化。IB和产蛋下降综合征(EDS-76)均引起产蛋下降，蛋壳的质量也与IB有相似之处。但EDS-76多出现在产蛋高峰期前后，畸形蛋和蛋壳色泽变浅比IB更严重，有时出现无壳蛋。EDS-76的蛋清没有IB那种改变，EDS-76病毒能在鸭胚中增殖并使尿囊液出现鸡红细胞血凝现象，而IBV需要在鸡胚中增殖。如不用酶处理，IBV不会使鸡红细胞凝集。

☞ 93. 鸡传染性支气管炎应怎样预防和免疫？

(1)综合性预防：目前还没有特效药物进行治疗本病，必须采取综合性防制措施来预防该病。必须加强饲养管理，降低密度防止鸡群拥挤，注意通风换气，防止空气污浊。特别是在寒冷季节，既要注意保暖，又要注意通风，防止寒冷潮湿对鸡所造成的应激，减少应激刺激，如果鸡舍氨气过高、湿度过大、温度忽高忽低等应激严重时就可以诱发本病的发生。要保证营养，特别是饲料中的维生素和矿物质含量不足也可以促使本病的发生。要采取“全进全出制”，定期进行彻底和严格的消毒等日常卫生防疫管理。有计划地使用疫苗进行免疫接种，是非常重要的。孵化用的种蛋，必须严格检查，选用的种蛋，必须是来自健康鸡群，经过检疫证明无病原污染，方可入孵以杜绝通过种蛋传染本病。

(2)预防和免疫：对于本病的预防和免疫除做好以上工作外，

更重要的是要做好免疫接种工作。而且需要多次免疫才能获得持久而又坚强的免疫力。疫苗分两类:一类是活疫苗;另一类是灭活疫苗。这两种疫苗都可应用于免疫接种。目前广泛使用两种疫苗毒株 H120 和 H52。H120 疫苗用于 10 日龄内雏鸡的免疫。H52 疫苗专供 1 月龄以上的鸡使用。免疫方法有逐个点眼、滴鼻或气管内注射。群体免疫方法有喷雾、气溶胶及饮水。群体免疫较方便,但大规模免疫不易获得一致,气溶胶方法能引起严重的呼吸道反应。饮水免疫应注意水的质量和加入稳定剂。首免时间通常在 1～3 日龄推荐使用传支 Ma5 或 H120 单苗,滴鼻、点眼或喷雾进行首免。H120 接种后 9 天左右产生免疫力,维持有效期 3 个月左右。28～35 日龄可用 H52 进行二免,也可在 40～45 日龄与 ND(LaSota 或 Clone-30)同时点眼免疫。H120 非常安全,可用于 1 日龄雏鸡,不用于产蛋鸡群。H52 有一定致病性,不得用于首免、产蛋鸡群、多种日龄鸡群共存的鸡场,只能用于 H120 初免后的鸡群,一般可用于 13～14 周龄的种鸡或蛋鸡。对存在霉形体或大肠杆菌严重感染的鸡群会引起副作用。产蛋鸡可在开产前皮下注射油乳剂灭活疫苗,10～15 天产生免疫力,免疫期可达 10 个月左右。种鸡可在开产后每隔 10 周左右用弱毒疫苗 Ma5 补免一次。IB 弱毒疫苗不能诱导高滴度抗体的产生。对种鸡或产蛋鸡群,应先施行 2～3 次活毒疫苗接种,并且必须是点眼或喷雾,以刺激呼吸道上皮局部免疫,然后在开产前进行一次 IB 灭活疫苗免疫,才能有效预防产蛋期发生 IB。必须注意产蛋鸡对 IB 非常敏感,应在产蛋期间保持强有力的免疫防御能力,免疫接种则在产蛋期适当应用,可以每隔 60～90 天用弱毒力活疫苗喷雾或饮水重复免疫就能达到免疫保护,但弱毒疫苗仍会影响产蛋率及蛋壳质量,所以采用灭活苗代替活疫苗可以克服其不足。

由于 IBV 血清型和变异株较多,对于肾型 IB 也应选用 H120 或 H52 弱毒疫苗免疫刺激呼吸道产生局部免疫作用,后选用抗原谱广的 IB 灭活疫苗或本地病毒毒株制备的自家灭活疫苗注射免疫，接种两次，这样可以较好地解决血清型和变异株问题。使其子代雏鸡有较高的母源抗体，可抵抗少量病毒进入血液危害肾脏，以达到免疫预防作用。

(3)紧急措施：当鸡群发病时应采取紧急预防免疫措施，要严格执行隔离、检疫、消毒等卫生防疫措施，鸡舍应通风良好、避免过挤和冷风侵袭、注意保温、加强饲养管理、饲料搭配适当、补充维生素和矿物质，增强鸡体抵抗力。重病鸡应及早淘汰，轻度病鸡应严格隔离加强饲养管理，喂给易消化的饲料，并防止发生并发症。要对全群进行紧急疫苗饮水免疫接种，对未发病鸡的预防有较理想作用。发生肾型 IB，一般选用缓解肾脏负担及抑制病毒等药物，鸡群饮水中加入口服补液盐制剂，补充 K^+ 和 Na^+ 调节体内水分、电解质及酸碱平衡，在饲料中加入利尿类和抗生素类药物防止并发症。也可以采用中草药来进行预防和治疗。一般用喉支可乐、肾支速效、支喉消炎散等。也可以用麻黄、大青叶、石膏、制半夏、连翘、黄连、金银花、蒲公英、黄芩、杏仁、麦冬、桑白皮、菊花、桔梗、甘草等中药进行组方治疗，也能得到一定的防治效果。对于发病鸡舍、用具、场地等用 0.02％过氧乙酸熏蒸消毒，0.01％高锰酸钾、1％福尔马林或 1％来苏儿等喷洒消毒，对本病预防和控制均有一定作用。

☞ 94. 禽疱疹病毒病有哪些？鸡传染性喉气管炎病毒有何特点？

能引起禽的疱疹病毒病主要有鸡传染性喉气管炎和鸭瘟。鸡传染性喉气管炎(ILT)是由喉气管炎病毒感染所引起的以剧烈咳嗽、气喘、高度呼吸困难和气管内有血样渗出物等为特征的一种急性呼吸道传染病。它的病原特点：鸡传染性喉气管炎病毒(ILTV)属疱疹病毒科、A 型疱疹病毒属，病毒粒子呈球形，蛋白质的核衣壳呈二十面体对称，核酸为双股的 DNA，在核衣壳的外周包裹着不规则的类脂质囊膜，表面有纤突，病毒在宿主细胞核内复制。不同毒株的抗原性一致，但毒力差异很大。易在鸡胚中增殖，并可使绒毛尿囊膜形成痘斑。用鸡胚成纤维细胞、鸡胚肝、鸡胚肾及鸡胚皮肤细胞可以分离培养 ILTV，在接毒后 30～36 h 可检出核内病毒包涵体。病毒对鸡的红细胞没有凝集作用，对乙醚、氯仿等脂溶剂、热以及各种消毒药均敏感。3%来苏儿、1%火碱水或 5%石炭酸 1 min 即可杀死，用甲醛、过氧乙酸、碘伏或含卤素的消毒剂都能将病粒子消除。

☞ 95. 鸡传染性喉气管炎(ILT)临床有哪些特点？

世界上多数国家有本病发生，呈地方流行性。主要感染鸡，各种年龄的鸡均易感，但一般多见于 14 周龄以上的育成鸡和成年鸡，在临床上 40 天左右的鸡也有发病，成年鸡的症状最为典型，病鸡和康复鸡带毒是主要的传染源。死亡率可因日龄不同差异很大。雉鸡和孔雀也可发病。鸭、火鸡、鸽、珍珠鸡和哺乳动物不易感。该病一年四季均可发病，但寒冷季节多发。自然感染的潜伏期为 6～12 天。气管内接种的为 2～4 天，病程一般为 10～14 天。发病率高，易感鸡群可达 90%～100%，死亡率一般为 20%～30%，有合并感染和继发感染时可达 50%以上。

感染鸡可通过气管渗出物、鼻汁、泪等排毒。自然感染的主要门户是上呼吸道和眼。易感鸡与病死鸡或其污染的饲料、饮水、垫料和工具、设备及人员等直接或间接接触而发生感染。外表康复鸡可长期带毒，并向外界排毒，使本病呈地方流行性很难消除。疫苗病毒污染场地也非常严重，只要有一批鸡曾用过 ILT 疫苗，就得批批用苗，否则就有可能患病。由于该病流行的第一特点是发病鸡群长期带毒和排毒。感染鸡病毒早期存在于气管上皮内，感染后 2 天就可排毒。这种排毒现象不但出现于急性病鸡，也可出现于康复鸡和疫苗免疫接种鸡。ILTV 在感染后 4～7 天从气管扩散到三叉神经节并长期在三叉神经潜伏，进行排毒。该病感染严重的发病突然，传播迅速，发病率高。其特征性症状是呼吸困难，可见伸颈张口喘气的特殊姿势，湿性罗音，打喷嚏，咳嗽，鼻孔流出透明的黏液性鼻汁，精神沉郁，食欲下降。咳出呈黄白色或混有血液的血性痰液，死亡率为 10%～50%，血痰堵塞气管造成窒息死亡是最常见的原因。蛋鸡产蛋量下降 10%～60%，4 周左右逐渐正常。常见有结膜炎和眼结膜肿胀。如与霉形体、嗜血杆菌混合感染，症状加重，并使死亡率增加。慢性感染的症状较轻，有轻微咳嗽，呼吸罗音和流泪，浆液性鼻汁，眶下窦和眼睑肿胀。一般见不到血痰，故死亡率很低。产蛋率暂时下降。

剖检病死鸡可见气管和喉头黏膜明显充血、出血和肥厚，气管上皮坏死，出血性气管炎和喉炎，气管腔内有大量渗出物、凝固的血性痰液或血块，有假膜的很容易剥离。鼻黏膜充血、肥厚，腔内有大量黏液、干酪样渗出物形成的栓子。喉头处有干酪样栓子。肺的外观基本正常。如继发慢性呼吸道病可出现气囊混浊、肥厚等。常可见眼睑周围肿胀，结膜充血及出血。该病可根据高度呼吸困难，咳出血性痰液典型症状和病理剖检变化，以及病毒分离，核内包涵体的检查和血清学方法。病料接种 9～12 日龄的鸡胚绒毛尿囊膜，48 h 出现痘斑，可得以确诊。

☞ 96. 养鸡户对鸡传染性喉气管炎(ILT)应怎样预防和免疫？

(1)综合性防制：①要注意鸡舍的清洁卫生和饲养管理用具及环境消毒。②由于该病的康复鸡和免疫接种过的鸡都是带毒鸡，并且还能向外排毒。因此，有病康复鸡和免疫接种过的鸡不能与易感鸡群混养，必须进行严格隔离和彻底消毒。这一点在 ILT 的防制措施上是极其重要的。对从外地新购进的鸡，要进行隔离观察，放几只易感鸡与其同养，观察 2 周看是否发病，如不发病这就说明所购进的鸡没有带毒，可以与其混养。

（2）免疫预防：在本病流行地区，给易感鸡群接种疫苗是控制此病的重要方法。①在发病早期，应用疫苗紧急接种，可收到较好的预防效果。②自然感染可获得终生免疫，易感鸡接种疫苗后可获得免疫力半年至 1 年。免疫母鸡的母源抗体可经卵传给仔鸡，但对雏鸡无保护意义，也不干扰鸡的免疫接种，因 ILT 以细胞免疫为主，所以，体液抗体水平不是衡量免疫状态的主要指标。③在本病流行的地区，可考虑到接种 ILT 疫苗，常用的疫苗是弱毒疫苗，免疫的途径主要有点眼和刷肛（也可饮水）等方法，一定要按说明书进行。目前，国外使用的疫苗有两种：一种是用鸡胚致弱的疫苗毒力较强，疫苗反应比较重，接种于泄殖腔黏膜；另一种是细胞培养疫苗毒力较轻，可适于幼龄鸡使用，但保护力较鸡胚疫苗差。但应注意，在接种 ILT 疫苗时，所免疫接种的鸡可能出现不同程度的反应，甚至引起死亡。在接种毒力较强的鸡胚弱毒疫苗时，用于点眼会出现流泪、肿头、肿脸等现象。特别是在鸡慢性呼吸道病存在的情况下更为明显。因此在用疫苗后，加强饲养管理，增加维生素和电解质的用量，减少应激。可在 ILT 疫苗稀释液中加入适量的庆大霉素，防止细菌继发感染。④由于免疫鸡可长期带毒，因此只有在本病流行的地区才主张使用弱毒苗，非流行地区，不宜接种 ILT 活毒疫苗。一旦一批鸡用了 ILT 疫苗，以后每批必须要用，否则会引起发病。

（3）药物预防和控制：该病无有效疗法，在发病时可用抗生素控制继发性的细菌感染，如继发鸡的慢性呼吸道、传染性鼻炎、大肠杆菌病等。采取对症疗法，可使用樟脑水肌肉注射解除病鸡呼吸困难，也可用镊子除去喉部和气管上的干酪样渗出物来解除呼吸困难的症状。也可用中药来预防和控制，在发病时可用“喉症丸”进行治疗。也可用双花、板蓝根、连翘、蒲公英、地丁、桔梗、射干、生甘草等中药组方共末或水煎饮服，来防治鸡 ILT，可起到清热解毒，宣肺利咽的作用，具有良好的预防效果。

☞ 97. 鸭“大头瘟”是什么病，临床有何特征，其病原有何特点？

鸭“大头瘟”病就是鸭瘟，是由鸭瘟病毒感染鸭、鹅和天鹅所引起的一种急性败血性传染病。其特征是下痢，流泪，两腿发软无力，头颈部肿大以及食道、泄殖腔黏膜和肝脏的出血坏死等。发病迅速，发病率和死亡率均很高。由于发病鸭多数出现头颈部肿胀，故叫“大头瘟”，又称鸭病毒性肠炎。

鸭瘟病毒属于疱疹病毒。病毒粒子呈圆形，有囊膜，核酸为DNA。鸭瘟病毒不凝集也不吸附红细胞，在感染了的鸡胚和鸭胚的细胞培养物中，病毒能产生核内包涵体。病毒对外界的抵抗力不强，加热56℃经10 min病毒被杀灭，加热50℃需90～120 min病毒灭能，夏季在直射阳光下9 h毒力消失，22℃室温要经30天才失去其感染力。在－5～－7℃经3个月毒力不减弱，0～－20℃经1年对鸭仍有致病力。病毒对乙醚和氯仿敏感。当病毒处于pH 3和pH 11时，病毒就会迅速灭能，在pH 7.8和pH 9时，6 h后其滴度并不降低。在0.1%升汞10～20 min、75%酒精5～30 min、0.5%石炭酸溶液60 min、0.5%漂白粉溶液和5%石灰水30 min，对鸭瘟病毒都有致弱和杀死作用。病毒分布在病鸭各器官组织里面、口腔分泌物和粪中。以肝、脾、脑、泄殖腔等组织含毒量最高，血、肺、肌肉含毒量较低，肾脏含毒更低。从病鸭体温升高24 h开始，在食道和泄殖腔有相当高的含毒量。鸭瘟病毒可在鸭胚上生长，也可适应于鹅胚和鸡胚。无红细胞凝集作用。不同毒株的毒力也有差异，但抗原性相同。

☞ 98. 鸭瘟临床有何症状和病理变化？

该病在世界所有养鸭的国家和地区都有发生。可引起大批鸭和鹅发生死亡，是对养鸭和养鹅危害最大的疫病之一。

在自然情况下，只有鸭才能感染鸭瘟，鹅在同病鸭密切接触时才有可能感染发病。其它家禽如鸡、鸽和火鸡都不会感染。不同品种和不同年龄的鸭均可感染鸭瘟。番鸭、麻鸭、绵鸭易感性最高，北京鸭次之。成年鸭和产蛋母鸭的发病率和死亡率较高。1 月龄以下雏鸭发病较少。没有明显的季节性，一年四季均可发生，但以春夏之际和秋季流行最为严重。主要传染源是病鸭和带毒鸭，在放牧或水中都可能感染。被粪便污染的饲料、饮水和器具等，都可传播本病。野生水禽也可能是重要传播媒介和疫源。主要是经消化道、呼吸道、眼结膜和交配等传播。在病毒血症期间，吸血昆虫也是传播媒介。当鸭瘟传入一个易感鸭群时，一般 3～7 天开始出现零星病例，再经 3～5 天陆续出现大批病鸭，流行过程为 2～6 周。如鸭群中有免疫鸭和耐过鸭，流行过程则较为缓慢，流行期可达 2～3 个月或更久。自然感染的鸭子潜伏期为 3～4 天。最初不表现症状突然死亡。产蛋鸭在死亡率升高的同时，产蛋量可下降 25%～40%。病鸭主要表现高热稽留(43℃以上)，可持续 3～4 天。精神委顿，食欲降低，羽毛蓬松，两翅下垂，两腿麻痹无力，行动困难，不愿下水和不能游泳等。其特征性症状是畏光、流泪和眼睑水肿，有脓性分泌物将眼睑粘连不能睁开，眼结膜充血和出血，甚至形成溃疡。多数还会出现头颈部肿胀，另外还有下痢，排出绿色或灰白色稀粪，肛门周围的羽毛被污染并结块。有的可出现流鼻涕，呼吸困难。病的后期体温下降，病鸭衰竭而死亡，病程 2～5 天。鹅发病后，症状和鸭相似，但鹅的病程短的 5～8 天，长的 15～20 天。

病死鸭特征性的剖检变化是胃肠道黏膜表面特定部位的疹性病变、淋巴器官病变和实质器官的退行性变化。全身皮肤散在的出血点、斑，眼结膜出血，头颈部皮下组织出现炎性水肿，切开皮肤时流出淡黄色液体，皮下组织有黄色胶样浸润。鼻孔和鼻窦有污浊的分泌物，喉头和口腔黏膜有淡黄色假膜覆盖，以及出血和溃疡等。食道黏膜有纵行排列的灰黄色假膜或小出血斑点，假膜剥离后留下溃疡斑痕。腺胃黏膜和肌胃角质层下出血,有时在腺胃与食道膨大部的交界处有灰黄色坏死带或出血带。肠道有急性卡他性炎症和出血,以十二指肠和直肠最为严重,盲肠扁桃体出血,小肠黏膜上有四个出血性的小肠环状带。泄殖腔黏膜水肿、出血,表面覆盖有一层灰褐色或绿色的坏死痂。肝有灰黄色或灰白色坏死点,有的坏死点中间有小出血点,或其外围有环状出血带。脾脏稍肿大,呈暗褐色。卵巢滤泡充血和出血,甚至破裂。胸腺和法氏囊有大量出血点和黄色病灶。心外膜、心冠脂肪出血。

☞ 99. 鸭瘟病应怎样预防和免疫?

(1)综合性预防措施:该病目前无特效药物治疗,应采取严格的检疫,对于种蛋和鸭苗要从无疫区购进,新购进的鸭子必须先隔离观察,认为确实无疫时方可混群饲养。要经常保持鸭舍、运动场和设备用具的清洁卫生,可防止将病毒引入健康易感鸭群。流行地区应进行严格的隔离、封锁和消毒。不要到疫区和可能污染的水塘、河流放牧。

(2)疫苗预防与免疫:目前使用的疫苗有鸭瘟鸭胚化弱毒疫苗和鸡胚化弱毒疫苗。目前多使用鸡胚化鸭瘟弱毒疫苗,对雏鸭的免疫期为 6 个月,成鸭的免疫期可达 1 年。雏鸭在 15～20 日龄首免,肌肉注射 0.2 ml/只,4～5 个月后再接种 1 次即可。种鸭每年注射 2 次。3 个月以上的鸭,肌肉注射 1.0 ml/只,免疫期可达 1 年。一般疫苗注射后 3～4 天产生免疫力。鹅的免疫剂量是鸭的 5～10 倍。鸭群一旦发生鸭瘟,可立即用弱毒疫苗进行紧急预防接种,越早越好,一般每只鸭注射 2～3 羽份即可。鹅群发病,成年鹅可用 10～20 羽份的鸭瘟弱毒苗接种,可显著降低死亡率。但要注意,紧急接种时要一鸭一针头,以免通过针头造成人为传播。在流行本病的地区,对所有的鸭和鹅都应进行免疫预防。在此同时,对发病鸭要及时隔离,停止放牧,分成小群饲养。发病鸭群的鸭舍，每天要做好粪便的清理和鸭舍的消毒工作，可用 10%～20% 的石灰乳或 5% 的漂白粉消毒，也可以用百毒杀、威岛（二氯异氰脲酸钠）等进行消毒。

☞ 100. 禽白血病是一个什么疾病，其病原有何特点？

禽白血病是一种反转录病毒禽白血病/肉瘤病病毒群引起的禽类多种肿瘤性疾病的统称。主要包括淋巴细胞性白血病、成红细胞白血病、成髓细胞白血病和骨髓细胞瘤、结缔组织瘤、上皮肿瘤、内皮细胞瘤、骨石症等血细胞性疾病。习惯上将禽白血病与禽肉瘤病毒引起的疾病共同称为白血病/肉瘤病毒群。在自然条件下，以淋巴性白血病最为常见，其它几种极少发生。淋巴性白血病，又称内脏型淋巴瘤病、淋巴细胞瘤等，其特征是淋巴细胞异常增殖，发生瘤化。该病大多数肿瘤侵害造血系统，少数侵害其它组织。禽白血病病毒为反转录病毒科、C 型肿瘤病毒属、白血病/肉瘤病病毒群，俗称 C 型肿瘤病毒。禽白血病病毒和肉瘤病毒紧密相关，统称为禽白血病/肉瘤病毒。在结构上缺乏立体对称，表面有纤突的囊膜、内部含丝状成分。按照其囊膜抗原特性，分为 A、B、C、D 和 E 等 5 个亚型。有 4 种蛋白质，构成其具有群特异性的抗原。此外，从一些野鸡中又分离到的禽白血病病毒归属于 F 和 G 亚群。它们与从鸡中分离到的白血病病毒不同。由于各亚群的囊膜抗原有所不同，因而可以通过中和试验作为区分亚群的手段之一。淋巴白血病病毒（LLV）缺乏转化基因，致瘤速度慢，需 3 个月以上。而成红细胞白血病病毒、成髓细胞白血病病毒和肉瘤病毒等因带有特异的肿瘤基因，引起肿瘤转化迅速，在几天至几周内即可形成肿瘤。该病在鸡群中是零星发生而持续的低死亡率，似乎危害不是很大，但使鸡群在增重和产蛋方面影响严重。该病由于以垂直方式传播为主，所以使该病控制比较困难。由于该病引起鸡的肿瘤，使患病鸡抵抗力下降，容易继发感染多种疾病，使鸡的饲养管理带来了很大的困难。

☞ 101. 禽白血病在鸡群中是怎样传播的，在临床上有何表现？

该病在自然情况下只有鸡能感染。主要通过垂直传播和水平传播两种方式进行，但水平传播缓慢且不易发生，而垂直传播在自然感染中极为重要。带毒的病鸡可连续或间歇性排毒。有病毒血症的母鸡，整个生殖系统都有病毒繁殖，以输卵管的病毒浓度最高，特别是蛋白分泌部分，产出的鸡蛋常带毒，所以经蛋传递可使几乎所有的商品鸡都受到感染。A 和 B 亚群病毒经蛋媒传播的感染率变化很大，A 亚群引起的感染率一般高于 B 亚群。雏鸡这种先天感染常出现免疫耐受现象，它不产生抗肿瘤抗体，长期带毒排毒，成为重要的传染源。后天接触感染的雏鸡带毒排毒现象与接触感染时雏鸡的日龄有关。一般 2 周内的小鸡发病率和死亡率都很高。4～8 周龄的鸡感染后发病率和死亡率大大降低，10 周龄以上的鸡感染后不发病，产下的蛋也不带毒。母鸡比公鸡易感，多在 18 周龄以上的鸡出现症状，呈慢性经过，病死率一般为 5%～6%。发病高低有时与营养也有关系，在饲料中维生素缺乏和内分泌失调可促使本病的发生。喂高蛋白饲料的鸡场比喂低蛋白饲料的鸡场，淋巴白血病的发病率高。

禽白血病由于感染病毒的毒株不同所以表现的症状及病理变化也就不同。①淋巴细胞性白血病：是最常见的一种类型。主要出现在 14 周龄以上的鸡，小鸡极少出现这类病症，性成熟期发病最高。无特异性症状，主要表现为鸡冠、肉髯苍白、皱缩，偶见发绀，常出现食欲不振或废绝，腹泻，一些病鸡拉绿色稀便，进行性消瘦、虚弱和贫血等。腹部膨大，触摸时，可查到肿大的肝脏、肾脏和法氏囊，甚至肝脏的结节性肿瘤。病程可能是相当短的。剖检病死鸡可见肿瘤主要发生在肝脏、脾脏和法氏囊。其大小和数量变化很大。其它器官如肾、肺、肠系膜、心、性腺和骨髓等均可发生。肝肿大 5～10 倍，见不同类型的肿瘤，结节型和粟粒型的肿瘤呈灰白或灰黄色，光亮质韧，一些肿瘤的周围见出血及坏死。弥散型肿瘤常使肝变得灰白，质脆，常见大理石样花纹，肿大的肝脏可充满腹腔，俗称大肝病，这种病鸡常因肝破裂出血而急性死亡。脾脏肿瘤呈大理石状。肿瘤质地柔软，呈淡灰白色。呈结节状、粟粒状或弥散性生长。淋巴细胞系统的恶性增殖是本病的突出特点。大多数肿瘤结节来自少数法氏囊细胞的转化，早期切除法氏囊的鸡发病率明显下降。②成红细胞性白血病：此病比较少见，通常发生在 6 周龄以上的鸡群。它分为增生型和贫血型，前者较多见，其特征是血液中出现许多幼稚的成红细胞；后者多发生于 28 周龄左右的高产鸡群，其特征是发生严重贫血血液中只有比较少的未成熟红细胞。病鸡倦怠，精神沉郁，消瘦，下痢，常见毛囊出血，病程常持续几个月。两型共同的变化是，血液稀薄，各脏器散在小出血点，有时见脾脏的梗死和血栓形成，心包积水及肺胸膜下水肿也常见。见腹水及肝脏腹面有纤维蛋白的凝块。增生型的肝、脾、肾明显肿大 1～2 倍，质脆、肝脏易破裂，骨髓呈胶冻样，严重时水样稀薄。贫血型的内脏萎缩，脾脏最明显，骨髓呈淡黄色的胶冻状，骨髓腔空隙处常被蜂窝状的骨质替代。早期诊断必须做血液及骨髓的涂片，发现大量成红细胞时可做出诊断，一般成红细胞占红细胞的 90％～95％。③成骨髓细胞性白血病：本病很少自然发生，本病毒大剂量感染 1 日龄雏鸡后，几天后小鸡就可发生死亡，可持续 4 周，以后只是偶然的死亡。病鸡嗜睡、体弱，冠及肉髯苍白，病重时不食，常腹泻，由于血液凝固性下降，在毛囊处常见出血，病程比成红细胞性白血病长。剖检病死鸡可见各脏器肿大，质脆，肝脏常见弥散性的肿瘤结节。慢性病例肝脏质地坚实。骨髓呈淡红或灰白色。严重病例，肝、肾、脾等脏器见弥散性灰白色的肿瘤组织浸润，脏器外观呈现斑纹状。做血液涂片时，可见有特征性变化是外周血液中成骨髓细胞总数达75%，抗凝的血液离心后白细胞层比红细胞层厚。成骨髓细胞个大，嗜酸性。④骨髓细胞瘤、血管瘤、肾瘤、骨化石症等，自然病例均极少见。

☞ 102. 养鸡户应怎样进行预防和控制禽白血病？

(1)综合性防制措施：①对种鸡群进行免疫监测，应经蛋清和阴道拭子试验阴性的种母鸡留作种用。发现病鸡及可疑病鸡时应坚决淘汰，以消灭传染源。建立无白血病的种鸡群，是预防和控制本病的主要措施。②孵化的种鸡蛋应来自无白血病的健康鸡场，孵化时应用福尔马林熏蒸消毒种蛋及孵化出的1日龄雏鸡。刚孵出的雏鸡多数对禽白血病病毒的接触是易感的。虽然先天性感染可能是这种感染的主要途径。但采取一些消毒措施能减少或除去先前鸡群感染的病毒，从孵化厂到育雏场地以及所有的设备在每次使用后彻底清洗和消毒，蛋托盘不能重复使用，每个鸡场最理想的是只有同一年龄的鸡群，这可能避免相互交叉感染，以达到净化鸡群，根除白血病。③雏鸡易感染此病，饲养管理中应严格与成鸡隔离饲养。防止水平传播，避免手工泄殖腔雌雄鉴别和接种疫苗时共用一个针头造成该病的机械性传播。对鸡舍环境和一些养鸡设备要进行严格的消毒。④作雏鸡血液禽白血病病毒生物学分析试验，淘汰阳性反应鸡和接触的雏鸡，坚持经常的卫生防疫措施。

(2)免疫预防：对于该病的疫苗免疫，目前一些科研单位在用不同方法灭活病毒的一系列试验中，其诱发抗体的能力几乎与灭活同时被破坏，培育不致病的弱毒毒株的尚未获得成功。用肿瘤细胞抗原和病毒抗原进行免疫，来增强宿主对淋巴细胞性白血病的免疫可能行之有效。然而先天性感染的雏鸡具有免疫耐受性，即使可以获得适当的疫苗，也不能产生免疫，更可怕的是这些鸡还不断向周围环境排毒，构成了传播病毒的主要来源，而且最有可能发生肿瘤。在自然条件下，大多数鸡受到外源性白血病病毒感染后，可以产生病毒中和抗体，并增长到一个高滴度和持续存在于鸡整个生命期。这些抗体通过卵黄可传给下一代雏鸡，使其获得持续 3～4 周的抗感染的被动免疫力，从而使雏鸡早期免遭感染和减少了肿瘤的发生，降低了病毒血症和病毒的排泄。病毒中和抗体的作用限制了鸡体内病毒的数量，这样可能会限制肿瘤的发生，而且也可产生针对病毒囊膜抗原的细胞毒性淋巴细胞。具有遗传抗性的雏鸡，对于相关亚群白血病的感染和肿瘤诱发作用具有抵抗力，通常不产生抗体。

☞ 103. 鸡传染性法氏囊病(IBD)病原有何特点？

鸡传染性法氏囊病(IBD)是一种主要危害雏鸡的免疫抑制性、高度接触性传染病。其病原特点是，鸡传染性法氏囊病病毒(IBDV)属双 RNA 病毒科，双 RNA 病毒属的病毒。病毒粒子呈六角形，无囊膜，呈二十面体对称结构。IBDV 有两个血清型，Ⅰ型 IBDV 从鸡体内分离，共分为 6 个亚型，每个亚型可认为是一个病毒群，对鸡具有致病力。Ⅰ型 IBDV 有 4 种病毒蛋白质 VP1、VP2、VP3 和 VP4，其中 VP2 能诱导产生具有保护性的中和抗体，VP2 和 VP3 可共同诱导具有保护性的中和病毒活性的抗体产生。血清Ⅱ型是从火鸡体内分离，对鸡和火鸡无致病力，两个血清型病毒抗原的相关性较小，交叉保护力差。Ⅰ型分离株与标准毒株抗原性上有差别，国外已报道多株Ⅰ型 IBDV 的变异亚型，我国的 IBDV 分离毒株与疫苗株也发现有抗原性差异。IBDV 能在无母源抗体的鸡胚上生长繁殖，鸡胚病毒绒毛尿囊膜接种，在接种 3～4 天后，鸡胚胎、绒毛尿囊膜和尿囊液，羊水中病毒浓度达到高峰。多数鸡胚在接毒 3～7 天后死亡，胚胎全身水肿，皮下充血，头部和趾部充血和点状出血。肝肿大等。IBDV 的抵抗力比一般病毒强，病鸡舍里的病毒可存活 100 天。病毒对乙醚、氯仿、胰蛋白酶具有抵抗力，在酸性(pH 3)、中性或弱碱性条件下稳定，但在碱性(pH 12)条件下可失去致病能力，56℃ 3 h，其感染效价不受影响，56℃ 5 h仍存活，但70℃ 30 min可失活。对低温的耐受性强，-58℃可存活18个月，对反复冻融、超声波处理抵抗力也较强。3%煤酚皂、0.2%过氧乙酸、2%次氯酸钠、5%漂白粉、3%石炭酸溶液、3%福尔马林、0.1%升汞溶液30 min可使其灭活。病毒在-20℃储存3年对鸡仍有致病能力。反复冻融10次滴度未见下降。病毒耐阳光及紫外线照射。

☞ 104. 鸡传染性法氏囊病临床症状和病理变化有何特点?

鸡传染性法氏囊病(IBD)是由病毒引起的一种主要危害雏鸡的免疫抑制性传染病。该病最早是于1957年在美国特拉华州甘布罗镇的肉鸡群中发现的，故又称甘布罗病。我国于1979年首先在广州发现该病。自然感染主要发生在鸡。从火鸡分离的病毒只能感染火鸡，而不感染鸡。可发生在6日龄到20周龄的鸡，但以3～7周龄的雏鸡最易感，IBD母源抗体阴性的鸡1周龄内可感染发病。用IBDV人工感染鸭、鹌鹑和鹅不致病。该病没有明显的季节性。病鸡是主要传染源，可通过粪便排毒。易感鸡可通过直接接触，或与被污染的饲料、饮水、垫料、人员、衣物、工具、车辆及空气等而发生间接传播。被病毒污染的种蛋壳而传播，鼠类和甲虫也可传播此病。病毒主要通过消化道、呼吸道黏膜和眼结膜而传染。

该病发病突然，传染速度快。病程呈一过性。其典型症状为排黄白色水样稀便。病鸡精神不振，卧地不起，羽毛蓬乱，特别是头部和颈部羽毛蓬乱更为明显，颤抖，昏睡。一些鸡走路摇晃，步态不稳。发病特点是发病率高，病程短，但影响大，可诱发多种疫病或使多种疫苗免疫造成免疫抑制。一般死亡率在5%左右，也可达20%～30%，如果卫生条件差而伴发其它疾病时死亡率可大大增加。病死鸡体况常良好，皮下组织和肌肉脱水，肌肉发干，嗉囊空虚，有的积气。腿部和胸部肌肉常见有条状、片状，大小不规则的出血，翅膀的皮下、心肌、腺胃及其与肌胃接合部黏膜也可见到有出血。肠黏膜肥厚，出血。法氏囊病变具有特征性，主要是水肿，浆膜表现黄白色胶冻样浸润，囊壁增厚，质硬，外形变圆，呈淡黄色，就像去了皮的水葡萄；有的严重的呈广泛性出血，像紫黑色的葡萄状。剪开法氏囊黏膜皱褶上有出血点和斑，水肿液呈淡红色，时间稍长里面有黄白色干酪样物。肾脏肿大，有花斑，呈灰白色，常见有尿酸盐沉着。脾脏肿大，表面有均匀散布的小坏死点。盲肠、扁桃体和胸腺多有肿大和充血出血。

☞ 105. 养鸡户对鸡传染性法氏囊病(IBD)应怎样预防和免疫？

(1)综合性预防措施：鸡舍和鸡场环境保持卫生清洁和严格消毒对防止本病发生和流行具有十分重要的作用。特别是60日龄以内的小鸡，要实行封闭式管理，杜绝传播媒介进入鸡舍。进鸡前鸡舍(包括周围环境)按消毒程序利用IBDV敏感的消毒药进行严格消毒，即用火碱、百毒杀等消毒液喷洒，火焰喷烧(地面、墙壁、鸡笼等)，甲醛熏蒸，封闭1～2周后换气再进鸡。饲养期间，定期进行带鸡气雾消毒，可采用0.3%次氯酸钠或过氧乙酸等，按30～50 ml/m^3 30 min。饮水中也可加入适当的消毒剂。要采用全进全出饲养制度，全价饲料饲喂。鸡舍要加强通风换气，温度、湿度适宜，消除各种应激刺激，提高鸡体免疫应答能力。

(2)预防与免疫：免疫接种是控制IBD的重要措施之一。我国目前使用的有活毒疫苗和灭活疫苗两大类。①灭活苗是由人工将IBDV接种易感鸡发病或从自然发病鸡中收集病鸡的病变法氏囊、脾脏经匀浆加入适量生理盐水，经甲醛灭活，再加油佐剂乳化而成。这类疫苗免疫后抗体水平高，维持时间长，免疫效果最可靠。特别是对已接种过活疫苗的鸡效果更好，并使母源抗体保护雏鸡长达 4～5 周。但该类疫苗病料组织来源受到限制，成本高，难以广泛应用，一般多用于种鸡、产蛋鸡或本病严重危害、损失较重的地区雏鸡免疫。免疫剂量为 0.5～1.0 ml/羽成年鸡，雏鸡为 0.2～0.4 ml/羽，皮下或肌肉注射。②活毒疫苗按毒株的毒力和抗原性差异分为高毒力、中等毒力和弱毒力三类。高毒力的，如初代的 2512 毒株、J-1 株，高毒力的对法氏囊的损伤严重，并有免疫干扰，目前一般不使用；中毒力的，如鸡胚毒 Culm 和 BJ836、LuKert 细胞毒、IBD-B2、D78、PBG98、B87、LKT 和 LZD228 等，此类疫苗接种雏鸡后对法氏囊有轻度可逆性的损伤，但不会造成免疫抑制；弱毒力的，对鸡的法氏囊没有任何损伤，但接种后抗体产生迟，抗体水平也较低。对于 IBD 的免疫经验告诉我们对不同批次鸡群使用不同毒株疫苗免疫效果比只使用一种疫苗好。

疫苗接种途径主要有注射、滴鼻、点眼、饮水、气雾以及胚胎接种等多种免疫方法。在免疫时可根据疫苗的种类、性质、鸡的日龄、饲养管理等情况进行具体选择。现在常用的方法为活疫苗饮水免疫、灭活疫苗为注射免疫(方法可参考饮水免疫一题)。

本病的防制重点应是以疫苗免疫为主。在早期给雏鸡进行免疫接种，要注意只有在母源抗体降低到较低水平时，才能进行免疫。种雏鸡和蛋鸡免疫，对已注射灭活苗或接种活疫苗以及感染过本病的种母鸡的子代，宜在 20～28 日龄进行首免，隔 20～28 天后进行第 2 次饮水免疫。在 18～20 周龄再用灭活疫苗各免疫 1 次。对没有采用疫苗免疫，也没有感染过的种母鸡后代，应在10～14 日龄用活疫苗首免，21 天后用活疫苗加强免疫，18～20 周龄和 40～42 周龄再用灭活疫苗各免疫 1 次，这样产出的种蛋母源抗体较高，可有效的保护雏鸡免受 IBDV 的感染。商品肉鸡在无母源抗体的肉雏鸡，在 10～14 日龄时进行首免，在 4～5 周进行加强免疫直至上市。在安全地区，也可不进行第 2 次免疫。对有母源抗体的肉雏鸡，可在 21～28 日龄进行 1 次免疫，直至出售不再免疫。

商品蛋鸡：对存在母源抗体的雏鸡可在18～20日龄和30～35日龄进行2次活疫苗免疫，无母源抗体的雏鸡可在5日龄、18日龄、40日龄左右各进行1次活疫苗免疫。开产前以及产蛋期不再接种免疫。由于养鸡的水平参差不一，母源抗体水平、管理和饲养条件也不尽相同，所以不能提供一个统一的免疫程序。因此应加强对鸡群抗体水平的监测，特别是雏鸡和种鸡抗体水平的检测，以便选择一个好的免疫程序给鸡群免疫，来免受IBDV的侵袭。在免疫时鸡群必须健康，应无其它疾病存在。尽量减少和杜绝各种应激因素的刺激，以便让鸡产生一个好的免疫应答。在生产实践中，经常见到有用过IBD疫苗的鸡也还发病。这可能是IBDV变异株的出现以及毒力很强的毒株的存在，强毒株病毒的毒力是标准毒株的数倍，造成鸡的发病率和死亡率都高，并且日龄很大的鸡也可引起发病；母源抗体滴度参差不齐，用疫苗后使有些鸡获得免疫而有些鸡体内的母源抗体把疫苗病毒中和掉，使这些鸡起不到免疫作用，接种过早对有母源抗体的鸡不产生免疫反应；接种太迟，又易受现场病毒的入侵而感染。免疫程序不当或免疫操作失误，疫苗株的选择不当；环境被高浓度的病毒污染，在使用疫苗后抗体滴度较低时病毒大量入侵而发病；应激及其它免疫抑制病的存在；都会造成IBD的免疫失败。尽管用了疫苗也有发病的危险。

(3)药物预防：目前本病尚无有效治疗方法。对鸡舍和鸡场环境经常用一些消毒药来进行消毒，从而减少环境中病毒的含量。对于发病鸡群要充分供应饮水，并在饮水中加入5%葡萄糖和多维素，在拉稀比较重的情况下，可在饮水中加入口服补液盐(ORS)以防脱水而死亡。尽量减少各种应激因素的刺激，因本病能引起腿部、胸部肌肉出血，如果驱赶或刺激可能引起病鸡全身疼痛而加重死亡。要加强饲养管理、密度适中、通风良好、温度适宜、增加鸡体抵抗力。由于本病能引起鸡的肾脏肿大，排白色稀粪，在发病时要降低饲料中的蛋白质含量，使尿酸盐产生减少，对发病鸡应喂给一些解除肾肿的药。由于肌肉出血，在治疗时可加入一些止血药如维生素 K_3、止血敏等。由于该病容易继发大肠杆菌病、球虫病等，因此，在防治本病的同时，应投喂抗菌药物预防和治疗一些细菌性疾病，但切忌超量用药，以免引起肾肿而加重病情。有些中草药制剂，如山东绿叶集团生产的绿囊消，江西兽药厂生产的瘟毒灭，辽宁产的新囊素等一些中药制剂都有很好的治疗效果。也可以用双花、连翘、地丁、茵陈、黄连、黄柏、黄芩、黄药子、白药子、党参、黄芪、茯苓、甘草等中药，自己组方对鸡发生本病早期治疗也有较好效果。另外，还可以用其它一些抗病毒的药进行治疗。对发病鸡群及早用高免血清或康复鸡血清肌肉注射 0.5～1 ml/羽，或用高免蛋黄液进行紧急注射 1～2 ml/羽。治疗时应全群注射，先注射似乎健康的，病重的最后注射，要一羽一针头。高免卵黄抗体的琼扩效价应在 1∶(64～128)以上，高免血清的效价应在 1∶32 以上。应用抗体治疗该病时应在发病初期进行。因血清或卵黄抗体在注射后存在吸收过程，因此，在注射抗体后的数小时内仍会有部分病鸡死亡。但比不注射的要少死约 40％以上，症状逐渐好转，死亡明显减少直至正常。但应用抗体治疗时，维持时间较短容易复发，特别是在污染严重的鸡群或流行季节更易发生。在治疗的同时要加强对鸡舍内外环境消毒，也可用双倍量的疫苗作紧急预防接种，可大大减少死亡。

☞ 106. 利用鸡卵黄抗体治疗鸡病有何优缺点？

卵黄抗体在兽医临床上预防和控制一些病毒病起到极其重要的作用，特别是在 IBD 的防治上收到了很好的效果。由于卵黄抗体里的抗体效价基本和血清里的效价没有多大差别，所以它与抗血清相比具有取材容易，制造工艺简单，成本低，可以大批生产等优点。故可用来替代高免血清用于已感染鸡群的紧急预防和治疗。但卵黄抗体的吸收较血清抗体慢，经肌肉注射后需 3～5 h 后才能达到有效的治疗浓度。由于生产卵黄抗体所用的鸡不是 SPF 鸡，有可能带有一些蛋传性疾病，这样就有将新的疫病传给接受治疗鸡的可能。使用卵黄抗体来治疗鸡病时，必须逐只注射，这样一个是麻烦再一个给注射鸡增加了应激的次数，还有可能通过针头而扩大了传播疾病的机会。使用卵黄抗体预防和控制鸡病也和抗血清一样，免疫保护期最多只有半个月，所以用后有可能还要重复使用才能起到一定的效果。

☞ 107. 鸡痘是由什么引起的，在临床上有何特征，其抗原有何特点？

鸡痘是一种由鸡痘病毒感染引起的，它能感染多种家禽如鸡、火鸡、鸽和金丝雀等，主要以体表无毛部位出现散在的、结节状的增生性皮肤病灶(皮肤型)，或上呼吸道、口腔和食管部黏膜出现纤维素性坏死性增生病灶(白喉型)为特征的慢性传染病。

鸡痘病毒为痘病毒科禽痘病毒属的成员，鸡痘病毒是其中代表种。种间有交叉血清学反应。所有禽痘病毒均有相同的形态，成熟病毒粒子为砖形。鸡痘病毒是一种大型双股 DNA 病毒，有囊膜，病毒呈桑葚状。该病毒可在鸡胚中生长繁殖，在尿囊膜上形成痘斑。病毒 DNA 在宿主细胞胞浆内合成和装配。皮肤上皮细胞及绒毛尿囊膜上皮内可出现胞浆包涵体。禽痘病毒均有类似的包涵体。这为禽痘的组织病理学诊断提供了有利条件。所有禽痘病毒均共有一种核蛋白抗原，但在抗原性和免疫性上存在一定差异，有不同程度的交叉反应。某些禽痘病毒具有较大的宿主特异性，不同的禽对各种不同种禽痘病毒的易感性不同。禽痘病毒大量存在于病禽的皮肤和黏膜病灶中，病毒对外界环境有较强抵抗力。上皮细胞屑片和痘痂皮中的病毒可存活数月至数年。阳光照射数周仍可保持活力，－15℃下保存多年仍有致病性。对 1％酚和0.1％福尔马林可抵抗 9 天。但对 1％氢氧化钠敏感可使其灭活。对热的耐受力也不高。50℃ 30 min 或 60℃ 8 min 被灭活。胰蛋白酶不能消化 DNA 或病毒粒子。在腐败环境中,病毒很快死亡。对乙醚的抵抗力是痘病毒分类的标准之一。鸡痘病毒对乙醚和氯仿敏感,而鸽痘病毒有抵抗力。

☞ 108. 在临床上鸡痘有何症状及病理变化?

本病是一个古老的疾病,呈世界性分布。任何年龄、性别和种类的鸟类和禽类如火鸡、鸽、鹌鹑、金丝雀、麻雀、鹦鹉均可感染禽痘病毒。鸡对禽痘最易感,尤其是雏鸡更易感。鸭和鹅的易感性低。鸡和火鸡痘病毒感染是养鸡业危害比较严重的疾病。一年四季均可发生,但以夏末、秋初发病率最高,秋冬和早春也有发病。库蚊、疟蚊和按蚊等以及其它吸血昆虫滋生,是秋季易发生皮肤型鸡痘流行的重要原因。通过蚊等吸血性昆虫在叮咬病鸡后即成为病毒的机械传播媒介,痘病毒在体内保持传染力达数周之久。冬春季节则多见黏膜型鸡痘,这和通风不良有关。也可通过皮肤和黏膜伤口侵入体内,也可经毛囊感染。健康鸡和病鸡或含有病毒的尘土接触皮肤和黏膜的微小伤口即可引起感染。鸡只打斗、啄羽、交配、相互拥挤或机械碰撞,剪冠、剪趾、断喙及免疫注射、吸血昆虫等造成的外伤,这些都为病毒侵入鸡体提供了门户。被黏膜型鸡痘病鸡污染的饮水和饲料,也有可能成为传染源。也可通过泪管到喉部引起上呼吸道感染,上呼吸道和口腔黏膜上皮细胞对病毒的易感性较高。感染源主要是来自病鸡发痘部位脱落的痂皮和渗出物,皮屑等排于外界,变为尘埃后仍具有传染性。以此来污染环境。鸡痘多呈地方性流行。有些老疫区存在一些带毒家禽,具有相对的免疫力而不表现明显症状,一旦易感鸡群进入,即可暴发流行。此外,鸡群过分拥挤、体表有寄生虫、维生素缺乏,鸡舍潮湿、通风不良,及饲养管理过差均有利于鸡痘的发生和加剧病情。如有传染性鼻炎、慢性呼吸道病等并发感染,可造成大批死亡。

禽发生痘病后主要表现以下几种形式:①皮肤型主要是皮肤无毛部位如肉冠、肉垂、眼睑、口部、翼下、肛门周围,有时也可出现在爪、腿部跗关节以下皮肤等处,形成痘疹。肉鸡在鸡冠很少出现,这是由于肉仔鸡鸡冠尚未发育的结果。痘疹初期为粟粒大小白色水泡样继而增大成带红色的小丘疹,很快增大为绿豆粒大小的呈灰黄色至黄褐色疣状痘疹,有时和邻近的痘疹相互融合,形成干燥,表面粗糙不平呈棕褐色的大的疣状结节,并突出皮肤表面。后经3～4周,脱落,留一灰白色的平滑的疤痕。轻的皮肤型痘没有全身症状,死亡较少。但在严重病鸡中,特别是幼雏表现出精神委顿,食欲减退或消失,体重下降等症状,甚至引起死亡。痘病如与霉形体、葡萄球菌或嗜血杆菌等混合感染,则病程延长,死亡也增多。②黏膜型(白喉型):此型鸡痘的病变主要在眼结膜、口腔、舌面、喉头、会咽周围、气管等黏膜表面,有时也会在食道黏膜上出现。起初为鼻炎症状,2～3天后先在黏膜上生成一种黄白色的小结节,小结节逐渐增大相互融合形成一层由坏死的黏膜组织和炎性渗出物质凝固而形成黄白色干酪样的假膜,覆盖在黏膜上面。如果用镊子撕去假膜,则露出红色的溃疡灶。后假膜逐渐扩大和增厚,阻塞在口腔和咽喉部位,病鸡呼吸困难和吞咽障碍,常见采食困难,体重迅速减轻,精神委靡,甩头、咳嗽,张口呼吸,甚至窒息死亡。此型鸡痘多发生于小鸡和中鸡,死亡率高,小鸡死亡率可达50%。有些严重病鸡,鼻和眼部也受到侵害,形成所谓眼鼻型的鸡痘。先是眼结膜发炎,眼和鼻流出水样分泌物,后变成淡黄色脓液。时间稍长者,炎症延伸至眶下窦内,因而病鸡的眼部肿胀,结膜充满脓性或纤维素性渗出物,从眼中可以挤出干酪样物质,甚至引起角膜炎或眼球炎而失明。实质脏器内见不到病变。在火鸡最常见的部位是嘴角、眼睑和口腔黏膜。③混合型:本型是指皮肤和黏膜同时发生病变,具有两型的共同症状,病情严重,死亡率高。康复鸡可终生免疫。④败血型:在发病鸡群中,个别鸡无明显的痘疹，只是下痢、消瘦、精神沉郁，逐渐衰竭而死。剖检内脏器官萎缩，病禽有时也表现为急性死亡。鸡痘的发病率高低不一，由少数到全群都发病，死亡率也不相同。这与病毒毒力的强弱、饲养管理条件、是否及时采取防制措施有关。在鸡群拥挤、卫生条件差，营养不足时，或者是混合型病例出现时，最严重的死亡率可达50％。

☞ 109. 应怎样进行鸡痘预防和免疫，发生鸡痘以后应怎样处理？

(1)综合性预防措施：鸡舍要保持清洁，加强通风，严格消毒制度，采取隔离措施，消灭蚊子和吸血昆虫，不让其进入鸡舍。新购入的鸡要隔离检查以免带来疾病。发现病鸡要及时隔离，对死亡的鸡和病情严重的鸡应作无害化处理。对病鸡舍、用具、器械、场地以及治疗处理的痘痂等要严格消毒，消毒剂一般应用1％氢氧化钠、1％醋酸或0.1％升汞，均可很快杀死病毒。日粮要全价营养，特别是各种维生素和微量元素要充足。

(2)疫苗免疫是鸡痘预防的可靠方法：在发病早期，采取紧急预防接种，能收到一定效果。在本病流行的地区和季节，应当将鸡痘的免疫接种列入常规免疫程序中。目前我国普遍使用鸡痘疫苗有鸡痘鹌鹑化弱毒疫苗和鸡痘弱毒疫苗两种，鸡痘鹌鹑化弱毒疫苗为鸡痘强毒经鹌鹑多次继代弱化而成，有一定毒性，初生雏鸡不宜使用，一般用于20日龄以上的雏鸡免疫。接种方法一般有：①刺种法(参见刺种免疫一问)。②拔毛涂擦法：在鸡臂部拔出羽毛数根，用棉球或羽毛蘸取疫苗涂擦局部免疫。③鸡冠划痕法：用针头等锋利器械在鸡冠部划痕，划痕前针头应蘸取疫苗。但要注意在接种后1周左右应检查接种部位是否出现红肿、水泡和结痂。如无变化则免疫无效，应予以补种。接种后20天产生免疫力，其免疫期为5个月。由于产生免疫力时间长，而有效免疫期又短。因此，需了解该地区鸡痘流行季节，来计算接种日期。鸡痘弱毒疫苗一般选自自然弱毒毒株或强毒经组织传代致弱而成。本类疫苗对 1 周龄内的雏鸡均安全有效。有研究鸡痘疫苗试用饮水或拌料经口免疫，这适宜于大规模群体免疫，不足之处是用苗量大，效果不确实。有报道用喷雾方法免疫，保护力也很高。

鸡痘疫苗又分冻干苗和甘油苗两种剂型，甘油苗不经稀释就可应用。冻干苗稀释原则为 100 羽份加生理盐水 1 ml 则可满足刺种免疫剂量。甘油苗在 0～4℃保存。不应超过 2 个月。在 25℃下保存，不应超过 7 天，冻干苗在 －15℃以下保存，有效期 1.5 年左右，0～4℃为 1 年，25℃保存有效期不应超过 1 个月。疫苗一经稀释当日用完，所剩疫苗和疫苗瓶应注意收集消毒处理，以免病毒扩散和返强。

(3)鸡群发生鸡痘怎么办：目前对本病尚无特效的治疗药物，一旦鸡群暴发该病，一般要采取对症治疗，以减轻病鸡的症状和防止并发症。皮肤型的鸡痘，可一般用消毒的镊子小心剥离，伤口涂上碘酒、碘甘油或紫药水等处理。白喉型鸡痘可用镊子剥掉口腔黏膜的假膜，用 1％高锰酸钾溶液洗涤，涂抹碘甘油等药物。眼型的可将眼内蓄积物排除，用 0.1％高锰酸钾溶液或用硼酸水洗眼，滴入 5％蛋白银溶液，也可滴抗病毒抗菌眼药水，有一定效果。用病毒灵每只鸡每次半片，每天 2 次，连用 3 天。喉症丸治疗黏膜型鸡痘每只鸡每次 3 粒，每天 2 次，连用 2 天，效果良好。对价值比较贵的种鸡，可注康复鸡的血清，每只鸡注射 0.2 ml。处理病鸡的痂皮，不得乱丢，要无害化处理。也可以采用中药进行预防和治疗，一般用“鸡痘散”、“鸡痘灵”等中成药进行预防和治疗有一定的效果。也可用栀子、丹皮、黄芩、双花、黄柏、板蓝根、山豆根、苦参、白芷、防风、甘草、生地、连翘等中草药进行组方治疗效果也很好。

☞ 110. 鸽痘应怎样预防和免疫？

鸽痘是一种以皮肤发生典型的痘痂或在喙部及喉部形成 1 层

黄白色干酪样伪膜为特征的病毒性传染病。本病病原是鸽痘病毒,在鸽的皮肤和黏膜上生长,并形成明显的增生现象。吸血昆虫特别是蚊子是本病传染的媒介,痘病毒通过唾液、鼻分泌物和泪液感染,很少经粪便传播。含有病毒的灰尘、被污染的饲料或饮水及鸽互相接吻可以传播本病。本病以春末、夏季和秋初梅雨季节严重。乳鸽对本病特别敏感,严重的地方发病率可达80%,死亡率可达10%左右;童鸽也易发生此病;成鸽则较少,感染后,往往症状不明显。病鸽康复后不再发病,但仍带毒,会传染给其它鸽。本病表现在鸽的裸露皮肤上,多在眼睑、嘴角、鼻瘤、肛门、脚腿上长出特殊的痘疹,开始为灰白色的小结节,慢慢变成棕褐色的结痂。若有细菌感染会使痘痂化脓,一般在3~4周后干枯而自行脱落,留下一平滑灰白色的疤痕。黏膜型的鸽痘主要发生在喙部和喉部的黏膜上,初为黄白色的小结节,以后形成黄白色干酪样的伪膜,恶臭,不易剥脱。若有细菌感染,喉部发炎,伪膜增厚,障碍饮食,影响呼吸,则能引起窒息死亡。

预防本病要以免疫接种为主,一般采用鸽痘弱毒疫苗进行刺种,试验证明,该法安全有效。在春末流行季节前接种。一般接种乳鸽和童鸽几日龄的乳鸽可开始接种。一般展开翅膀,拔去翼膜上的羽毛,滴一两滴稀释的疫苗,再用针头连刺3~5次,接种7~10天后检查刺种的部位是否出现痘疹和结痂,有反应者表明接种成功,但反应不宜太大,以针头大小说明疫苗有效。在接种疫苗的同时要注意传播媒介蚊子等昆虫的杀灭,要对舍内外阴沟及角落喷洒敌敌畏灭蚊。如发生鸽痘时可对病鸽及时隔离治疗,剪去痘痂,用2%~4%的硼酸水洗涤,再涂上碘酒或紫药水。用0.04%金霉素或四环素拌料,饮水以控制细菌的继发感染。保健沙和饮水中增加多种维生素,尤其是维生素A的供给,以增强鸽的抵抗力,保护皮肤和促进伤口愈合。

☞ 111. 鸭"背脖病"是一个什么病，病原有何特点？

鸭"背脖病"也叫鸭病毒性肝炎，它是发生在雏鸭的一种以传播迅速、肝脏肿大和出血斑点为特征的急性高度致死性传染病。该病主要发生在2～21日龄的雏鸭，其它禽类不感染本病。其特征症状是病鸭在临死时常常发生痉挛，头向背后仰，故称"背脖病"。鸭肝炎病毒(DHV)属小核糖核酸病毒科中的肠道病毒属。该病毒呈球形，其芯髓为RNA所组成，核衣壳为二十面立体对称，无囊膜，对乙醚、有机溶剂及pH 3稳定。病毒能在鸡胚和鸭胚肾细胞上培养生长繁殖。不凝集红细胞。有3个血清型。常见的血清型主要是I型(经典株)。将肝、脾等病料经尿囊腔接种于9～12日龄的鸡胚，病毒能生长繁殖，使胚胎发育受阻，初次分离以鸭胚为宜，在接种后的5～6天，可使10%～60%的胚胎死亡。如若继代63代鸡胚100%致死。死亡的胚体充血，腿部和腹部出现明显的水肿，肝呈绿色有坏死灶。病毒对外界环境的抵抗力很强。在50℃加热1 h病毒毒价无影响，在56℃ 1 h仍可存活。在污染的育雏室内存活10周，在阴湿粪便中存活37天。含毒的鸡胚液25℃可存活28天，在2～4℃的冰箱中保存700天的胚液仍保持其活力。在2%来苏儿液中37℃ 1 h，或0.1%福尔马林液中37℃ 8 h，病毒均不被灭活。在1%福尔马林或2%火碱水中15～20℃ 2 h，或在2%漂白粉15～20℃ 3 h，病毒可被灭活。

☞ 112. 鸭病毒性肝炎是怎样流行的，临床有何症状？

自然感染主要发生在5～10日龄雏鸭，成年鸭感染后无明显变化，但是带毒者。发病也没有明显的季节性，一年四季均可发生，但以雏鸭孵化较多的春季多发。患病雏鸭和带毒的成鸭是传染源，病毒主要经消化道和呼吸道感染，可迅速传播，发病率可高达100%。由发病鸭场或带毒鸭场购进雏鸭，而传入另一个鸭场。

不能经鸭蛋传播。随着小鸭日龄的增长,小鸭的抵抗力逐渐增强。一般1周龄内感染雏鸭的死亡率最高,可达95%,1~3周龄可达50%,4周龄以上的死亡率很低。该病的发生与饲养管理有很大关系,如饲养管理不良、缺乏微量元素和维生素、环境潮湿、密度大等应激因素均可促进本病的发生。

该病的潜伏期一般2~5天,发病突然,病程短促,死亡快。发病雏鸭可见精神不振,眼半闭呈昏迷状态,缩颈,翅下垂,食欲下降,有的排黄白绿色稀便。一般1天左右,出现神经症状是其主要特征,病鸭不安,运动失调,全身抽搐,两腿痉挛,向后踢蹬,头向后弯,呈角弓反张姿态。数小时或数分钟后死亡。剖检病鸭肝脏肿大,质地柔软发脆,外观呈淡红色或花斑状,表面有大小不等的出血点或斑。胆囊肿大,内充满胆汁。脾脏肿大呈斑驳状。多数鸭肾脏充血肿胀,血管明显,呈暗紫色的树枝状。其它器官无明显变化。病理组织学变化为肝细胞弥漫性变性坏死。肝出血的地方可见肝细胞坏死,其间有大量红细胞。在肝小叶之间的血管和胆管的纤维组织内有单核细胞聚集,胆管和结缔组织增生。脾组织呈退行性变性和坏死等病理变化。

☞ 113. 鸭病毒性肝炎应怎样预防和免疫?

(1)综合性预防:严格防疫管理制度,在没有此病的鸭场和地区,要禁止从疫区引进种蛋、雏鸭和成鸭,防止本病的传入。要加强鸭舍和周围环境的清洁卫生和消毒。特别是4~5周龄以内的雏鸭群要严格的隔离饲养。提供营养全价饲料,避免应激,严禁饮用有野生水禽栖息的露天水池的水,有助于预防鸭病毒性肝炎的发生。

(2)疫苗预防:在流行本病的地区,应进行疫苗的免疫接种。目前所用疫苗有弱毒苗和灭活苗两种。弱毒苗用于雏鸭的基础免疫,第2次免疫可用弱毒苗或灭活苗。免疫方法可用肌肉注射、脚蹼刺种、皮内接种或气雾等方法给雏鸭接种弱毒疫苗。使用弱毒疫苗或油乳剂灭活疫苗对产蛋种母鸭进行免疫，不仅可产生较强的免疫力，而且还可将抗体传递给雏鸭，使其产生被动免疫。种母鸭产生的抗体可维持数月，后代雏鸭母源抗体可保持 2 周。在疫情严重的鸭场和地区，雏鸭可在 10 日龄左右需进行第 1 次免疫。未经免疫的种鸭群，后代雏鸭应在 1 日龄接种弱毒苗。种母鸭一般在收集种蛋前 2～4 周注射疫苗。在该病流行的地区，对于雏鸭也可采取被动免疫的方法来预防本病，一般使用特异的高免血清或高免卵黄抗体注射，但这种保护作用持续时间较短，必须重复多次使用或者在发病前应用才能获得预防效果。

(3)药物预防：本病目前还尚无有效药物治疗。在鸭群中一旦发生本病，要尽早给鸭群注射特异高免血清和卵黄抗体，越早越好，一般每只雏鸭肌肉注射高免血清 0.5 ml，高免卵黄抗体按 0.5～1.0 ml/只。这样可以阻止疫病的进一步扩散和减少死亡。同时要对鸭舍、用具及周围环境进行仔细的清扫，用 3%～5%火碱水，0.3%过氧乙酸喷雾消毒，每天 1 次，连用 3～5 天。

☞ 114. 小鹅小肠形成栓子的病是什么病，临床有何特征，病原有何特点？

该病是小鹅瘟，它是由小鹅瘟病毒感染雏鹅所引起的渗出肠炎，下痢，小肠黏膜大片发生坏死脱落和凝固，形成堵塞肠腔的栓子为特征的急性或亚急性的败血性传染病。其传播速度快，致死率高。该病又称鹅细小病毒感染、鹅流感、鹅肠炎、鹅传染性心肌炎和腹水性肝肾炎等。是初生雏鹅的一种急性传染病。该病病原属于鹅细小病毒科细小病毒属，只有一个血清型。病毒存在于感染小鹅的肠道内容物、肝、脾、肾及其它组织中，以肾、肝、胰、脾的含毒量最高。完整的病毒粒子无囊膜，呈六面体，含有一条单链 DNA 基因组。无红细胞凝集作用，但可凝集黄牛精子并为抗小鹅瘟血清所抑制。初次分离病毒不能在鸡胚中生长，可在12～14日龄的鹅胚上进行，绒毛尿囊膜或绒毛尿囊腔接种，鹅胚5～7天死亡。死亡的鹅胚，绒毛尿囊膜增厚，鹅胚全身皮肤充血，翅尖、趾、胸部毛孔、颈喙旁均有较为严重的出血点，多次传代之后，胚胎的死亡时间可以稳定为3～4天。初次接种在鹅胚成纤维细胞(GEF)上能繁殖，但不产生细胞病变。如连续继代后的毒株可产生细胞病变，若涂片染色镜检，可见核内有嗜酸性包涵体。该病毒对乙醚及有机溶剂不敏感，对胰酶和pH 3稳定，耐热，在65℃加热30 min对抗原滴度无影响，能抵抗56℃ 3 h，仍保持其感染性。

☞ 115. 小鹅瘟在临床上有何症状和病理变化？

该病在1956年江苏扬州发生，主要感染鹅和番鸭。所有品系的鹅均易感。其发生与年龄有关，自然感染仅发生在雏鹅，易感性随着年龄的增长而减弱。1周龄以内的雏鹅死亡率可达100%，10日龄以上的不超过60%，20日龄以上的鹅发病率较低，而1月龄以上的鹅极少发生。该病多呈地方流行性。病鹅主要经粪便排毒，与病鹅直接接触及接触被病鹅排泄物污染的饲料、饮水、用具是该病的主要传播途径。大鹅感染，不表现症状，但为带毒者，在一定时期内可以排毒。尤其是在临产蛋期和产蛋期一旦感染，则可造成垂直传播，导致小鹅在出壳后3～5天发生严重的小鹅瘟，造成大批死亡。孵化房是最常见的疫源地。

该病潜伏期为2～5天，最急性的3～5日龄发病，突然死亡，有的仅有衰弱或倒地乱划等，在1天内死亡。常见的急性病例是在5～15天内发生的病例，精神委顿，嗜睡，食欲减退或无食欲；饮水增加，排灰白或淡绿色稀粪，并混有气泡或假膜。鼻孔流有浆液性分泌物，时时摇头，用力呼吸，喙变暗。行走困难，临死前出现两腿麻痹或抽搐等神经症状。15日龄以上的雏鹅发病，多是疫病的流行后期。主要表现是精神委顿、消瘦、拉稀，粪中带有多量的气泡和未消化的饲料及纤维素碎片，共济失调，少食或拒食，鼻孔有多量的分泌物和饲料碎渣；病程一般在 3～7 天。少数幸存者在一段时间内生长不良。剖检病死鹅最急性病例可见小肠黏膜肿胀充血，并覆盖有大量的淡黄色黏液，其它器官未见异常。急性病例表现为全身性败血性变化，特征是小肠（空肠和回肠部分）发生急性卡他性或纤维素性坏死性肠炎。最典型的是小肠中下段整片肠黏膜坏死脱落，与凝固的纤维素性渗出物形成栓子，堵塞肠腔。肠壁菲薄，内壁平整，呈淡红色或苍白色，不形成溃疡。小肠段的特征性病变在亚急性和慢性病例中更易看到。肝脏瘀血、肿大，质脆。肾脏肿大呈暗红色。脑膜常有明显的充血和小出血点。心脏变圆、扩张、松弛，呈特征性的苍白色，有明显的急性心力衰竭变化。该病的诊断可进行病原体的分离鉴定。可采集病雏的脾、胰或肝等，接种于 12～14 日龄的鹅胚中进行分离。另外，还有精子凝集抑制试验和 ELISA 等方法进行检测。

☞ 116. 应怎样进行小鹅瘟的预防和免疫，发生小鹅瘟后应怎样处理？

（1）本病预防有赖于免疫：①被动免疫：在本病的流行地区，或已被小鹅瘟病毒污染的炕房，应当在雏鹅出炕 24 h 内对每只雏鹅都注射抗血清或高免卵黄抗体，可防止多数雏鹅发病。如高免血清或高免卵黄抗体琼扩效价在 1∶8以上，每只雏鹅可注射 0.3～0.4 ml，其保护率为 95%，对已感染的雏鹅群，应每只皮下注射 0.5～0.8 ml，保护率可达 90%以上。对于发病早期的雏鹅，每只可注射 1.0～1.5 ml/只，具有很好的治疗效果。②主动免疫：在有本病流行的地区，预防本病最经济和最有效的方法是用弱毒疫苗进行免疫接种。对种母鹅开产前 15 天左右可以用小鹅瘟弱毒苗 1∶100 倍稀释 1 ml/只免疫接种 1～2 次，半年后再免 1 次。在免疫后 4 个月内所产的蛋孵化后的雏鹅群能有效地抵抗小鹅瘟病毒的侵袭。4个月以后还要留作种用就必须再加强1次，以达到高度的保护率。③雏鹅的主动免疫：未经免疫的种鹅群或免疫已超过4个月的种蛋孵出的雏鹅可在48 h内应用1∶100稀释的小鹅瘟弱毒苗进行免疫，每只雏鹅皮下注射0.1 ml，免疫后7天内严格隔离饲养，防止强毒感染，保护率可达95%。在被污染的雏鹅群作紧急预防，保护率可达70%～80%。已被感染的雏鹅进行免疫注射无明显效果。

(2)综合性预防：因孵房是小鹅瘟的疫源地，所以除做好免疫工作外，还要做好孵化过程中的消毒工作。孵化室中的一切用具和设备每次使用后都必须清洗消毒，种蛋入孵前应用福尔马林熏蒸消毒，刚出壳的雏鹅不要与新进的种蛋接触。雏鹅出生后21天内必须隔离饲养，疫区延至30日龄以上，严禁到可能污染的地方放牧，以免发生感染。在没有发病的地区和鹅场，尽量自繁自养，不要购进疫区禽场的种蛋和鹅苗，购买时应了解母鹅是否注射过小鹅瘟疫苗。新购入的雏鹅必须隔离观察，证实无病后方可混群饲养，或者购买时有无注射小鹅瘟血清。这样可有效的预防和控制本病的发生和流行。

在发生疫情时，应立即采取隔离消毒的综合预防措施。尤其是孵房，应立即停止入孵，进行全面的清洁和消毒，已入孵的种蛋出壳后逐只接种小鹅瘟血清。鹅舍也要清扫、消毒。发病的小鹅群应尽早注射小鹅瘟高免血清或蛋黄液，皮下或肌肉注射1～1.5 ml/只，并配合使用抗菌药物防止继发感染。已感染过该病的雏鹅不宜留作种用，以防疫病的再度发生。

☞ 117. 鸡传染性贫血病临床有何特征，病原有何特点？

鸡传染性贫血病(CIA)是由“鸡贫血因子”(CAA)病毒引起的一种传染病。其特征是：再生障碍性贫血和全身淋巴器官萎缩，从而造成严重的免疫抑制，进而继发细菌、病毒和真菌的感染，该病又称出血综合症、贫血、出血性贫血综合征、出血性再生不良性贫血综合征、贫血皮炎和蓝翅病等。鸡传染性贫血病(CIA)的病原和猪的圆环病毒(PCV)、鹦鹉啄羽病病毒形成一个新的病毒科暂叫圆环病毒科(单股环DNA病毒科)。鸡传染性贫血病毒(CAV)是一种无囊膜的小病毒,呈球形,比细小病毒还小。病毒基因组为单股,呈圆环形故叫圆环病毒。成为单股环DNA病毒科的代表病毒。病毒最为适宜的是在5日龄鸡胚中繁殖,在细胞的核内复制,接种后14天毒价最高,但不形成包涵体。其致病性主要是造血和淋巴细胞的程序性死亡,从而引起鸡贫血、出血和免疫抑制。不凝集鸡、猪和绵羊的红细胞。不同毒株的毒力有差异,但抗原性相同。该病毒相当稳定,耐热,耐酸(pH 3.0)作用3 h仍然稳定。抗氯仿、乙醚,加热70℃ 1 h或80℃ 5 min仍具有感染力。在37℃ 5%常用消毒剂如季胺化物作用2 h不被灭活。但100℃加热15 min则完全丧失感染力。50%酚液作用5 min,在5%的次氯酸37℃ 2 h即可失活,含氯制剂可用于消毒。

☞ 118. 鸡传染性贫血病对养鸡业有哪些危害?

该病几乎广泛存在于所有养禽国家,鸡是其惟一的自然宿主,几乎所有的鸡群都会受到感染,但多呈隐性感染。1~7日龄雏鸡最易感,自然感染常见于2~4周龄雏鸡,6周龄内均可发病,6周龄以上多呈亚临床感染,但成年鸡仍具易感性。但随着日龄的增加,对该病的易感性迅速下降,肉鸡比蛋鸡易感,公鸡比母鸡易感。有母源抗体的鸡也可感染,但不出现临床症状。该病传播的主要特点是,既可以经蛋垂直传染,又可在母源抗体不足时发生横向传染,以经蛋垂直传染最为重要。雏鸡母源抗体可防御CAV感染。CAV感染种鸡群所产生的后代,母源抗体仅能维持3周左右,随后整个鸡群就对CAV的横向传染易感,但却不表现明显的症状而呈亚临床病型。CIA也可水平传播,发病鸡是主要传染源,可通过污染的饮水、饲料、工具和设备等发生水平的间接接触性传播。CIA 的水平传播虽可发生，但只产生抗体反应，而不引起临床症状。大多数种鸡群在 8～12 周龄后都发生 CAV 抗体阳转，显然是由横向传染造成的。世界各鸡群中 CAV 感染率都很高，其发病率取决于鸡的日龄和病毒毒株的毒力。自然感染的发病率为 20%～60%，死亡率为 5%～10%。IBDV、MDV 和 REV 均能增加 CIA 感染所造成的损失。种鸡开产前不久或产蛋期感染 CAV 后 8～14 天会有 3～6 周的垂直传播期。此时没有明显症状，但产蛋性能受到影响，病毒可经蛋传给子代。子代在孵化过程中表现正常，但缺乏母源抗体。在 2 周龄左右易发生蓝翅病和急性贫血-皮炎综合征。雏鸡死亡率常为 5%～15%。该病还可以和其它的病毒混合感染，彼此有相互加重的作用，并造成免疫抑制。如在 1 日龄无母源抗体的鸡感染 IBDV 后，对 CAV 的易感性可提高 100 倍，易感周龄延长 3 周。当 CAV 和 IBDV 共同作用时，对 ND 和 IB 免疫的抑制作用大大增加。当前，国内许多地区 IBD 免疫效果不佳，往往和 CAV 的混合感染有关。此外，CAV 常与 MDV、呼肠孤病毒、NDV 等混合感染，且存在相互作用。CAV 与 MDV 混合感染，可抑制 HVT 疫苗对 MD 的免疫力；反之，MDV 可增强 CAV 对雏鸡的致病力。显而易见，CAV 感染的严重性不仅表现在垂直传染的后代所表现的贫血、出血和死亡，更严重的是亚临床感染的普遍性以及由此而引起的免疫抑制和对经济效益的严重的无形损害。

☞ 119. 鸡传染性贫血病临床有何症状及病理变化，应怎样预防和免疫？

该病其特征性症状是严重的免疫抑制和贫血，产生贫血的能力与病毒的毒力和剂量有关。一般在感染后 10 天发病，病鸡表现精神沉郁，鸡体苍白，衰弱消瘦，体重减轻，软弱无力，全身出血，血稀如水，血凝时间延长，血细胞数显著减少，翼部发炎或变蓝，出现症状后5～6天死亡率增加至最高峰。死亡率一般为10%，有时也高达60%，如继发细菌或病毒病时死亡率可能大大增加。特征性的病变是全身苍白、贫血，骨髓萎缩脂肪变性，淡黄色或淡红色甚至呈黄白色。常见有胸腺萎缩，呈深红褐色。法氏囊萎缩，体积缩小，外观呈半透明状。肝、脾、肾肿大，退色。心脏变圆，心肌、真皮和皮下出血。骨骼肌和腺胃固有层黏膜出血，肌胃黏膜糜烂和溃疡。

预防和免疫：①综合性预防：由于该病目前尚无特效疗法，所以对于本病控制要加强和重视鸡群的日常饲养管理及兽医卫生防疫措施，防止由环境因素及其它传染病导致的免疫抑制，防止CIA的水平感染。在引种前，必须对CIA抗体监测，严格控制CIA感染鸡进入健康鸡群。该病对肉鸡的威胁很大，可降低饲料转化和增重，可造成重大损失。如与其它免疫抑制性传染病相互作用所造成的损失更大，所以对该病的防制具有双重意义。②疫苗预防与免疫：目前国外有两种商品活疫苗，一是由鸡胚生产的有毒力的CIAV活疫苗，可通过饮水途径免疫，对种鸡在13～15周龄进行免疫接种，6周后产生较强的免疫力，免疫有效期可达60～65周龄。可有效地防止子代发病，本疫苗不能在产蛋前3～4周免疫接种，以防止通过种蛋传播病毒。二是减毒的CIAV活疫苗，可通过肌肉、皮下或翅膀对种鸡进行接种，这是十分有效的。对于后备种鸡如果血清学呈阳性反应，则不宜进行免疫接种。现在CAV细胞培养滴度很低，弱毒疫苗价格很贵。③药物预防：本病目前尚无特效药物治疗，通常可用广谱的抗生素控制与CIA相关的细菌继发感染。但对本病没有明显的治疗效果。由于IBDV和CAV混合感染，所以及时接种IBD疫苗和MD疫苗。做好这些病的预防工作对控制CAV感染具有重要的意义。

☞ 120. 鸡传染性生长障碍综合症对养鸡业有何危害，其病原主要有哪些？

鸡传染性生长障碍综合症是最新发现的一种病因尚不十分清楚的禽病，主要特征是肉用仔鸡和火鸡生长发育迟缓或停滞，腿软、冠和胫部苍白，羽毛生长不良，又称鸡苍白综合症、直升机病、骨脆病、骨质疏松病、吸收不良综合症和肉用仔鸡传染性矮小综合症。近年来本病在肉鸡饲养过程中引起重大的经济损失。该病的病原目前还不十分清楚，对有关该病的致病因子意见还未统一，从病鸡的肠道内容物或肠道细胞中分离到多种病毒，这些病毒有呼肠孤病毒、轮状病毒、杯状病毒、细小病毒、披盖病毒和肠道病毒等多种因素。在火鸡病例的肠道内也分离到多种病毒，有肠道病毒、呼肠孤病毒、细小病毒样病毒等。然而这些分离并纯化毒都未能完全复制出本病。由于该病是一个综合性疾病，看来它的致病因子也不是单一的。有人认为多种病毒和细菌等都可能是发病的原因。霉菌毒素及其它一些毒素能引起类似的综合症，它们也可能是重要的病因之一。该病的发生有时与产蛋时种鸡的日龄有关，许多次流行的病鸡都是青年母鸡的后代。

该综合症的病原体主要侵害小肠，导致肠绒毛和肠腺发炎肿胀，甚至坏死。胰脏损伤，胰腺管阻塞，胰腺萎缩。引起消化液的分泌量下降，造成消化不良。因此发病鸡由于吸收不良或消化不良引起营养利用率下降，致使患病鸡消瘦，发育不良，生长受阻。给养鸡业带来极大的危害。

☞ 121. 鸡传染性生长障碍综合症临床有何变化，应怎样预防和控制？

该病主要发生在生长迅速的肉用仔鸡，是肉鸡饲养业的一大威胁。但蛋鸡和火鸡也有发生。该病既能水平传播又能垂直传播，发病率约为 5%。鸡龄越小，对该病越敏感。1 日龄受感染的鸡，发病率最高；3 日龄时生长明显受抑制，时间可达 1 个月以上，到 7～10 日龄时出现明显症状，可见鸡过量饮水，下痢，排黄色至橙咖啡色带黏液的稀粪。常伴有早期死亡，到 2 周龄时死亡停息。感染鸡到 3 周龄后可见胫骨和肋骨畸形，发育呈佝偻病样，长骨质脆易弯曲，临床上表现为腿软弱无力或腐腿。骨质疏松，生长明显受阻或迟缓，体重是同龄健康鸡的一半，病鸡精神不振，羽毛生长差，粗乱，无光泽，颈部常留有绒毛，翅膀上常伴有位置不整的羽毛，少数可能有许多断裂的羽毛，主羽生长推迟，且不规则。病鸡腹部涨满，腹泻，排出黄褐色黏液性粪便，内有未消化的饲料碎片。喙和脚呈苍白色，故也叫苍白综合症。一般 7 日龄时受感染的鸡，则发病率相对下降，虽然也会出现全身性症状及腹泻，但不发生骨骼异常。14 日龄被感染的鸡，没有任何症状。该病到 5 周龄时，一些病鸡可能部分康复。剖检病死鸡可见大腿部位色素消失。大腿腿骨骨质疏松，易断裂。腺胃增大，并伴有肌胃缩小，或有糜烂和溃疡；肠壁肿胀，苍白，有卡他性和出血性肠炎，肠道内有未消化的饲料，特别是在肠管下段中含有未消化的、特征性的橘红色黏液性物质。盲肠内充满黄色带气体、泡沫和液体性的消化物。大多数有局灶性心肌炎，可见心包液增加。肝脏苍白、萎缩。胰脏通常有不同程度的损伤，见胰脏萎缩、苍白以及变坚实，尤其是在胰脏远侧 1/3 段表现更为明显；另外还有胆囊空虚、法氏囊和胸腺萎缩等。

预防和控制：应采取综合防制措施，加强日常卫生防疫，采取全进全出制。通过污染场地传播是本病的传播途径，所以重点要加强鸡舍和养鸡设备的消毒，用福尔马林消毒可取得良好的效果。消毒时应先将鸡笼和其它设备放在含去污剂的水中浸泡 3 h，然后用高压水枪冲洗干净，待干后再用 10% 福尔马林消毒，放入新垫料后，用甲醛进行熏蒸消毒。要做好种鸡和肉用仔鸡鸡 IBD 的免疫接种工作，以消除免疫抑制因素。搞好饲料的储存，减少饲料霉菌的污染。由于真菌毒素可使鸡群产生免疫抑制和腹泻，类似于本病症状。预防控制好球虫病，因球虫病可损伤肠道上皮细胞使营养物质吸收减少，生产性能下降。球虫的感染可促使本病的发生而显得更为严重。除采取上述措施外，还应对饲料成分加以改善，至少要在前2周饲喂高营养易消化的饲料。由于胰脏功能失调、胰脂肪酶释放减少，应将饲料中脂肪转换为易消化的碳水化合物。但必需脂肪酸含量不应低于需要量。蛋白质方面最好添加足量的必需氨基酸，以提高饲料的利用率。维生素与上述营养成分不同，其含量要增加，要多添加脂溶性维生素。但维生素A的含量要限制在12 000单位/kg饲料以下，以避免阻碍维生素D吸收。0.25 g/kg饲料添加硒和25～100 mg维生素E，可防止胰脏的损害，对减轻本病有利。目前无有效药物治疗和特效的疫苗预防。

☞ 122. 禽传染性脑脊髓炎病原有哪些特点，临床上有何特征？

禽传染性脑脊髓炎(AE)是由禽传染性脑脊髓炎病毒(AEV)所引起的以运动失调和头颈部震颤为特征的病毒性传染病，主要侵害雏鸡。又称流行性震颤。该病还能引起母鸡的产蛋量下降。禽脑脊髓炎病毒为小型核糖核酸病毒，属细小病毒科肠道病毒属。病毒粒子具有六边形轮廓，二十面体对称，无囊膜。各毒株血清学上无明显差异，但致病性有所不同。各种野外毒株均为嗜肠道型，对鸡胚是非致死性的，具有较强的嗜肠道性，易通过消化道发生感染，并从粪中排毒。鸡胚适应株为高度嗜神经型，能够引起幼鸡发生严重的中枢神经系统病变及症状。病毒存在病鸡的脑和脊髓等部位。取发病后2～3天的鸡脑，制成10%脑组织悬液，脑内接种易感雏鸡，经1～4周可见部分雏鸡出现神经症状。经卵黄囊内接种没有母源抗体的鸡胚，12天后可见鸡胚肌肉萎缩、侏儒化、肢体麻痹、神经变性，常发生脑积水，使鸡胚活力下降而不能出壳；孵出的雏鸡一般于 10 天内出现神经症状。有些毒株需连传数代才能适应鸡胚内生长。该病毒可在鸡胚成纤维细胞和鸡胚肾细胞培养中增殖，通常不引起细胞病变和蚀斑，但有的毒株使细胞变圆、固缩和胞浆颗粒变性等细胞病变。对乙醚、氯仿、胰蛋白酶、胃蛋白酶、DNA 酶和酸有抵抗力。

☞ 123. 禽传染性脑脊髓炎是怎样流行的？临床有何变化？

该病呈世界性分布，一年四季均可发生。自然感染主要发生在鸡，火鸡、鹌鹑和雉等也可发生自然感染，各种年龄的鸡对该病都有易感性，3 周龄以下的雏鸡症状明显，感染日龄越小症状越重。病愈鸡或人工免疫的母鸡，可将抗体转移到卵黄内，这些种蛋孵出的雏鸡在 3 周内可不发生感染。雉、鹌鹑和火鸡可自然感染，雏鸭、珍珠鸡和幼鸽可人工感染。成鸡感染症状较轻，主要是造成产蛋率下降等。几乎所有的鸡群最终都会受到感染，但临床症状的发生率很低。病毒的传播有水平传播和垂直传播两种途径。肠道感染是其主要的传播途径。病鸡从粪便中排毒，持续时间 5～12 天。病毒在粪便中可存活 4 周以上。病毒在环境中长期存活。当易感鸡摄食污染的饲料、饮水时便发生感染。另一个重要的传播方式是通过鸡蛋传递，产蛋母鸡感染后，可通过产蛋排毒，维持时间约 3 周，这种带毒种蛋在孵化时可能小部分死亡，而大部分会孵出雏鸡，并在孵出后 1～10 天发病，呈现脚软、脚麻痹和痉挛等症状，不断排毒，感染其它雏鸡。可造成雏鸡严重发病，大批死亡。病毒也可在孵化器内传播，或通过尘埃经呼吸道而发生感染。该病传播迅速，一般 4～5 天全群即可受到感染。

由于该病是蛋传性疾病，受到感染的鸡胚，在孵化过程中虽不会死亡，但胎儿缺乏活力，多数不能啄破蛋壳，有时必须人工助产方能孵出，即使孵化出壳，往往发育不良，最初表现为精神不振，呆立迟钝，两腿软弱无力，不愿走动，驱赶时摇晃，不能控制速度和步态，很快不能站立。有的用跗关节着地或两腿瘫软直伸呈弯曲状。行进时两翅张开维持平衡。呈现一种不全麻痹症状，腿软，并常伴有羽毛蓬乱，头颈部的震颤明显可见，少数鸡可见有腿部或羽根震颤。有些病鸡仅能观察到震颤，而无运动失调。后期雏鸡不能行走，常陷于横卧。此时病雏虽然食欲尚好，但吞入嗉囊的饲料却很少。由于不能采食和饮水，常见日渐消瘦，生长发育受阻，以后严重衰弱，最后患雏常因互相冲撞、践踏或饥饿而死亡，死亡率平均为 25%。由于肌肉不协调而引起的渐进性共济失调和头颈部的明显震颤是其特征性的症状。该病也可造成水平传播。孵化后立即感染的鸡几乎都可以发病，随着日龄的增长抵抗力迅速增强，到中雏以后感染几乎不出现症状。水平传播的雏鸡，一般经 10 天以上的潜伏期后，出现腿软、运动失调和震颤等传染性脑脊髓炎典型症状。成年鸡多呈隐性感染，可出现产蛋率一过性的急剧减少和轻度的蛋重下降，一般经 15 天以后产蛋量尚可恢复，但无神经症状。

特征性的肉眼病变是一些病雏鸡的心肌、腺胃、肌胃的肌肉层内有淋巴细胞浸润造成的灰白色区。极少数可见有小脑水肿。严重的可见有全身躯干萎缩，特别是腿部的肌肉萎缩。心肌，腺胃，肌胃肌层内密集的淋巴细胞集结，也是传染性脑脊髓炎的特征性病变。成年鸡无明显病变。

☞ 124. 养鸡户应怎样对禽传染性脑脊髓炎预防和免疫？

(1)综合性预防措施：本病尚无有效治疗方法。所以必须采取综合性预防，要加强消毒和隔离措施，防止从病区引进鸡苗和种蛋。应对发病鸡雏进行扑杀作无害化处理。如需留用对发病雏鸡，严重的以淘汰为好，未发病或症状较轻的，应立即予以隔离饲养，加强饲养管理并投服一些抗菌药物来预防细菌感染，要投喂维生素 E 和维生素 B 等药可营养神经和改善症状，增强其抗病能力，减少应激刺激，可缓解临床症状的发生和严重程度，提高病雏的成活率。成年种母鸡感染后产蛋率下降，这段时间产的鸡蛋含有该病毒，为防止将病毒传给下一代雏鸡而引起发病，所以这些种蛋不宜作为种用。对种鸡场要严格消毒措施，要经常带鸡消毒和环境消毒，要注意孵化卫生。

(2)免疫预防：由于本病没有有效的治疗方法。所以对本病主要是通过在育成期给种鸡群预防免疫接种来预防。它既可以保证种鸡群在育成期以及产蛋期间不被感染而引起产蛋下降，也预防该病垂直传播，由于免疫母鸡所产蛋含有母源抗体，它能保护子代在 2～3 周龄内免受 AEV 的感染。因此，在该病流行的地区，应当对种鸡群进行免疫预防接种，以防止病毒经蛋传播给雏鸡，并给雏鸡提供母源抗体的保护。目前国际上通用的疫苗有灭活疫苗和弱毒疫苗两大类。灭活疫苗主要用于已经产蛋的鸡群或其它不能使用活疫苗的地方。弱毒疫苗目前主要采用毒株 1143 株制备而成，该疫苗可以冰冻也可以冻干保存。疫苗病毒容易在鸡群内传播，所以弱毒疫苗的免疫途径一般采用饮水或喷雾免疫。部分鸡用苗后，随之可把病毒传播到全群使其获得免疫。使用活疫苗要注意母源抗体，若小鸡带有母源抗体，则会中和疫苗病毒，干扰其免疫应答。由于该疫苗毒力较强，可在鸡群中传播，疫苗病毒可以通过种蛋传给子代而使其发病。因此活毒疫苗仅在 8～16 周龄范围内使用，不能用于雏鸡。同时使用活毒疫苗接种产蛋鸡，可能在一定程度上影响产蛋，接种后 1 个月内所产种蛋不能作孵化用，以免引起小鸡发病。正在产蛋的鸡，如必须接种，可采用灭活疫苗。一般鸡场采用的免疫程序为 10～12 周龄接种弱毒疫苗，开产前 1 个月用灭活疫苗进行皮下或肌肉注射免疫。灭活疫苗也可用于紧急预防。

☞ 125. 禽腺病毒感染主要包括哪些疾病?

禽腺病毒感染是禽腺病毒科中一大群寄生于哺乳动物和禽类上呼吸道、眼结膜和消化道内的病毒,由于该病毒最初是从腺体组织分离到的,所以称为腺病毒。目前将禽腺病毒分为三个群:第Ⅰ群是传统的腺病毒感染,包括从鸡、火鸡、鹅和其它禽类所分离到的腺病毒,具有共同的群抗原;第Ⅱ群包括火鸡出血性肠炎病毒、大理石脾病病毒和鸡大脾病病毒,含有与Ⅰ群腺病毒不同的群抗原;第Ⅲ群是减蛋综合症(EDS-76)病毒和从鸭分离的腺病毒,仅部分含有Ⅰ群病毒的共同抗原。腺病毒感染在禽病中的确切作用尚不完全清楚,已知腺病毒可在下列综合症中起原发或继发病原作用:EDS-76、鸡包涵体肝炎、肉用仔鸡和火鸡的呼吸道综合症、鹌鹑支气管炎、幼火鸡出血性肠炎、火鸡病毒性肝炎、野鸡大理石脾病等。禽腺病毒的主要是垂直传播,也可通过粪便直接接触来水平传播。由于腺病毒有较强的抵抗力,所以可以通过污染物人为传播。感染母鸡所产的卵孵出的鸡雏具有母源抗体,并有一些带毒。当母源抗体逐渐失去时,大致在孵出的2～4周期间,病毒就开始在体内繁殖并开始排毒,鸡与鸡直接接触就会感染。通常在一个鸡体内就可以分离出2个病毒型或在一个鸡体内就有4个或更多的血清型存在。在鸡达到性成熟时,就能感染更多的病毒型。腺病毒已从每一有临床症状的病鸡体内分离出来,因而,腺病毒通常与包涵体性肝炎、呼吸道病、不产蛋、下痢、腱鞘炎、生长迟滞和食物利用变低有关。近来还分离出一株腺病毒,与贫血症和脾脏、腔上囊的淋巴细胞的严重减少有关。

☞ 126. 鸡包涵体性肝炎病原有何特点,该病是怎样流行的?

本病是由鸡腺病毒引起的一种急性传染病。其主要特征是幼鸡群发病,以10～14日龄的雏鸡高死亡率,病鸡严重贫血,并出现黄疸，剖检见肝脏肿大、脂肪变性和出血性病变，肝细胞中出现核内包涵体，故叫鸡包涵体性肝炎。其病原属于腺病毒科禽腺病毒属。为二十面体立体对称，无囊膜。其核酸为直线双股 DNA。病毒粒子直径为 70～90 nm。有 12 个血清型，只有 I 型病毒，能凝集小白鼠红细胞，其它无血凝特性。共有 10 个血清型的腺病毒均能引起鸡包涵体性肝炎。本病毒对理化因素有强的耐受性，对乙醚、氯仿、胰酶均有抵抗力；在 pH 3 的条件下不降低毒价，50℃1 h 病毒稳定，效价不降低；在 22～25℃的条件下，病毒在 4 周内毒价稳定。有效的消毒药是甲醛和过氧乙酸。病毒能在鸡胚、鸡肾细胞和鸡胚肾细胞中繁殖。为核内复制，产生嗜碱性包涵体。不同毒株、不同血清型以及不同条件下的致病力差异很大。IBD 可加剧禽腺病毒的致病作用。支原体、IBV 的并发感染和鸡传染性贫血因子的存在可使腺病毒引起的肝炎病情加重。

该病呈世界性分布，可以说在禽类中无处不在，所有年龄的鸡均易感。主要发生在肉鸡、蛋鸡、火鸡、野鸡、鸽、鹅和鹌鹑等。特别是 3～5 周龄的肉鸡和 18 周龄左右的蛋鸡。多数鸡群都有禽腺病毒污染，但一般很少发病或无明显症状。禽腺病毒可通过蛋媒发生垂直传播，水平传播也很常见，病毒可经各种排泄物排出，如粪便、气管分泌物、鼻黏膜等。易感鸡主要通过直接接触粪便而发生感染，也可通过被污染的工具、垫料、人员和运输车辆没有消毒好的鸡舍等而造成传染，还可通过空气传播。以春夏两季多发，病愈鸡能获终生免疫。

☞ 127. 鸡包涵体性肝炎病临床变化如何，应怎样预防该病的发生？

本病潜伏期短，一般不超过 4 天。通常发生于似乎健康的鸡群，常突然出现死亡高峰，持续时间较短暂。病鸡发热，呈蜷曲姿势，精神委顿，嗜眠，羽毛粗乱，食欲减少，有的有一过性水样腹泻。

多数感染鸡生长速度减慢，体重减轻，饲料利用率下降，产蛋率一过性下降。少数病鸡呈现黄疸症状。4～10周龄的青年鸡，常出现贫血和精神沉郁。病程一般为10～14天。不满5周龄的病鸡，通常到8周龄即可康复。发病率可高达100%，但死亡率较低。但如与大肠杆菌、沙门氏菌、葡萄球菌或霉形体病等混合感染，则病程可能较长，死亡率较高。包涵体肝炎的特征性变化是肝脏肿大、退色、脆弱、脂肪变性、点状或斑状出血，并且有针尖大小到针头大小黄白隆起物；骨髓退色和脂肪化，呈灰白色和黄色。病情严重的全身性贫血，肾脏轻度肿大、退色，尿酸盐沉着，部分有出血。脾脏常有退色斑点或白色坏死灶。法氏囊萎缩，胸肌、腿部肌肉或皮下、心外膜和肠道出血。呼吸道感染时，可出现卡他性气管炎。在组织学方面，肝细胞的核内包涵体是最具有特征性的病变。

预防措施：加强兽医卫生防疫管理，严格消毒制度，搞好其它传染病的预防工作，特别是IB和CIA，由于这些病能增强腺病毒的致病性，所以防好这些病对预防和控制本病具有重大意义。使雏鸡具有高IBD母源抗体防止鸡患IBD是预防腺病毒病的有效措施。由于腺病毒抵抗力较强，虽有可能从环境中清除，但在鸡体中消灭本病是比较困难的。所以要预防和控制本病，就应从育种着手，建立无病鸡群，杜绝垂直感染。在引鸡时不要从有此病的种鸡场引进雏鸡。由于腺病毒是多血清型的目前尚无有效的疫苗进行免疫预防。也没有特效药物进行治疗。

☞ 128. EDS-76临床上有哪些特征，病原如何，是怎样传播的？

鸡减蛋综合症（EDS-76）是一种由禽腺病毒感染所引起的、以产蛋率急剧下降和产薄壳或无壳蛋为特征的病毒性传染病，也叫产蛋下降综合症。该病原属禽腺病毒Ⅲ群。无囊膜，衣壳呈二十面体对称，双股DNA，呈球形。EDS-76病毒具有典型的腺病毒特征，在4℃、22℃、37℃下能凝集鸡、鸭、鹅、火鸡、鸽、孔雀等禽类红细胞，但不凝集大白鼠、马、牛等哺乳动物的红细胞。仅有一个血清型。与Ⅰ群腺病毒有共同的抗原性，与Ⅱ群腺病毒则无共同抗原性。可在 7～10 日龄的鸭胚中生长，在鸭胚成纤维细胞、鸭胚肝细胞和鸭肾细胞上生长良好。该病毒血凝素具坚强耐热性，病毒在 60℃经 30 min 被灭活，56℃ 3 h 可存活，在 56℃灭活 24 h 仍具有血凝活性，36℃7 天保持稳定。活病毒在 −30℃或灭活病毒在 4℃下保存 1 年，血凝效价只下降 1～2 个滴度。血凝作用可以在 pH 5～7.4 范围内发生，以 pH 7.2 最佳。鸭胚是扩增该病毒的最好材料，EDS-76 病毒接种 10 日龄鸭胚，24 h 以后即可测得血凝滴度。4～6 天鸭胚尿囊液中的血凝滴度可高达 14 log2 以上，这也是其它病毒不能比拟的。EDS-76 病毒也可以在多种鸭胚或鸡胚细胞上分离和传代，并出现以细胞扩增、圆化和脱落为特征的病变。EDS-76 病毒在宿主细胞核内复制，并形成嗜酸性病毒包涵体。该病毒对外界抵抗力较强，在 0.1%～0.4%甲醛 37℃作用 72 h，血凝性无变化。反复冻融对血凝性无明显影响。对乙醚、氯仿稳定，室温下可长期存活，能耐受 pH 3～10 的环境。0.5%戊二醛、0.5%甲醛或二价阳离子消毒剂灭活效果较好。

该病现在已经是引起产蛋鸡和种鸡生产效益下降的重要传染病之一。其自然感染和发病主要是鸡，任何年龄的肉鸡和蛋鸡均可感染，但以 25～35 周龄产褐壳蛋的肉用鸡和种母鸡最易感。不同品系鸡的易感性有一定的差异。鹌鹑也可引起产蛋下降。鸭和鹅等水禽是原始宿主，但不发病。病鸡是最主要的传染源，传播途径有水平传播和垂直传播两种方式。以垂直传播为主，感染鸡可经种蛋和公鸡的精液传播病毒，也可经被粪便污染的孵化室器具传播本病。水平传播主要通过病鸡带毒的粪便及鼻腔气管分泌物和血液污染，还可以通过直接接触或间接接触被污染的蛋盘、蛋箱、注射器具、饲料、饮水、人员、工具和车辆等而发生水平传播。这种传播一般较慢且多呈间断性。带毒的鸭、鹅及其它一些野生禽类，可通过污染的饮水、饲料等而将病毒传染给母鸡，造成感染。EDS-76 病毒不在肠黏膜复制，粪便带毒是泄殖腔污染的结果。经卵先天性感染的小鸡在育成期呈隐性感染，病毒主要潜伏在生殖器官内，不表现任何症状，也测不出血清抗体。但由于性成熟的缘故，病毒开始活化并大量增殖。开产应激是造成病毒激活致病的启动因子。从产蛋率 50%至产蛋高峰期，是病毒增殖和对外排毒的极盛期，也是造成生殖器官损伤和产蛋下降的最严重期。随着周龄的增加，排毒逐渐下降，40 周龄以后不再排毒。一般感染时间越早，带毒期和排毒期越长。带毒鸡胚孵出的雏鸡也可经粪便向外排毒数天，造成对其它健雏和环境的污染。引起其它鸡只的发病。

☞ 129. 鸡减蛋综合症临床上有何现象，应怎样预防和免疫？

鸡减蛋综合症临床上一般无明显症状。当达到 25～35 周龄时，也就是在产蛋率 50%至产蛋高峰期间生产鸡群突然出现产蛋率下降，在发病后 4～7 天，下降 20%～30%，甚至 50%。同时可伴有一过性腹泻。部分鸡可能出现羽毛蓬乱、贫血、水样腹泻等症状。在发病期间薄壳蛋、软皮蛋、无壳蛋和畸形蛋的数量增加，蛋壳表面粗糙。褐壳蛋的表面色素丧失，颜色变浅。但是蛋的内在质量并无明显变化。这是 EDS-76 与 IB 的区别。产蛋率下降可持续 4～11 周后，逐渐恢复，但很难达到产蛋高峰。正常蛋的受精率和孵化率一般正常。病理变化缺乏明显的特征性病变。常可见卵巢发育停止和输卵管萎缩，子宫和输卵管炎症，黏膜肥厚，内有白色渗出物或干酪样物，子宫内的酸度增高致使钙溶解，因而使蛋壳形成机能紊乱，以及卡他性肠炎等。

凡有产蛋率急剧下降以及软皮蛋、薄壳蛋和畸形蛋数量增多的，只有轻度腹泻而无其它症状的可怀疑为本病，但确诊必须根据发病情况、症状、病变、血清学和病原体分离鉴定的结果，综合分析判断而确诊。因为有多种因素都可造成鸡群的产蛋率下降和畸形蛋。病毒的分离，可采用直肠内容物、输卵管、卵泡、泄殖腔和无壳软蛋等，接种到鸭胚尿囊腔或鸭肾细胞上培养。血凝抑制（HI）试验较为敏感，是诊断 EDS-76 最常用的血清学方法之一。其它也可用琼扩试验、病毒中和试验、免疫荧光法和 ELISA 等进行血清诊断。但应注意与 AE、霉形体病、包涵体肝炎、AI、ND、IB 等可造成鸡群产蛋率下降的疾病相鉴别。MG 对产蛋影响自开产起，一直到整个产蛋周期，产蛋曲线呈波浪式，与其显然不同。EDS-76 主要影响产蛋高峰期生产，有无壳蛋，但不出现 IB 时水样蛋清的变化。

预防和免疫：①综合性预防：本病无有效治疗方法。无 EDS-76 的鸡场，要加强兽医综合防疫措施，加强环境卫生和消毒工作，以及带毒鸡消毒和消毒效果监测，防止污染饲料和饮水。注意器械消毒、防止经蛋箱和注射针头、输精管等途径传播本病。要避免从有病的或情况不明的种群引入种雏和种蛋，以防带入病毒。要保证饲料优质全价，要禁止鸡、鸭、鹅混养。鸡场用水不用湖泊、池塘作为水源，要用井水。由于此病可经蛋、经粪便垂直和水平传播，因此查出阳性鸡和发病鸡应淘汰扑杀和免疫接种等多方面综合防制。②免疫预防：在本病的流行地区，应当对种鸡群和商品蛋鸡群进行免疫接种。本病尚无弱毒疫苗使用。用灭活疫苗在14～16 周龄注射免疫，免疫后 7 天可检测出特异性抗体。免疫期至少持续 1 年之久。用疫苗免疫也可用于发病鸡群进行紧急接种，对控制本病能起到一定作用。EDS-76 油佐剂灭活疫苗有单一灭活疫苗，也有联苗。因此，在生产实践中为了减少免疫注射次数，使一针免疫接种保护多种疾病的原则，尤其是产蛋鸡开产前免疫注射。所以有 EDS-76 与 ND 或 IB，IBD 的二联、三联油佐剂灭活疫苗，应用起来更加方便快捷。③药物防治：对于本病没有很好的治疗方法，但是在发病引起产蛋下降时，可用“激蛋极”、“肉蛋多快”、

“卵管舒”、“卵康蛋多”等中成药和一些多维来进行治疗，可以促进输卵管的修复，提高产蛋量。也可以用党参、白术、陈皮、三仙、补骨脂、益母草、黄芪、马钱子、双花、连翘等中药进行防治，可缩短病程，提高产蛋率。

☞ 130. 引起禽病毒性肿瘤病有哪些，不属于马立克氏病和淋巴白血病的肿瘤病有哪些？

引起禽病毒性肿瘤病有马立克氏病、禽白血病、网状内皮组织增殖病、火鸡淋巴增生性疾病；不属于马立克氏病和淋巴白血病的肿瘤病有间质组织肿瘤、脉管系统肿瘤、肌肉瘤、骨和软骨瘤、脑瘤、上皮组织瘤、黑色素瘤、神经组织瘤等。

☞ 131. 禽网状内皮组织增殖病有何特征，病原有何特点？

网状内皮组织增殖病（RE）是指由一组与禽白血病病毒完全不同的逆转录病毒群中的网状内皮组织增殖病病毒（REV），这种病毒又叫 T-病毒，可感染火鸡、鸡、鸭和其它禽类所引起的一群症状不同的病理综合症。它包括急性网状细胞肿瘤的形成、矮小病综合症、淋巴细胞和其它组织的慢性肿瘤的形成等。除引起肿瘤外，该病还可造成全身性免疫抑制和生长迟缓等非特异性症状。网状内皮组织增殖病病毒（REV）属逆转录病毒，它在免疫学、形态学和结构学上不同于禽白血病/肉瘤群的逆转录病毒。该病毒颗粒基因组为单链 RNA，并含有 RNA 支配的 DNA 聚合酶（逆转录酶）。有囊膜，病毒对乙醚敏感，在 4℃下相当稳定，但在 37℃ 1 h 56℃ 30 min 感染性丧失，－70℃可长期保存而不降低活性，不耐酸（pH 3.0）。不同毒株的抗原性十分相似，同属于一个血清型，可分为 3 个亚型。病毒可以在鸡胚、禽类成纤维细胞和某些细胞系中繁殖。对外界环境的抵抗力不强。

☞ 132. 禽网状内皮组织增殖病临床有何变化,应怎样预防和控制?

禽网状内皮组织增殖病病毒(REV)在各种禽类中广泛存在。可感染火鸡、鸡、鸭和鹅、鹌鹑等。但在火鸡和鸭群中最常见,危害最为严重。有很多的蛋鸡、火鸡和肉鸡群都呈阳性,但无临床症状。此病既能水平传播发生,也可垂直传播,但垂直传播很低。把健康鸭和感染鸭混养2～3天后,REV抗体转为阳性。分泌物和排泄物污染垫料、饲料、设备和人员等传播至其它鸡群。有些鸡形成矮小综合症,通常是1日龄雏鸡接种污染REV的疫苗所造成的。表现严重的鸡饲料转化率降低,生长发育受阻,消瘦,羽毛蓬乱,在躯干部位羽小支紧贴羽干。慢性淋巴瘤的情况少见,但病鸡精神沉郁,食欲不振。剖检可见法氏囊严重萎缩,滤泡缩小,滤泡中心淋巴细胞数目减少或发生坏死。肝、心、脾、胰腺、腺胃和十二指肠等器官发生实质细胞坏死和网状内皮细胞增生。肝、脾肿大坏死,有大小不等的灰白色结节和弥漫性病变。胸腺萎缩、充血、出血和水肿,外周神经肿大等。

预防和控制:目前没有什么有效的药物和有效的疫苗预防。由于RE在火鸡和鸡主要是散发性的,很少造成大的暴发和经济损失。在引起经济损失比较大的鸡场,要将可疑的病鸡进行淘汰或隔离。淘汰已经发生感染的种鸡,可以控制母鸡的垂直传播;要经常带鸡消毒,严格控制水平传播感染的发生和发展。

☞ 133. 病毒性关节炎的病原有哪些特点,临床上有哪些特征?

病毒性关节炎(VA)多发生于肉用型鸡,是由呼肠孤病毒引起鸡的胫跗关节滑膜炎和腱鞘炎(主要为跗部和趾部)以及有时腓肠腱断裂和心肌炎。该病由于使病鸡运动障碍,生长停滞、死淘率升高,给肉鸡生产带来重大损失。本病是呼肠孤病毒科呼肠孤病毒属中关节炎病毒。病毒粒子呈正二十面体对称的双层的核衣壳，无囊膜，病毒的核酸为双股RNA，无血凝特性，有许多血清型。该病毒对热比较稳定，卵黄中的病毒60℃能耐受8～10 h，56℃ 24 h，37℃可存活15～16周，4℃存活3年以上，－20℃可达4年以上。对乙醚、双氧水、2%来苏儿、3%福尔马林均有抵抗力。但对3% NaOH、70%乙醇和0.5%有机碘十分敏感。可在鸡胚绒毛尿囊膜或卵黄囊以及原代鸡肾细胞上增殖，有致细胞病变作用，并形成胞浆内嗜酸性包涵体。禽呼肠孤病毒至少有11个血清型。各毒株之间有共同的沉淀抗原，中和抗原之间也有明显交叉中和作用。各毒株致病力相差很大。我国已分离到多株病毒，还有待进一步研究。

☞ 134. 病毒性关节炎临床上有哪些症状和病理变化？

本病已在全世界范围内流行，可感染鸡、火鸡和其它鸟类。各种年龄的鸡均可感染，2周龄的小鸡最易感。5周龄以上的肉鸡群也多见，在20周龄以上的肉种鸡和蛋鸡也可发生但比较少见。5周龄以上的雏火鸡也能发病。公鸡高于母鸡，特别是肉鸡。病禽和带毒禽可通过粪便排毒，可水平传播和垂直传播，但主要是水平传播。也可污染蛋壳，经卵传播。但有资料证明，经卵传播率不超过1.7%。在肉鸡群中显然比笼养蛋鸡传播迅速。经节肢动物传播本病毒的可能性也有。该病的潜伏期长短依毒株的毒力、感染途径、易感鸡的日龄都有很大的关系，鸡龄越大，敏感性越低。病毒性腱鞘炎在肉鸡中是最易流行的，几乎是100%，但死亡率较低。在转群、免疫接种或换料等应激因素存在的情况下可诱发该病。雏鸡急性发病时可呈现关节肿胀，发热，跗关节不能活动，患肢不能伸展，跗关节以上的腱鞘和腓肠肌肿胀，病鸡蹲坐在跗关节上。典型症状是肌腱的损伤和断裂，在跗关节上部出现局部隆起现象，切开肿胀部位，可见腱和腱鞘水肿，周围有少量浆液纤维素渗出物，关节滑膜上有出血点。有的周围组织可与骨膜脱离。大雏或成鸡易发生腓肠腱断裂，断裂端钝圆、光滑，可与机械性肌腱撕裂相区别。如发生在换羽时期，可见到皮下组织呈红紫色。有些病情比较严重病鸡，可见跗关节软骨面上有浅表性溃疡。继发葡萄球菌等细菌感染则会有脓性渗出物或干酪样渗出物。慢性病例，多见趾屈肌和跖伸肌肿胀，跗关节肿大，跖部石化，走路摇摆跛行，腓肠肌疼痛。病鸡全身苍白，贫血，发育迟缓或生长停滞。腓肠肌增厚、纤维化和周围组织粘连，失去活动性，关节腔有脓样、干酪样渗出物。低日龄小鸡大多呈败血现象，有时也见于成年鸡。主要表现全身发绀、脱水、鸡冠发紫、喙部变软，很快死亡，关节症状不明显。种鸡孵化率下降，早期雏鸡死亡率升高。母鸡卵细胞皱缩或破裂出血。有时可见心外膜炎和心肌炎。有些病鸡发生吸收不良，故叫吸收不良综合症，主要表现是生长缓慢，发育不良，饲料转化率下降。粪便中有未消化的饲料颗粒或腹泻。剖检见腺胃膨大、出血，肌胃缩小，胰腺变性，卡他性或出血性肠炎。呼肠孤病毒感染还可造成其它一些疾病和症状，如生长受阻、心包炎、心肌炎、心包积水、肠炎、肝炎、骨短粗病、急性慢性呼吸道综合症以及传染性矮小综合症等。

☞ 135. 养鸡户对病毒性关节炎应怎样预防和免疫？

由于本病无任何有效疗法，因此预防是控制本病的主要方法。①综合防制措施：对于本病的防制也和其它传染病一样，要加强日常的卫生管理和消毒措施。对病鸡，要严格采取隔离、消毒和淘汰制度，防止继续感染。常用的消毒液有 3%火碱水和 0.5%有机碘，均可有效杀灭病毒。对种鸡群，除做好隔离、消毒卫生管理等措施外，应定时用琼扩试验进行监测，淘汰阳性鸡，净化种群，以免将本病传给仔鸡。在做好本病的免疫预防工作的同时，一定要做好 IBD 的预防免疫工作。减少应激、控制霉菌毒素中毒、球虫病和其它细菌感染，来降低本病的发生。一旦鸡群发病，应供给易消化吸收的营养成分如单糖、游离脂肪酸、游离氨基酸、多种维生素和强化微量元素等，均有一定的辅助作用。②免疫预防：鸡感染后7～10天就能检查出中和抗体。2周后出现沉淀性抗体，中和抗体持续时间比沉淀抗体长。但发现在有高水平循环抗体情况下病毒仍可感染鸡。然而母源抗体对1日龄雏鸡遭受人工或自然感染具有一定程度的保护作用，抗体可能是阻止病毒进入关节膜中，在血液中中和病毒而发挥作用，一旦病毒侵入关节，抗体也就失去作用了。经实验鸡呼肠孤病毒能诱导产生干扰素来干扰病毒。用疫苗进行免疫接种来预防本病，可取得较好的预防效果。目前用的疫苗有活毒苗和油乳剂灭活苗两种，也可用病毒性关节炎、IB和ND的三联苗进行免疫。灭活苗一般使用于种鸡，以保证雏鸡体内有较高的母源抗体。因此，为了防止本病的蛋源性垂直传播，对种鸡群应做好预防免疫工作，使其产生高度免疫。这就可以给后代雏鸡提供高水平的母源抗体，使其能在第1～2周内(未能接种以及产生主动免疫之前)得到保护。由于1～20日龄是该病的易感期，故最好是在1日龄皮下接种弱毒苗。但由于S1133弱毒疫苗和MD疫苗同时应用时，会干扰MD疫苗的免疫效果，所以两种疫苗的接种时间应相隔5天以上。因此，可在1周龄用S1133弱毒疫苗进行首免，10周龄用S1133中等毒力疫苗，产蛋前2～3周用灭活苗联苗免疫。也可1周龄用S1133弱毒疫苗免疫，5周龄用S1133疫苗加强，8周龄用灭活疫苗联苗，产蛋前2～3周用灭活疫苗联苗免疫。可使雏鸡在3周内不受感染。现已证明将活疫苗和灭活疫苗相结合来免疫种鸡，是控制鸡病毒性关节炎较好的方法。但要注意在使用活疫苗时要注意疫苗毒株毒性，以免雏鸡引起疫苗反应。

☞ 136. 轮状病毒主要感染哪些家禽，其病原有何特点？

禽类的轮状病毒感染广泛存在于各种家禽中，火鸡、鸡、雉鸡、鸭、鸽和珍珠鸡等都可发生轮状病毒自然感染。常与暴发性腹泻有关,又称轮状病毒性肠炎。轮状病毒,属于呼肠孤病毒科。病毒有双链 RNA,病毒于胞浆内复制,形成无定形的毒浆。病毒粒子在内质网的无核糖体区获得囊膜。通过细胞破裂释放。病毒颗粒有完整的病毒粒子(或光滑型,即 S 颗粒)、无外衣壳的病毒粒子(或粗糙型,即 R 颗粒)、空衣壳等。禽轮状病毒的分离最常采用细胞培养法,敏感细胞如鸡肾细胞,鸡胚肝细胞等并可产生细胞病变。轮状病毒的群、亚群和血清型在抗原上有明显的差异。常规的禽轮状病毒具有与一群哺乳动物轮状病毒相同的群抗原,被称为 A 群。另外还有 B、C、D 和 E 群。各群内的毒株,都有一些差异,将其划分为不同的血清型。轮状病毒对外界的抵抗力很强,经粪便大量外排的病毒可存活数月之久。能减轻病毒污染的消毒剂有甲醛、氯胺 T、70%乙醇、六氯酚和二氯苯氧氯酚等。用氯仿处理 30 min 和 pH 3 处理 2 h 仍表现稳定,用 56℃处理 30 min 使其感染性下降 100 倍。水平传染可发生于食间的直接或间接接触,垂直传染还未得到证实。

☞ 137. 轮状病毒感染临床有何变化,应怎样预防和控制?

火鸡、鸡、雉鸡、鸭、鹌鹑、鸽和珍珠鸡等都可发生轮状病毒自然感染。大多数发生在 6 周龄以下的雏禽,即这一年龄的鸡最为敏感。在 6 日龄的雏火鸡和 14 日龄的肉鸡雏的粪便中病毒颗粒是最常见的。但有时年龄不存在抗感染的问题,在 32～90 周龄的蛋鸡中也存在与轮状病毒有关的腹泻。该病经口腔传播可能是主要的传播途径。禽类被感染后,会经粪便排出大量的病毒。直接和间接接触容易发生水平传播。该病感染的潜伏期很短,在感染 48 h 以后鸡的粪便中就有病毒的排出,第 5 天达到高峰。在感染鸡中,约 3 天后出现症状。其临床症状差异很大,从亚临床感染到暴发腹泻。由于腹泻引起脱水,增重慢和死亡增加等。1 周龄内的火鸡雏一般仅发生极为轻微的腹泻。12～21日龄火鸡雏可出现较为严重的疾病,精神委顿,水样腹泻;2～5周龄小火鸡则可出现剧烈腹泻,病雏挤堆,幸存下来的鸡生长受阻。禽轮状病毒感染的发病率很高,死亡率很低,一般为4%～7%,但由于腹泻可影响雏禽的生长发育,饲料转化,而死亡率高低与有关诱因或伴因有关。在剖检病死鸡时最常见的剖检变化是肠道和盲肠内含有大量的液体和气体,脱水、肛门发炎,啄肛,肌胃中含有垫料、脚垫发炎并黏有粪便等。

预防和控制:①综合性防制措施:由于轮状病毒感染普遍存在的情况下,要采用严格的防疫措施可以减少由此造成的损失。可以加强通风,提高舍内的温度,勤换和多铺垫草等,可以减少腹泻对垫料的影响。建议不要重复使用垫草,用过的垫草一定要彻底进行消毒和处理。一旦发生轮状病毒暴发,损失比较严重,就应当对鸡舍进行彻底的清洗和消毒,以控制该病的蔓延和传播。目前还没有研制出疫苗。②药物防治:目前尚无任何有效药物治疗本病。但在鸡发病腹泻比较严重的,可以使用抗生素及多种维生素等,以缓解发病鸡的临床症状,减少由此造成的并发或继发性感染。可饮服ORS来防止因拉稀而造成的脱水死亡。也可以用一些止泻剂,中药制剂来进行防制。

☞ 138. 火鸡淋巴组织增殖病病原有何特点,该病是怎样传播的?

火鸡淋巴组织增殖病(LPD)是由肿瘤病毒亚科的一个病毒引起的火鸡以淋巴组织增生和形成淋巴肿瘤为特征的一种病毒性传染病。此病在某种程度上,很像发生在鸡的白血病和马立克氏病。该病毒至今还不能在细胞上培养。该病病原属逆转录病毒科的C型颗粒,即火鸡淋巴组织增殖病病毒(LPDV)。成熟的病毒颗粒有囊膜。含有大分子量的RNA和RNA依赖的DNA聚合酶。

LPDV在血清学上与其它禽逆转录病毒无关，也没有核酸序列的同源性。只发生在火鸡。实验感染鸡可发病，但程度比火鸡要轻。可发生水平传播又可垂直传播，无论是公鸡还是母鸡患病都可传染。任何年龄的火鸡都可发生，自然发病常见于7～20周龄的火鸡，其它成年火鸡几乎不发生感染。公火鸡比母火鸡易感。但不同品种的火鸡，对LPDV的易感性不同。该病多呈地方性或散发性发生，发病率一般不很高。

☞ 139. 火鸡淋巴组织增殖病临床有何变化，应怎样预防和控制？

发病火鸡临床经过迅速，很少有先驱症状。有的则仅出现羽毛蓬乱，厌食，不愿活动等。常发生贫血。白细胞增加或减少。出现症状的雏火鸡都会死亡。发病特点就是4周龄感染的火鸡发病率高于1日龄感染的火鸡。10周龄和18周龄的青年火鸡最常患此病，死亡率也较高，可达全群鸡的25%。本病可水平传播，出壳后几周，随着日龄的增加对本病的易感性增加，不同品种的火鸡对本病的易感性不同。该病特征性的变化是某些器官形成肿瘤，脾脏肿大，如同鸡蛋，外表呈苍白的粉红色，形如大理石。肝脏也可能肿大，有粟粒性病灶。在胰腺、肾脏、性腺、肠壁、肺脏、心肌和胸腺有肿瘤病变。急性病鸡有时外周神经肿胀。

预防和控制：目前对本病的了解还不很透彻，所以无法提供特异的防制方法。应当像对待其它传染病一样，应把重点放在日常的饲养管理和卫生防疫措施上。严格地检疫和卫生防疫措施，可能会有效地控制疾病的传播。另外，在火鸡的育种上，应当注意选育抗LPDV的火鸡品种。淘汰已被感染的火鸡，以避免将疾病传至下一代。在发病严重的地区，要设法改变火鸡的品种，或进行杂交，这样可能会减少疾病的发生。

☞ 140. 肉鸡肿头综合症临床有何特征，病原有何特点？

肉鸡的肿头综合症(SHS)是肉鸡所患的一种以呼吸道症状、头部肿胀为主要特征的病毒性传染病，故又称脸肿综合症。种鸡群发病主要表现产蛋率下降，商品鸡群发病后死亡率较高，病愈鸡发育不良。本病的病因目前尚未完全清楚，从病鸡中可分离到多种细菌和病毒，多是由埃希氏大肠杆菌和禽肺病毒，也可是其混合感染所致。该病在火鸡群中发病，又称火鸡鼻气管炎(TRT)，引起火鸡的呼吸道症状、头部肿胀，和产蛋率下降为特征的病毒性疾病。又称肺病毒感染。禽肺病毒，属副粘病毒科肺病毒属。该属病毒粒子为多形性，多呈椭圆形，偶尔也可见圆形或长丝状粒子。有囊膜的 RNA 病毒构成，囊膜表面有纤突，衣壳呈螺旋状对称。衣壳在胞浆内组装，然后在细胞膜上出芽，获得囊膜。肺病毒无血凝性和神经氨酸酶，有特征性核衣壳和大量结构与非结构性多肽。可以用气管培养物来增殖病毒。病毒一旦适应胚胎或气管器官培养，即可在鸡胚细胞、火鸡胚细胞、vero 细胞内生长，增殖的病毒滴度较高，并伴有合胞体形成的特征性细胞病变。

许多国家和地区从发病鸡群中分离到禽肺病毒或检测出禽肺病毒抗体。但单独接种禽肺病毒或大肠杆菌都不能引起典型的肿头综合症。所以，现在一般认为鸡首先感染禽肺病毒，引起鼻气管炎和皮肤搔伤，造成大肠杆菌感染，侵入面部皮下组织，引起肿头症状。

☞ 141. 肉鸡肿头综合症临床有何变化，应怎样预防和控制？

该病自 20 世纪 70 年代在南非鸡群中首次报道以来，已经在世界上很多国家发生，而且正呈不断流行和发展的趋势。鸡和火鸡是其自然宿主。任何年龄的鸡和火鸡均可感染。在一栋鸡舍内，疾病的症状暴发可在 12～24 h 迅速传遍全栋。发病率接近

100%。在此病流行地区，绝大多数的鸡群都要受到感染。主要以水平传播为主，特别是经直接接触或间接接触而感染，可以通过设备、转群、运输、人员、饲料和被污染的水以及通过空气飞沫和自然风等进行传播。病毒是否垂直传播，目前还未得到证实。

肉鸡肿头综合症主要发生于肉用仔鸡和育成鸡，其主要表现为鼻炎、气管炎，有呼吸道罗音、咳嗽、气喘或张口呼吸、鼻窦和眶下窦肿胀，泡沫性的结膜炎或眼睑炎，颌下或头面部水肿，绝大多数的病火鸡都会出现鼻炎和气管炎的症状，而其它症状的出现有很大的不同和差异。死亡率差异很大，产蛋鸡发病时死亡率较低，有的几乎没有。肉鸡多发于 3～6 周龄，常见于 4～5 周龄。病鸡首先出现喷嚏，继而出现结膜炎，最后可见颜面水肿，水肿部位从眼睛延伸至头部、下颌组织及肉髯。发病率较低，死亡率一般为 1%～5%。症状严重程度取决于继发感染和饲养管理水平。肉用种鸡多在 30 周龄左右发病，产蛋量有所下降，以及数量不等的病鸡有歪颈，出现眶下窦和眶周围肿胀，头部水肿，结膜炎，有的颈上部和肉髯出现水肿。有些共济失调和角弓反张等。病鸡用爪搔抓脸部和将头在肩部摩擦，使羽毛污秽不洁。常见有腹泻，病鸡粪便有时有恶臭气味。剖检病死鸡可见头部周围皮下组织充满胶冻状渗出物和化脓，在一些严重病例肉髯发绀和肿胀，有鼻窦炎、鼻黏膜和泪腺瘀血和有点状出血，眼结膜发炎，有时可见角膜溃疡。种鸡急性病例可见卵黄性腹膜炎、气囊炎等。大多数情况下，鸡群从外观上看比较正常。有的母鸡尚可见有输卵管炎。

预防和控制：①综合性防制：对于此病目前尚无有效的治疗方法和措施。在此病的防制上，管理因素起着很大的作用。由于鸡舍内过量的氨气和尘埃以及一些有害气体可加重本病，因此要加强舍内通风、降低饲养密度、良好的垫料管理和卫生防疫措施，可以最大限度地降低此病所造成的发病率、死亡率以及经济损失等。当感染鸡群清群后，施行“全进全出制”的饲养管理，对鸡舍彻底的清扫消毒，能有效的阻止本病的传播。因此，有良好的饲养管理和环境卫生习惯有助于本病的预防。②药物对防治本病的作用：目前没有特效药物进行防治，在发生本病时使用一些抗生素或其它一些抗菌药物，来控制由细菌引起的继发感染和并发感染，是降低本病严重程度的重要措施。特别是要控制大肠杆菌病的发生，减少由此而造成的死亡和经济损失。③疫苗免疫预防：目前，国外市场上有两种疫苗：一种是弱毒活疫苗；另一种是油乳剂灭活苗。这两种疫苗对防制本病具有很好的效果。用肿头综合症疫苗对种火鸡和鸡进行免疫接种，可以有效地防止种火鸡和鸡的产蛋率降低所带来的经济损失，也可以给火鸡雏和鸡雏提供一定的母源抗体，使其免受感染。应用经传代鸡胚 50 代而致弱的 1 株弱毒给 1 日龄的肉鸡滴眼，能使接种鸡抵抗 4 周龄时的同种病毒的攻击。南非在大量使用此疫苗 1 年，此病现在已很少发生。另外，如有较好实验室条件的地区，应当进行鸡群肿头综合症抗体和免疫力水平的监测。以此制定出对本病更好的防制措施来。

☞ 142. 沙门氏菌病有哪些，预防沙门氏菌病为什么要从种鸡抓起？

禽沙门氏菌病由鸡白痢、禽伤寒、禽副伤寒和亚利桑那菌感染。因沙门氏菌病大多属于蛋传性疾病，它可以通过种鸡传给雏鸡。所以，如果种鸡带有这类疾病，就会引起雏鸡发生沙门氏菌病。因此，为防治这类疾病就必须从种鸡抓起。对种鸡要定期进行血清学检测，淘汰那些阳性带菌鸡，对本类疾病彻底净化；种鸡场对种鸡产的蛋要及时捡出、消毒。因鸡蛋产出后由热变凉，这样蛋内对蛋外形成一个负压，使蛋表面的细菌由于负压的作用而进入蛋内，为防止病原菌侵入蛋内，要及时捡蛋消毒。另外还要注意加强孵化卫生消毒，避免经蛋垂直传播。所以，为彻底预防本类疾病的发生必须从种鸡抓起。

☞ 143. 种鸡场应怎样监测和净化鸡白痢病?

带菌的种鸡是鸡白痢病的主要传染源,消灭带菌鸡是预防该病的关键。可用凝集试验来进行监测该病,方法是采待检鸡全血或血清 1 滴置于玻璃板上,再加入 2 滴有色抗原,摇匀,在室温下 2 min 内出现凝集者为阳性,发现阳性的种鸡要淘汰,建立一个无鸡白痢病的种鸡场。一般首次检测可在阳性率出现最高的 60～70 日龄进行,第 2 次检测应在 16 周时进行,以后每隔 1 个月测 1 次,发现阳性者立即淘汰,连续 2 次做全群全血凝集试验均为阴性者可为假定健康鸡群,以后每隔半年或 1 年检测 1 次。

孵化厂要严格遵守消毒程序,采用无菌病鸡群所产的种蛋进行孵化。种蛋最好在产蛋后 0.5 h 就捡蛋熏蒸消毒,防止蛋壳表面的细菌侵入种蛋内。孵化器、出雏筐等设备在每次应用之前或用完之后,须用福尔马林熏蒸消毒。雏鸡出壳后在绒毛未干之前,也可用低浓度的福尔马林熏蒸消毒。育雏舍、育成舍和蛋鸡舍内要做好地面以及各种设备的清洗消毒,定期对鸡群进行带鸡消毒。只有这样才能建立一个无鸡白痢病的健康鸡场。

☞ 144. 鸡白痢病在临床上有什么特点?

鸡白痢沙门氏菌,属肠杆菌科沙门氏菌属。为革兰氏阴性、两端稍圆的细长杆菌,无运动,无荚膜,不形成芽孢。兼性厌氧。鸡白痢主要发生在 2～3 周龄的雏鸡和雏火鸡,以白色下痢和肝肺出血坏死等为特征的一种急性、全身性败血性感染。成年鸡和成年火鸡很少发生。成年鸡感染后也多呈慢性,局部性感染或不显症状,多限于生殖系统的感染,引起产蛋率和孵化率的降低。该病主要由成年带菌鸡经粪便污染饲料、饮水、环境、垫料、工具以及种蛋和孵化器等经消化道感染而传播,种蛋的垂直传播在本病的发生和流行过程中起很重要的作用。

病雏鸡虚弱、无食欲、突然死亡。多表现不愿走动，扎堆，两翅下垂，嗜睡，白色下痢，脱肛、努责，排便时常发生尖叫，肛门周围有白色和带绿色的粪便糊住。有的可出现呼吸困难和跛行等。生长缓慢，消瘦，脐孔愈合不良，其周围皮肤易溃烂，卵黄吸收不良，腹部膨大。个别雏鸡还可见有关节炎、眼球炎、失明等，甚至神经症状。

在早期死亡的雏鸡多见有卵黄吸收不良。肝脏肿大、充血或有条纹状出血，表面有小的灰白色坏死灶。出血性肺炎，或有黄灰色结节和灰色肝变区。心肌、盲肠、肌胃等也可见坏死灶和结节，盲肠内有黄白色较硬的栓子。脾脏肿大，心包混浊，心外膜有灰白色坏死灶。无症状的带菌鸡一般没有明显病变。慢性带菌母鸡最常见的病变是卵巢变形、变色，呈囊肿状，以及腹膜炎和慢性心包炎。火鸡还多见有腹膜粘连和腹水等病理变化。

☞ 145. 养鸡户应怎样预防鸡白痢病的发生？

预防鸡白痢病要采取综合性防治措施，种鸡场要有严格的防疫制度，定期进行血清学检测，隔离或淘汰阳性带菌鸡，培育无鸡白痢鸡群。另外还要注意加强孵化卫生消毒，避免经蛋垂直传播。禁止从有病的或情况不明的鸡场引进种鸡或种蛋、种雏。在饲料中添加抗生素，进行药物预防，可有效地防止发病和减少死亡。发生疾病时应及时治疗，要加强隔离和消毒措施。对从临床症状和病理变化看似鸡白痢病时，可采集病鸡的肝脏、心血、肺脏和卵黄等，直接接种到 BS、BGS 或 DHL 培养基上进行分离培养、染色、镜检。也可用检测鸡的全血来进行全血凝试验检测鸡群中是否是鸡白痢阳性带菌鸡。发现以后可做药物敏感试验，选出敏感的药物进行治疗。

临床上有许多药物对鸡白痢都有一定的治疗和预防效果。如 0.2%～0.4%的磺胺甲基嘧啶或磺胺二甲基嘧啶，0.05%～0.1%

磺胺喹恶啉；0.02%～0.04%呋喃唑酮；用土霉素、庆大霉素；卡那霉素、新霉素和一些喹喏酮类药物等均有较好的效果。用0.1%～0.2%氯霉素拌料喂服进行防治也能取得较好的效果。对于雏鸡在出壳后可饮用 2%～5%的乳糖或红糖水，在饲料中加入 0.02%的痢特灵，给出壳后开食的小鸡连喂 7 天，或在饲料中添加抗生素。利用白头翁、白术、白芍、茯苓等中草药组方来进行防治本病效果也较好。近年来利用促菌生、调痢生、抗痢宝等微生态制剂进行防治本病具有安全、无毒、不产生副作用、细菌不产生抗药性、无残留等优点，现已大力推广应用收到较好的效果。但应注意在使用时与使用前后的 4～5 天禁止使用抗菌药物。

☞ 146. 禽伤寒是由什么病原引起的，临床上有哪些特点？

禽伤寒是由鸡伤寒沙门氏菌感染家禽所引起的一种全身性、急性败血性疾病或慢性经过的传染病，可引起中等或较高的死亡率。又名传染性白血病、鸡伤寒、伤寒等。革兰氏阴性，短而粗的杆菌，不产生芽孢，无荚膜，不能运动。其分布遍布全世界。主要发生在鸡和火鸡，但珠鸡、孔雀、鸭、鹌鹑、野禽、松鸡和雉鸡等也有发生。各种年龄的鸡均可感染，雏鸡和雏火鸡的带菌鸡和阳性反应鸡在本病的蔓延和传播中起着很重要的作用。可通过种蛋发生垂直传播，也可经粪便污染饲料、饮水和工具等将疾病传播。饲养员、饲料商、参观者等也可带有病原。一些动物、苍蝇等可成为机械传播者。

其症状与鸡白痢很相似。雏鸡表现有虚弱，体温升高，嗜睡，食欲丧失，呼吸增速，泄殖腔周围黏有大量的白色粪便，后期呈黄褐色。鸡冠发紫、萎缩。有些有呼吸困难和打咯声等。如种蛋带菌则可在出雏器中见到死雏和死胚蛋。成年鸡主要表现为吃食减少，精神委顿，羽毛蓬乱，鸡冠和肉髯贫血，生长不良。有的成年鸡可能无症状而成为带菌者，当发生慢性腹膜炎时，病鸡常呈企鹅式站立。火鸡可出现绿色或黄绿色粪便。发病率和死亡率可高达5%～30%。剖检病鸡时可见到最急性病例多无明显病变或很轻微。急性发病雏鸡最常见的是肝脏、脾脏和肾脏的红肿。亚急性和慢性病例则肝脏肿大呈铜绿色，有粟粒大灰白色或浅黄色坏死灶。胆囊肿大并充满绿色油状胆汁；脾肿大并常有粟粒大小的坏死灶。肺脏和肌胃也有灰白色坏死灶。肾脏肿大并充血。心包发炎积水，有纤维素样渗出物，有的发生粘连，心肌上有灰白色粟粒状病灶，心包炎，腹膜炎，腹内有纤维素样渗出物。卵黄囊出血、变形，色泽呈灰黄和浅棕色。卡他性肠炎，肠道黏膜溃疡。公鸡睾丸肿大并有坏死灶。母鸡卵巢有时发生萎缩，常见一部分正在发育的卵泡充血，变色或变形，有的卵泡破裂引起卵黄性腹膜炎。火鸡的病变特点是肝脏肿大，有红木色和青铜色条纹，脾肿大，心肌有坏死灶，肺脏呈灰色，出血性肠炎（特别是十二指肠）以及明显的肠道溃疡等。雏火鸡主要表现有卵黄吸收不良。

☞ 147. 禽伤寒应怎样预防和控制？

禽伤寒的预防和控制与鸡白痢病的防治基本相同。要加强环境消毒，严格处理粪便，杜绝病原菌的侵入和扩散。加强日常检疫、消毒、灭蝇、灭鼠和防鸟等工作，对鸡群特别是种鸡群，要定期进行血清学监测，及时淘汰病鸡和阳性带菌鸡，净化鸡群。由于病鸡的凝集素是间歇出现的，一次不能将病鸡全部检出，必须反复进行多次，把阳性鸡全部检出，彻底的把鸡群净化好。

投药预防雏鸡发病，可将痢特灵按 40 g/100 kg 饲料的比例拌料，加 0.2%磺胺甲基嘧啶或 0.5%磺胺二甲嘧啶，连用 5～10 天进行预防效果很好。当发病时也可用磺胺类中的磺胺甲基嘧啶、磺胺二甲基嘧啶和磺胺喹恶啉等；抗生素类如土霉素、金霉素、氯霉素、喹诺酮类药物等，如盐酸环丙沙星和乳酸诺氟沙星等药物，对本病的治疗效果较好。有条件的最好进行药敏试验，选择较为敏感的药物进行防治效果更好。

☞ 148. 禽伤寒和禽副伤寒在病原上有什么不同?

从病原上禽伤寒是由鸡伤寒沙门氏菌引起的而禽副伤寒则是由鸡白痢沙门氏菌和鸡伤寒沙门氏菌以外的沙门氏菌引起的，也就是指由能运动的各种泛嗜性沙门氏菌所致的疾病的统称为禽副伤寒。在沙门氏菌属中，除鸡白痢沙门氏菌和鸡伤寒沙门氏菌外，凡是对家禽有致病性的沙门氏菌均为副伤寒菌。在沙门氏菌的1 700个血清型中，已分离到的有 150 余种。它是养鸡业危害比较严重的疾病之一，它流行广、危害大，现在发现的主要有：鼠伤寒沙门氏菌、肠炎沙门氏菌、贝勒里沙门氏菌、加利福尼亚沙门氏菌、伦敦沙门氏菌、莫斯科沙门氏菌、都柏林沙门氏菌、巴拿马沙门氏菌、乙型副伤寒沙门氏菌等。其中鼠伤寒沙门氏菌引起的感染最为常见。这类细菌均为革兰氏阴性杆菌，无荚膜，不产生芽孢，有鞭毛能运动。大多数都具有菌体(O)和鞭毛(H)两种抗原。而引起禽伤寒的鸡伤寒沙门氏菌则是短而粗的杆菌，不产生芽孢，无荚膜，不能运动等特点。

☞ 149. 禽副伤寒是怎样传播的?

禽副伤寒菌的自然宿主十分广泛，大多数温血和冷血动物都可感染，家禽中的鸡、火鸡、鸭、鹅和鸽等都易感，特别是幼禽。但最常发生在火鸡和鸡。而且大多数禽沙门氏菌都可感染人，引起胃肠炎或严重的败血症。家禽沙门氏菌可以通过肠道带菌的鸡在产蛋过程中蛋壳表面被粪便中的副伤寒沙门氏菌污染，或经已污染的地面、产蛋箱及孵化器等来进行传播。蛋壳表面的细菌可经蛋孔进入蛋内，并在卵黄内迅速繁殖。如侵入正在发育的胚胎内，则会使其死亡，或经孵化出壳的雏鸡传播给其它鸡雏。有时，受感染的卵黄也可直接传递给种蛋，从而传播给雏鸡。孵化和育雏过程中的设备如孵化器、出雏器和育雏器等，以及环境被污染后，也可经呼吸道、消化道以及饲料、饮水等直接或间接地造成雏鸡的感染。外表健康的成年带菌鸡可直接将疾病传给雏鸡，粪便是最主要的感染源。饲料是最常见和重要的感染来源，许多使用动物性产品或副产品如骨粉、肉粉、鱼粉等配制的饲料都曾发现有沙门氏菌。苍蝇、甲虫、蚤及其它昆虫等也可能会携带病菌传播疾病。人和其它多种动物如鸽、鼠、猫、犬、猪、羊、牛、麻雀及其它多种动物也可成为传播者。

禽副伤寒其症状与鸡白痢、鸡伤寒、禽亚利桑那菌病及其它疾病很相似。主要发生在雏火鸡和雏鸡。孵化期间感染的则出现死胚蛋和胚胎后期死胚增加，出壳的无明显症状即可死亡。幼禽主要表现为无神，呆立，垂头，闭目，两翅下垂，羽毛蓬松，食欲降低，饮水量增加，水样腹泻，粪便常黏着在肛门周围。一般无呼吸道症状。雏鸭常出现颤抖、喘气，眼睑肿胀和水肿等。成年禽通常呈不显性感染，为慢性带菌者，极少有急性暴发。剖检急性死亡的雏鸡时无明显病变。一般主要有消瘦、脱水、卵黄凝固，肝脏、脾脏充血并有条纹状出血或针尖大灰白色坏死灶，心包炎和心包粘连。火鸡常见有小肠，特别是十二指肠的出血性肠炎，盲肠膨大，内含黄白色干酪样物形成的肠芯。无鸡白痢常见的心脏和肺脏病变。成年慢性带菌鸡一般没有任何明显的病变。有的可出现消瘦、肠道坏死性溃疡，肝、脾或肾脏肿大，心脏上有结节。成年鸡，特别是火鸡，最常见有关节炎造成的腿软。而输卵管坏死增生及卵巢坏死变形等病变不像鸡白痢那样明显和常见。成年鸡急性感染时，可出现肝、脾、肾肿胀充血，以及出血性或坏死性肠炎、心包炎和腹膜炎等。可根据上述临床症状和病理变化做初步诊断，然后从病鸡的盲肠内容物或泄殖腔内容物、盲肠扁桃体和泄殖腔棉拭子，刚出壳雏鸡的绒毛和死胚蛋以及地面垫料进行沙门氏菌的培养、分离和鉴定。培养也是一种常用的和有效的监测方法。

☞ 150. 养鸡户应怎样预防禽副伤寒的发生？

禽副伤寒预防虽然也有多价苗和多价高免血清供主动免疫和被动免疫用于母鸡和雏鸡，但由于沙门氏菌种类太多，所以应用效果不很确实。因此预防本病必须采取综合性的预防措施。首先应从无沙门氏菌的种禽场引进种蛋和种雏；建立一个无沙门氏菌的种禽场，加强养禽场的环境卫生和消毒，严防各种带菌动物进入禽场，防止粪便污染饲料和饮水。养禽场要有完整的细菌学和血清学检测规程；高标准的卫生防疫措施；及时定期收集种蛋，并立即进行熏蒸消毒；保持产蛋箱的清洁卫生，淘汰脏蛋和破蛋等；加强对孵化器及孵化环境的卫生和消毒；坚持"全进全出制"饲养，彻底清洗和消毒育雏舍；尽量不使用动物性产品，确保所用饲料内不含有沙门氏菌。对于种禽中心要严格孵化管理和无沙门氏菌饲料供给等措施，来预防禽沙门氏菌病的发生。若发生禽副伤寒时，要及时使用药物进行治疗可有效地减少死亡。但所有的药物治疗均不能消灭感染，鸡体内仍然可能携带有病原菌。另外在治疗前，应对分离到的沙门氏菌菌株做药物敏感性试验，以筛选最有效的药物进行治疗和预防。常用的药物有：磺胺甲基嘧啶、磺胺二甲基嘧啶和磺胺喹恶啉等磺胺类药物；也可选用链霉素、庆大霉素、卡那霉素、土霉素、金霉素、氯霉素等抗生素类药物以及呋喃唑酮等。在饲料中添加0.02％呋喃唑酮连用7天，剂量减半后再用7天。也可用微生态制剂如"8901"、"菌痢康"等对沙门氏菌感染有良好的预防效果。

☞ 151. 亚利桑那菌病是一个什么病，应怎样预防和控制？

亚利桑那菌病是由亚利桑那沙门氏菌感染所引起的急性或慢性肠道感染或败血症。可造成产蛋下降、孵化率降低等，是危害火鸡业的最重要的疾病之一，又称副大肠杆菌病。主要发生在火鸡，但鸡、鸭等也可发生。亚利桑那沙门氏菌与其它肠道菌相似，为革兰氏阴性，不产芽孢，有鞭毛，能运动。大约有322个血清型，包括34个O抗原和43个H抗原。该菌与沙门氏菌之间不存在交叉免疫反应。该菌的抵抗力与沙门氏菌相似。加热及普通消毒剂都能杀死，但在污染的饲料中能存活17个月；在鸡场的土壤中能存活6～7个月，在禽舍的设备与用具上能存活5～25周或更长时间。该病任何年龄的火鸡均可发生。特别是在5周龄以下雏火鸡。成年带菌鸡能长期散播病菌。主要经蛋直接或间接地发生垂直传播，但也经肠道带菌者的粪便污染饲料、饮水和环境后引起传播。或经爬虫类、哺乳动物、人类及污染的环境等发生。经常发生不同种群之间的相互传播。本病无特异性临床症状，可表现精神沉郁，羽毛蓬乱，虚弱，腹泻，腿麻痹，低头缩颈，肛门周围黏有白色或红褐色粪便。有的有运动失调、颤抖和抽搐等神经症状。眼一侧或两侧失明。成年鸡症状不明显，死亡较少。剖检可见心肌混浊肿胀，表面有出血点。十二指肠显著充血、出血，小肠或盲肠内有黄褐色干酪样肠芯。卵黄吸收不良、腹膜炎，少数成鸡有卵巢炎，卵泡畸形，输卵管炎。脑膜充血。肝脏肿大呈黄色或斑驳状，胆囊肿大，胆汁黏稠。常见有眼混浊，视网膜上有黄白色干酪样渗出物等。

亚利桑那菌病与沙门氏菌病的防治措施基本相同。应采取综合性防治，加强饲养管理，注意环境卫生和消毒。主要包括种蛋的消毒，并做好孵化环境的卫生和消毒，切断传播途径，以及定期进行细菌学和血清学检测淘汰阳性种鸡等。采用对1日龄雏鸡注射抗生素的方法来预防本病。可选用呋喃唑酮、磺胺类、庆大霉素、土霉素、链霉素等药物来进行预防和治疗。药物治疗可减少本病急性暴发时所造成的死亡和经济损失，也可防止本病的散播，但不能消灭亚利桑那菌。因此，防制本病必须采取综合性措施进行防制方能奏效。

☞ 152. 禽大肠杆菌病原有何特点，该病是怎样传播的？

禽大肠杆菌病是由某些致病性血清型大肠埃希氏杆菌引起的不同类型疾病的总称。大肠埃希氏杆菌（简称大肠杆菌）是一种条件性致病菌，感染家禽后，可引起败血症、肉芽肿、腹膜炎、输卵管炎、滑膜炎、脐炎、肝周炎、心包炎、气囊炎、眼球炎、关节炎及滑膜炎等多种疾病，是造成家禽重大经济损失的疾病之一。大肠埃希氏杆菌是一种革兰氏阴性、非抗酸性、不形成芽孢，两端钝圆的中等大杆菌，能运动，有周身鞭毛，有的菌株可形成荚膜。一般单独散在，不形成长链条。该菌的最适生长温度为 37℃，但能在15～45℃的范围内生长，最适 pH 为 7.2～7.4。为需氧或兼性厌氧菌，对营养要求不严格，在普通培养基上即能生长良好。在普通肉汤中呈均匀混浊生长，极少形成菌膜，长期培养时可见管底有黏性沉淀，常有特殊的粪臭味。在麦康凯琼脂平板上产生红色菌落。在伊红美蓝琼脂上产生紫黑色金属光泽的菌落。在中国蓝玫瑰色酸琼脂上，形成蓝色菌落。大肠杆菌具有中等抵抗力。60℃ 30 min可被杀死。室温下可生存 1～2 个月，在土壤和水中可存活数月，在蛋壳上可存活 24 天。对氯十分敏感，漂白粉对其有很好的消毒效果。5%石炭酸、3%来苏儿等 5 min 内可将其杀死。甲醛蒸气、1%氢氧化钠等均可用于该菌的消毒。大肠杆菌抗原结构复杂，由菌体（O）抗原、鞭毛（H）抗原和荚膜（K）抗原三部分组成。目前 O 抗原已知有 163 种，K 抗原已知有 99 种，H 抗原已知有 50 种。大肠杆菌根据这三种抗原形成了众多不同的血清型，致病作用及其在流行病学上的意义主要表现在 O 及 K 抗原上，H 抗原的意义不大。另外，在菌体表面还有一种纤毛物质，也称为纤毛（F）抗原。但现认为按致病力大小可将其划分为致病性、非致病性和条件性三种类型。不同地区有不同的血清型，同一地区不同鸡场有不同的血清型，甚至同一鸡场同一鸡群可以同时存在多个血清型,不同的血清型可引起不同的症状。目前,我国已报道的鸡致病性杆菌(菌体抗原)血清型共51个,最常见的是O_1、O_2,O_{35}和O_{78}四个血清型。以O_2最多,其次是O_{78},再次是O_1。

大肠杆菌的分布极为广泛,是各种动物肠道的常在菌,因此该病的分布也呈世界性。多种家禽对该病有易感性,鸡、火鸡、鸭和鹅等都可发生。在自然条件下,该病可发生于各种年龄的鸡,但多发生于雏鸡,特别是3～6周龄内的雏鸡最易感。发病率一般为30％～70％,死亡率为42％～80％,有时高达100％。该病的传播方式有垂直传播和水平传播两种。垂直传播途径有两种:一种是大肠杆菌引起的败血症及腹膜炎,产蛋种鸡相继引起卵巢及输卵管的感染,从而可引起卵内污染,传染给下一代雏鸡;另一种是种蛋本来不带菌,但蛋壳表面污染有大肠杆菌的粪便,在种蛋保存期间大肠杆菌经蛋壳和蛋壳膜侵入种蛋内,或在孵化期侵入蛋内部并在孵化期间和出雏后迅速繁殖和传播,造成雏鸡大批死亡,这是大肠杆菌病的主要传播方式。由于大肠杆菌的迅速繁殖而引起死胚、爆蛋或出壳后成为染菌雏鸡。这种雏鸡可排出大量的大肠杆菌,污染周围环境。被大肠杆菌污染的饲料、饮水、垫料、空气、尘土等为该病的主要传染媒介,在饮水中的大肠杆菌可长期存活,也是该病的主要传染源。因此,可通过消化道、呼吸道、脐带、破损的皮肤等途径引起水平传播。交配也可引起该病的传播。另外,当禽遭受应激刺激,感染其它疾病如ND、IB、IBD、AI、腺病毒、出血性肠炎病毒、慢性呼吸道病、沙门氏菌、禽霍乱、腹水综合症等病时,均可诱发或继发大肠杆菌感染。鸡大肠杆菌病为一种条件性疾病,恶劣的外界环境条件和各种应激因素均能促进该病的发生和流行。该病一年四季均可发生,但以冬春寒冷和气温多变季节多发,寒冷、通风换气不良、氨气过多、空气中游离的尘埃刺激呼吸道黏膜、饲养密度过大,营养不均衡等,均可诱使该病的发生。

☞ 153. 鸡感染大肠杆菌后临床上有哪些变化?

鸡发生大肠杆菌性败血症后,可见精神沉郁,无食欲,羽毛松乱呈蹲坐姿势,下痢及呼吸困难和打喷嚏等呼吸道症状。种蛋污染,可造成胚胎后期死亡增多,雏鸡卵黄吸收不良,下痢,腹膜炎和脐带炎等。产蛋鸡多表现有腹膜炎和输卵管炎,严重的造成输卵管阻塞,卵黄坠入腹腔。败血症的后期,可导致眼球炎,表现为眼睑肿胀,流泪,混浊,失明,甚至萎缩。幼雏和中雏多发生关节炎和滑膜炎,跛行。有的可出现出血性肠炎。

该病由于发病年龄、侵害部位及与其它疾病混合感染等因素不同,使大肠杆菌病的病理变化也多种多样。①大肠杆菌败血症:特征性变化是肝脏呈绿色和胸肌充血,肝脏肿大有小的白色病灶。病鸡突然死亡,皮肤、肌肉瘀血,血凝不良,呈紫黑色。肠黏膜弥漫性充血、出血。心脏增大,心肌变薄,心包腔充满淡黄色液体。有的脾脏肿胀,肾脏肿大,肺脏出血、水肿。雏鸭大肠杆菌败血症的特征是心包炎、肝周炎和气囊炎等。②纤维素性心包炎:是其特征性病变,表现为心包膜增厚,混浊,粘连,心包囊由云雾状到淡黄色纤维蛋白性渗出不等。心包膜及心外膜上有纤维蛋白附着,呈白色,可见心包膜与心外膜粘连。③肝周炎:肝脏肿大,表面有一层黄白色的纤维蛋白附着。肝脏变性,质地变硬,表面有许多大小不一的坏死点。严重者,肝脏渗出的纤维蛋白与胸壁、心脏、胃肠道粘连。④气囊炎:气囊增厚,混浊,内有黄白色干酪样物附着,并有原发性呼吸道病变。⑤关节炎及滑膜炎:多在跗关节周围呈竹节状肿胀,关节液混浊,腔内有纤维蛋白渗出或出现脓汁,滑膜肿胀、增厚,有的有腱鞘炎。⑥大肠杆菌性肉芽肿:以心脏、肝脏、十二指肠、盲肠肠系膜上出现典型的结节状肉芽肿为特征病变。肉芽肿呈单个或多发性地发生于各种器官,有针头大、核桃大,甚至鸡蛋大,呈灰白色乃至黄白色,多位于浆膜下。⑦全眼球炎:也是大肠杆菌感染眼和结膜而发生的，有时在个别个体发生本病。单侧或双侧眼肿胀，眼房水和角膜混浊，并在眼房中有干酪样分泌物，视网膜剥离而失明。⑧卵黄性腹膜炎及输卵管炎：腹腔内充满淡黄色腥臭的液体或破裂的卵黄，腹腔脏器表面覆盖一层淡黄色、凝固的纤维素性渗出物。卵巢中的卵泡变形，呈灰色、褐色或酱色等不正常色泽，有的卵泡皱缩。发生广泛性腹膜炎，甚至腹腔各脏器发生广泛粘连。输卵管变薄、扩张，管腔内有干酪样物质堵塞。输卵管充血、增厚。⑨出血性肠炎：肠黏膜出血、溃疡，严重时在浆膜面即可见到密集的小出血点。肌肉皮下结缔组织、心肌及肝脏多有出血，甲状腺及胰腺肿大出血。⑩雏鸡脐炎：是因脐部被大肠杆菌感染而引起的。脐部呈蓝紫色，脐带孔潮湿发炎、红肿，卵黄囊壁水肿变薄，卵黄吸收不良。⑪脑炎型：肝脏轻微肿胀，肠卡他性炎症，卵黄吸收不良。脑膜充血，偶有出血点，易剥离。脑壳软化，额骨内骨板呈土黄色，骨质疏松，脑实质水肿、软化，左半球尤严重。⑫肿头病和浮肿性皮炎：病鸡头部、腹部等部位的皮肤浮肿，在剖检病死鸡时，触摸皮肤感到增厚，剪开肿胀皮肤皮下充有黄白色炎性渗出物。

☞ 154. 怎样进行鸡大肠杆菌病的实验室诊断和鉴别诊断？

该病虽具有一定的特征性病变，但各类型均可能与其它疾病相混淆，所以仅凭流行病学、临诊症状和病理剖检变化仅能做出初步诊断。确诊必须进行细菌学检查。对分离菌株进行抗原型鉴定有助于确诊。①病料采集：应从新鲜病料中采样，死后若时间太长，肠内的大肠杆菌容易扩散到腹腔和组织。死亡的鸡胚和有脐炎的病鸡卵黄囊是最好的病料，有纤维素沉着的心包囊和肝脏，被感染关节的液体或脓汁及干酪物，输卵管内、有腹膜炎的腹腔内、气囊内和眼内的干酪样物等都是较好的病料。②细菌分离与鉴定：用接种环钩取上述病料少许，将其在普通培养基上或麦康凯、远腾氏等鉴别培养基上划线分离培养，获得单个存在的菌落。挑取菌落涂片、染色、镜检。可见革兰氏染色阴性杆菌，染色均一，不形成芽孢，多数菌株能运动、有鞭毛，在琼脂平板上 37℃ 培养 24 h，菌落边缘整齐，隆起，灰白色，直径 1～3 mm，在肉汤中均匀混浊生长。菌落在麦康凯培养基上呈红色，在伊红美蓝平板上呈黑红色带有金属光泽，在远腾氏培养基上呈红色。再将培养的菌落作生化试验。如果分离菌产生靛基质，不分解尿素，不产生硫化氢，不液化明胶，MR 试验阳性，VP 试验阴性，柠檬酸盐培养基不生长，能发酵葡萄糖、乳糖、甘露醇，产酸气，就可以确定为大肠杆菌。③血清学试验：鸡大肠杆菌有许多血清型，只有某些有致病力的血清型，可用 O 抗原和 K 抗原进行鉴定。由于血清学需要多种特异血清，常规的病例鉴定并不采用血清学试验，在流行病学调查中，血清学鉴定才是有价值的。

由于该病与多种疫病有相似之处，极易混淆，类似于大肠杆菌引起的病变，可由许多其它种类的微生物引起。也应考虑继发感染和混合感染的问题。如滑膜炎、关节炎也可由病毒、支原体、葡萄球菌、沙门氏菌及其它微生物引起。在雏鸡或鸡胚卵黄囊中能单独或同时分离到许多种类的微生物，如克雷伯氏杆菌、变形杆菌、沙门氏菌、芽孢杆菌、葡萄球菌以及梭菌。衣原体也可引起心包炎。巴氏杆菌或链球菌有时引起腹膜炎。其它细菌、支原体和衣原体也引起气囊炎。巴氏杆菌、沙门氏菌、链球菌和其它微生物可引起急性败血性疾病。肝周炎和心包炎虽为急性败血症病变，但除大肠杆菌外，禽霍乱、支原体病和鸡副伤寒有时也可见到这些变化，所以应注意进行鉴别诊断。

☞ 155. 养鸡户应怎样进行大肠杆菌病的预防和免疫？

(1)综合性预防：主要措施是避免将致病性血清型的大肠杆菌引入鸡群。加强饲养管理、卫生防疫、通风换气、提高空气质量和保持垫料卫生等基本措施，对预防和控制大肠杆菌病是十分重要的。对饮用水进行净化和消毒，有助于防止本病的传播。种鸡场和孵化场要注意对种蛋和孵化环境的消毒。加强环境消毒、带鸡消毒和通风管理，降低舍内空气中的灰尘，有利于减少呼吸道大肠杆菌病的发生。有条件的可在网上饲养来降低该病的发生，制定出合理的免疫程序，防止ND、腺病毒、禽流感、出血性肠炎病毒、慢性呼吸道病、沙门氏菌、禽霍乱、IB、IBD等病的发生，使所养家禽不会因发生这些病而继发大肠杆菌病。

(2)预防免疫：使用自制的大肠杆菌灭活苗或油乳剂灭活苗，可收到较好的预防效果。但要注意单一血清型菌株制备的灭活苗并不能预防流行的各种不同血清型引起的大肠杆菌感染。使用常发生的O_1、O_2和O_{78}三种血清型的大肠杆菌菌株制成的三价灭活苗在预防本病中，可收到较好的效果。也可在当鸡发生大肠杆菌病时采集病料、分离、增菌培养、灭活、加入佐剂制成适合于本场的大肠杆菌灭活苗，效果更好。其方法：将病料在麦康凯培养基划线接种，置于37℃培养箱中培养12～18 h，挑选微隆、光滑、圆形菌落接种于普通营养肉汤，37℃培养12～18 h进行增菌培养，纯粹检验合格后作为种子，再接种于营养肉汤，37℃培养6～12 h后呈现均匀混浊，进行活菌计数达10^9～10^{10}个/ml。灭活：一般采用甲醛灭活，加入0.5%甲醛，4℃ 48 h灭活，灭活后无菌检验，合格后用于配苗。加入佐剂制成油苗，目前常用的包括$Al(OH)_3$吸附剂，与灭活苗悬液等量混合后制成；或加入白油制成油佐剂灭活苗。也可制成大肠杆菌蜂胶灭活菌苗。疫苗制成后，要进行安全检验，取苗作肌肉注射1 ml/只，7～20日龄雏鸡10只，连同对照雏鸡10只饲养观察10天，无异常反应为合格。还要进行效力试验，取苗以0.5 ml/只肌肉注射10只7～20日龄雏，另用10只饲养作对照，20～25天后用10^8～10^9个/只致病性肠杆菌肌肉注射，观察7～10天，免疫组鸡保护80%以上判为合格。本疫苗用于7

日龄以上雏鸡，可有效地降低发病率，用于成母鸡，可使其后代得到母源抗体其在 2 周龄内得到保护。此外，利用大肠杆菌纤毛制备纤毛亚单位苗（O_1型）及多价纤毛亚单位苗（O_1、O_2和 O_{78}），免疫组和阳性对照组病变有极显著差异。有利用大肠杆菌（血清型 O_2），提取荚膜、菌毛和菌体，分别制成蜂胶佐剂苗，通过从保护指数、细菌分离和病变级数三个方面，比较三种疫苗的免疫效果。荚膜疫苗最好，菌体疫苗次之，菌毛疫苗较上两种差。大肠杆菌灭活苗一般在接种后 2 天即有抗体产生，第 6 天可达到高峰，首免后 14 天可进行二免，并维持在较高的水平，保护期在 3 个月以上。大肠杆菌菌苗在 2～15℃冷暗处保存有效期为 1 年，16～28℃保存有效期为 6 个月。使用方法一般采用颈背部皮下注射或肌肉注射，1 月龄以上的鸡用苗 0.5 ml。

（3）药物预防：很多种药物都可用于大肠杆菌病的预防和治疗，常用的药物有青霉素类（如氨苄青霉素、羟氨苄青霉素等）、链霉素、氯霉素类（如甲砜霉素、氟苯尼考）、庆大霉素、卡那霉素、多粘菌素、土霉素、新霉素、金霉素、呋喃类药物以及多种磺胺药物。但应注意大肠杆菌的耐药范围很广，耐药菌株也很多，因此在具体治疗时，应做药敏试验，挑选最敏感的药物进行治疗。近年来较为常用的是喹诺酮类药物，如盐酸环丙沙星可溶性粉、乳酸诺氟沙星饮水剂、二氟沙星等对治疗本病疗效较好。

☞ 156. 葡萄球菌的致病性有何特点？

禽葡萄球菌病是由金黄色葡萄球菌或其它葡萄球菌感染引起的一种急性和慢性环境性传染病。葡萄球菌最常感染发病的部位是骨骼、腱鞘以及腿部关节，还可侵害其它部位，如皮肤、气囊、卵黄囊、心脏、脊髓和眼睑，并能引起肝脏和肺脏的肉芽肿。幼鸡呈急性败血症，脐炎；中雏发生皮肤病，呈皮下出血性炎症，皮肤出血或坏死；成年鸡呈关节炎、腱鞘炎、关节滑膜炎、爪垫脓疡等。葡萄球菌病的病原主要是金黄色葡萄球菌，菌体为圆形或卵圆形，直径0.7～1 μm，菌体呈不规则的葡萄穗状排列，不能运动，不产生芽孢，无荚膜，为革兰氏阳性菌。在普通琼脂培养基上能良好地生长，形成湿润、光滑、隆起的圆形菌落，在鲜血培养基上生长更好，有的可产生溶血环。这些多为病原菌株。葡萄球菌对外界抵抗力较强，因此在自然界分布极广。在土壤、水、空气、饲料中有本菌存在，甚至鸡皮肤、羽毛、眼睑、黏膜也有葡萄球菌，所以说它是动物体表的常在菌。在干燥的脓血及粪便中可存活2～3个月，加热60℃经30 min才能死亡。常用的消毒药中，石炭酸消毒效果较好，可以在3～15 min杀死细菌。葡萄球菌致病力的大小常与其产生的毒素和酶有密切关系。①溶血毒素：多数病原性葡萄球菌产生溶血毒素，不耐热，在血液平板上菌落周围有溶血环。溶血毒素是一种外毒素，以α溶血毒素为主。α溶血毒素能损害多种细胞和血小板，能使小血管收缩，导致局部缺血、坏死。经甲醛处理后，可制成类毒素，用于葡萄球菌感染的预防和治疗。②还可产生杀白细胞素：为一种蛋白质，不耐热，有抗原性。③肠毒素：约50％的金黄色葡萄球菌能产生这种毒素，为一种可溶性蛋白质，耐热，不受胰蛋白酶的影响。④凝固酶：耐热，但蛋白分解酶可使它破坏。⑤DNA酶和耐热核酸酶：二者均为测定金黄色葡萄球菌的重要指标，均可降解DNA，促进细胞在组织中扩散，但后者对热有很强抵抗力。⑥透明质酸酶：又称扩散因子，可水解机体结缔组织中基质透明质酸，有利于细菌和毒素在机体内扩散。所有禽类均可感染，尤其是鹅、鸭、鸡和火鸡等。鸡中以肉鸡最易感，各种日龄的鸡可感染，但以40～60日龄的鸡发病最多，成年鸡发病则较少。本病多呈散发性，慢性经过，有时也呈败血症和急性死亡。一年四季均可发生，葡萄球菌是皮肤和黏膜的正常菌群，同时也是家禽孵化、饲养以及加工环境中的常在微生物，在自然界分布极广。大多数的葡萄球菌种属认为是正常菌群，它们通过细菌间的干扰或竞争性排斥作用抑制其它致病菌。葡萄球菌病可以通过直接接触和空气传播，可从伤口侵入机体，到达一定部位，造成局部感染，如临近关节的骨骺端部发生骨炎；侵入刚出壳的幼雏脐孔引发脐炎。鸡群发生鸡痘、雏鸡啄羽、啄肛感染；给新生雏鸡剪趾、断喙、去肉垂、打翅号等任何微小的手术均为葡萄球菌提供了新的入侵门户。免疫系统（如法氏囊、胸腺等）受到损害，机体抵抗力下降，都容易发生败血性葡萄球菌病，并导致急性死亡。金黄色葡萄球菌并发腐败梭菌时可引起坏疽性皮炎。在鸡舍卫生状况太差，通风不良，消毒不严、饲养密度过大，饲料中微量元素缺乏，底网毛刺等都能促成本病的发生。

☞ 157. 禽发生葡萄球菌病时临床有何表现？

由于发病日龄不同，感染部位不同，因此将其分为：①急性败血症：病鸡为精神不振、食欲减少或废绝，羽毛粗乱无光泽，缩颈垂翅，嗜睡，体温升高，继而出现极度沉郁和死亡。有的表现有腹泻，灰白色或黄绿色稀粪。多在 1 周内死亡，检查病鸡在不同部位可发现外伤，胸腹部，甚至波及嗉囊周围，腿内侧皮下水肿，有血样渗出液体，外观呈紫色或紫褐色，波动感，剖开皮下见有大量紫红色液体浸润，局部肌肉充血、出血。患部羽毛表皮极易脱落，或用手一摸即可掉脱，有的自然破溃则有茶色或暗红色恶臭的液体流出，玷污周围羽毛。部分病鸡在翅膀背面及腹面、翅尖、尾、脸、背及腿等不同部位的皮肤出现大小不等的出血、炎性坏死，局部干燥结痂，暗紫色，无毛。常在发病后 2～5 天死亡，快者 1～2 天急性死亡。有时关节常出现肿大，不能站立，而呈蹲坐姿势。②脐炎型：俗称“大肚脐”，主要发生于出壳几天的幼雏，除精神委顿，羽毛松乱，减食或拒食等全身症状外，由于雏鸡脐环闭合不全，感染葡萄球菌而引起脐炎，脐部有液体渗出，腹部较大，脐孔及周围组织发炎肿胀或形成坏死灶，脐部肿大，色紫红，有暗红或黄红色液体渗出，时间稍长则为脓性干涸坏死。剖开见卵黄吸收不良，卵黄稀薄呈黑灰色或黄红色，液体状或内混絮状物。肝肿大，有点状出血和条纹状充血。③慢性关节炎型：除减食和精神欠佳等一般症状外，主要表现下痢和多发性关节炎。以跗、跖和趾关节较多发生。病鸡表现关节肿胀，发热，呈紫红色或紫黑色，有的破溃并结成污黑色硬痂，脚掌肿大，有趾瘤，或趾突然坏死呈黑紫色。病鸡常卧地，不愿站立和走动，行走出现明显跛行，病鸡渐进性消瘦，如不及时治疗，最后可在10天或更长的时间内死亡，也可能造成关节变形或趾部坏疽。剖开关节囊有渗出，骨膜增厚，关节软骨糜烂，关节周围有纤维素性或干酪样渗出物，有的关节因周围结缔组织增生、畸形成为“死”关节，腿部肌肉明显萎缩。④肺型：主要表现为全身症状及呼吸障碍，有时与败血型混合感染。剖检变化主要以肺部瘀血、水肿和实变为特征，甚至可见到黑紫色坏疽样病变。⑤眼病型：多在败血型发生后期出现，也可单独出现。表现为上下眼睑肿胀，闭眼，有脓性分泌物黏封，并见眼内有肉芽肿。病久者眼球下陷，有的失明，有的眶下窦肿大突出。最后病鸡饥饿，衰竭死亡。葡萄球菌感染还可引起骨髓炎、耳炎、浮肿性化脓性皮炎。腱鞘炎、胸囊肿和心内膜炎等多种病型，葡萄球菌引起鸡胚死亡时，可见枕下部皮下水肿，胶冻样浸润，呈黄红色，甚至粉红色；严重者头部及胸部皮下出血；卵黄壁充血或出血，内容物稀薄，混有血丝；少数脐部发炎，肝见有出血点，胸腔积有暗红色液体。该病的诊断需要进行细菌的分离培养。

☞ 158. 禽葡萄球菌病应怎样预防和免疫？

（1）综合性预防：①加强鸡舍管理，要注意鸡舍的清扫和消毒，增强宿主防御机制，有助于葡萄球菌病的预防。②减少外伤机会的发生可预防感染。应该消除鸡舍小环境中可刺破爪或其它部位皮肤的尖锐碎片、粗糙石粒和锋利的金属边角，保证垫料质量，减少爪垫的损伤。在施行断喙、断趾、注射和一些鸡出现啄癖时要注意消毒，以免感染本病。③还应特别注意孵化厅和种蛋的消毒以及环境卫生的管理。防止种蛋被葡萄球菌污染，引起鸡胚和雏鸡的感染或发病。④健全育雏舍饲养管理制度，注意搞好舍内卫生和通风换气，鸡群密度要合理，饲料营养要全价。⑤一旦发现本病，应尽早确诊，并立即进行淘汰和隔离，对鸡舍内外及用具进行严格的清洗和消毒。鸡舍可以带鸡消毒，一般用 0.3%的过氧乙酸消毒。⑥减少应激刺激，严格进行鸡舍内外、用具和环境的消毒、清洁、卫生工作，可有效地消灭传染源，降低感染机会，防止本病的发生。

(2)疫苗免疫预防：国内已有研制使用的葡萄球菌菌苗，主要有油乳剂苗和氢氧化铝苗，一般在 20～25 日龄接种，能保持免疫期 2 个月左右，经试用对预防鸡的葡萄球菌病可起到良好的效果。根据细菌干扰原理研制出的无毒活苗则显示出更为光明的前景。国外已分离出一株凝固酶阴性的表皮葡萄球菌-115 株，可作为预防火鸡金黄色葡萄球菌感染的菌苗。能明显地降低火鸡本病的发生，提高成活率。

(3)药物防治：很多种抗生素都可用来预防和治疗金黄色葡萄球菌感染，有效的药物主要有：庆大霉素、卡那霉素、氯霉素、青霉素、链霉素、四环素、新生霉素、磺胺类药、林肯霉素和壮观霉素等。目前较为常用的是喹诺酮类药物，如环丙沙星、诺氟沙星和恩诺沙星等多种制剂，效果较好，而且不存在耐药性的问题。但该菌对抗生素普遍存在耐药性。因此，在治疗前可做药敏试验，选择较为敏感的药物进行防治，能取得较好的效果。

☞ 159. 禽霍乱是怎样引起的，病原有哪些特点？

禽霍乱是由多杀性巴氏杆菌引起的一种可危害家禽和野禽的急性接触性传染病，又称禽出败。主要表现为高发病率和高死亡率的败血性疾病，但也常见有慢性或良性经过。巴氏杆菌是一种革兰氏染色阴性，菌体呈两极着色，不运动、有荚膜、不形成芽孢的小球杆菌。多杀性巴氏杆菌的最适生长温度为37℃，最适pH值为7.2～7.8，在含0.1%血红素的马丁琼脂培养基上生长良好。新从病料中分离到的强毒菌，在血清琼脂上生长的菌落于45°折光下观察时，在菌落表面可看到明显的荧光。根据有无荧光及色彩，可将多杀性巴氏杆菌分为三型：一为Fg型，此型菌较蓝绿色带金光，边缘具有狭窄的红黄光带。二为Fo型，此型菌落大，呈橘色带金光，边缘有乳白色光带，对禽、兔等为强毒菌。三为Nf型，上述二型菌经过多次传代后，毒力降低或转为无毒力时，则不带荧光也无毒力的菌落。在含5%禽血清的葡萄糖淀粉琼脂是分离和培养多杀性巴氏杆菌的最佳培养基。根据巴氏杆菌各菌株对试验动物的交叉免疫原性，可分为4个不同的免疫原型，即Ⅰ～Ⅳ型。又根据不同菌株的荚膜抗原抽提吸附于红细胞上，作间接血凝试验，可将其分为A、B、C、D、E、F，A～D相当于免疫原型Ⅰ～Ⅳ型。禽霍乱主要属于A型，亦见于D型。

多杀性巴氏杆菌在血液琼脂上生长良好。在普通琼脂上生长不良或不生长，麦康凯培养基上不生长。本菌抵抗力不强。在干燥的空气中2～3天死亡，60℃ 20 min、75℃ 5～10 min可被杀死，在血液内保持毒力6～10天，冷水中能保持生活力达2周，于禽舍内可存活1个月。本菌易自溶，在无菌蒸馏水和生理盐水中迅速死亡。3%石炭酸1 min，1∶5 000的升汞，0.5%～1%氢氧化钠、漂白粉，以及2%来苏儿、福尔马林等，几分钟可使本菌失去活力。

☞ 160. 禽霍乱临床有哪些特点？

禽霍乱对各种年龄的家禽和野鸟都比较易感，其中以火鸡和鸡最为易感，特别是产蛋鸡更易感，16周龄以下的鸡具有较强的抵抗力，鸭群中呈流行性较为多见，1 月龄的鸭发病率最高，往往在几天内大批感染而死。成年鸭在收购和运输过程中，易暴发本病。该病世界各地均有发生，呈散发性或地方流行性。一年四季均可发生，特别在夏末、秋初更为严重。主要靠一些带菌鸡、野鸟和一些病禽排泄物中的病菌污染的饲料袋、饲料和饮水等传播；一些动物以及人员、设备等机械的带入；也可通过飞沫、空气中带有病菌的尘土经呼吸道吸入传播。应激因素存在时可促使本病的发生和流行。

急性病例发病急、死亡快，往往看不到症状即已死亡，农村散养的产蛋鸡有时看不到症状就死在产蛋窝内，有的第一天晚上还好好的，第二天早上窝里就有死鸡出现。病程稍长的可出现厌食，羽毛松乱，离群；口腔内有黏液流出，腹泻，排白色水样到黄白色或绿色稀便；呼吸加快，肉髯肿胀，头部发绀。慢性禽霍乱多表现为局部感染，如肉髯、窦、腿或翅关节肿胀等；呼吸道感染引起气管罗音和呼吸困难；脑膜、中耳等部位感染时可引起斜颈。剖检主要出现心包液增多，心冠和心内外膜有出血点和片状出血。肝脏肿大，有灰白色或黄白色小坏死点。十二指肠出血和瘀血，肺充血并有出血和炎症变化。火鸡感染后的肺部病变更为严重。肺炎是火鸡最常见的病变。另外，有关节炎、头部水肿、中耳炎、输卵管炎和脑炎等。

☞ 161. 养鸡户对禽霍乱应怎样进行预防和免疫？

(1)应采取综合性防制措施：要严格防疫制度，加强饲养管理和消毒工作，减少应激刺激，避免将病菌直接或间接地带入健康鸡群，是预防本病的关键。禽霍乱不垂直传播，只有健康禽与病禽接触或其污染物而感染的，因此，新引进的后备禽群要远离老禽舍；老禽群被淘汰以后，要彻底打扫、清洗、冲刷和消毒，然后才可以引进新禽饲养。要尽可能的防止饲料、饮水或用具被污染。人员进出禽舍时要严格消毒,外来人员和一些动物不准随便进入禽舍。一旦禽群发生禽霍乱时要及时治疗和免疫。

(2)预防和免疫:在禽霍乱流行的地区,应进行免疫接种预防。多杀性巴氏杆菌的抗原性比较复杂,所以制苗时要选择与流行病原菌同一血清型的菌株,或用多个血清型的菌株制成多价苗以便得到较好的免疫效果。现在常用的禽霍乱菌苗有:①灭活苗:是采用免疫原性好的强毒株的培养物制成的,把多杀性巴氏杆菌接种在血清马丁肉汤或血清马丁琼脂培养基上,置37℃培养箱进行培养24 h,然后刮菌、数菌,使每毫升含菌量100亿~200亿。用甲醛灭活加铝胶或蜂胶、白油等制成疫苗。现在生产的禽霍乱蜂胶灭活苗每只鸡注射1 ml,免疫期可达6个月,效果很好。②组织灭活苗:是无菌采取患急性禽霍乱的新鲜病死禽的有典型病变的肝脏,脾脏。捣碎加入生理盐水,用纱布滤过,去除组织块,然后加入福尔马林灭活,使最终浓度为0.4%,摇匀,放入37℃培养箱进行灭活24 h,其间振荡数次,经无菌检查后使用,每只鸡肌肉注射2 ml,效果也很好。③弱毒苗:也是活疫苗,目前国内外培育或自然分离的弱毒菌株很多,但由于接种后局部反应较重,注苗后会造成产蛋下降,有的接种后免疫期短,一般3~4个月,菌株不够稳定,需要足够的菌量才能产生可靠的免疫效果,所以不够理想。现在的弱毒菌苗有禽霍乱731活疫苗,807活疫苗,833活疫苗,G190-E40活疫苗等。731活疫苗对鸡的安全量为皮下注射50亿活菌,免疫时用5 000万活菌,免疫期为3个月;833活疫苗,对鸡的安全量为50亿活菌,免疫时用100万活菌作皮下注射,免疫后48 h可获75%的保护力,免疫期为3个月;G190-E40活疫苗的安全剂量为20亿活菌,免疫时用2 000万活菌,用20%氢氧化铝胶盐水稀释肌肉注射。但应注意禽霍乱弱毒苗免疫时,已发病的禽群和产蛋禽群不能使用;注苗后5天不能使用任何抗菌药,以免药物杀灭疫苗菌而造成失效。④亚单位苗:是利用浓盐水从多杀性巴氏杆菌提取的荚膜亚单位成分作为抗原成分制成的疫苗，对鸡安全无毒，保护力较好，免疫期为 5 个月以上。另外还可以用高免血清来进行短期预防，如家禽的运输，或周围有患禽霍乱的病禽出现时，可以在皮下或肌肉注射高免血清 2～3 ml/只鸡，治疗量 3～5 ml/只，但由于免疫时间短，价格高，所以生产上很少使用。⑤药物预防：禽霍乱的高发季节，对禽群定期的在饲料中添加一些抗生素，或其它抗菌药物也可收到满意的效果。一般可用金霉素、氯霉素和土霉素按 0.1％拌料给药，连用 3～5 天，群体较少时可使用青、链霉素肌肉注射，每只每天各 5 万单位，连用 3 天。也可用 SM_2、喹乙醇、复方敌菌净等拌料喂服，连喂 2～3 天，隔 1 周再喂 3 天。也可用中药来进行预防和治疗，如黄芩、蒲公英、野菊花、藿香、雄黄、双花等粉碎后按饲料量的 1.5％添加，给药 7 天效果也很好。

☞ 162. 鸡传染性鼻炎是怎样发生的，临床上有哪些表现？

鸡传染性鼻炎（IC）是由鸡副嗜血杆菌引起的一种急性或亚急性上呼吸道疾病。其特征是鼻腔和眶下窦黏膜发炎，流水样或脓样鼻涕，打喷嚏和面部肿胀等。本病多发于育成鸡和产蛋鸡，发病率高而死亡率低，但因淘汰率增多和产蛋率下降，育成鸡生长发育受阻，开产期延迟，可造成严重的经济损失。

鸡副嗜血杆菌是革兰氏阴性、两极浓染、不形成芽孢、无荚膜、无鞭毛、无运动性、易形成丝状的小球杆菌。具有多形性，常呈杆状、球状或长而弯曲如丝状。其生长要求比较严格，在体外培养时需要 X 因子（氯高铁血红素）和 V 因子（烟酰胺嘌呤二核苷酸，NAD）需用鲜血琼脂或巧克力琼脂培养基。在 24 h 的培养物中呈短杆状或球杆状，并带有形成丝的倾向。在 48～60 h 培养物中，该菌发生退化，出现碎片和不整形态，如将其移植到新鲜的培养基，又可再形成典型杆状形态。该菌可单个、成对或形成短链的形式存在。在体外培养时，一般需在含血红蛋白、血清或腹水的培养基上生长。目前国内外最常用鸡肉汤和鸡脑心汤琼脂培养。为添补 V 因子，再分别加入适量的鸡血清或巧克力琼脂培养。由于葡萄球菌能产生 V 因子，所以与葡萄球菌同在一个培养皿培养时，在葡萄球菌附近常出现布满副嗜血杆菌菌落的现象，称为“卫星”现象。在鸡肉汤培养基中呈均匀一致的混浊，培养 24～48 h 后，培养管管底有少量沉淀。该菌发酵很多糖类而不产气。但是，不同分离株的发酵模式在某种程度上似乎和培养基及培养方法有关。该菌分为 A，B，C 三个血清型，它们对马、牛、羊、鸡和豚鼠红细胞的凝集能力不同，A 型凝集各种红细胞，B 型凝集少数几种红细胞，C 型不凝集各种红细胞，而且各型可以相互转化；其中 A 型和 B 型有荚膜，致病力较强，C 型无荚膜，致病力较弱或无致病力。该菌是一种抵抗力较差的细菌，在鸡体外很快死亡，一般消毒药都能将其杀死。病鸡排泄物中的病原菌在自来水中仅能存活 4 h。在生理盐水中，22℃仅在 24 h 内有感染性。该菌培养物 45～55℃，2～10 min 死亡。有感染性的胚胎液经 0.25％福尔马林处理，在 6℃ 24 h 内失活。但该菌耐硫柳汞，有感染性的胚胎液用 1∶10 000 硫柳汞处理，可存活数天。－40℃以下可存活 1～1.5 年，而在冻干条件下最少可存活 10 年。

传染性鼻炎广泛分布于世界各地。本病主要发生在鸡，还可感染雉鸡、珍珠鸡等，鸭、鹅、鸽等不感染。任何年龄的鸡均可感染，但多发于成年鸡和中鸡。火鸡不发生自然感染。多发生在秋冬寒冷潮湿的季节，气候的突然变化、鸡舍密度过大和通风不良等应激因素是造成本病流行的重要诱因。尤其是当已感染了鸡败血支原体时更为明显。另外，寄生虫侵害、维生素缺乏或体质虚弱等可加重本病的发生程度。病愈康复后的带菌鸡是主要传染源。其传播方式主要是经污染的饮水、饲料和用具等，或通过吸入带菌飞沫等也可造成空气传播。

本病的明显特征是鼻道和窦内有浆液性到黏液性的分泌物、脸部水肿和结膜炎等。公鸡可能有明显的肉垂水肿。脸部肿胀可同时发生在两侧,也可仅发生在一侧或一侧肿胀波及到另一侧,这是本病最具有特征性的症状。多数病例有流泪现象。下呼吸道感染的,可引起罗音,有的还可伸颈发出怪叫声。其它有发热,精神不振,食欲降低等。有的有下痢或排出绿色粪便。产蛋鸡感染后可导致产蛋率下降或停止产蛋。剖检病死鸡主要病变是鼻腔、眼窝下窦及气管黏膜呈现急性卡他性炎症。鼻腔及眼窝下窦内,充满水样到灰白色黏稠的黏液,黏膜呈现带红色的多水性肿胀或积有渗出物凝块和干酪样坏死物。喉头及气管黏膜充血呈淡红色,并覆有黏稠的黏液。下颌部的皮下组织有大量浆液浸润。由于鼻孔处常有黏稠的鼻液流出,所以在吃食时常沾有饲料,时间稍长,在鼻孔处常结有鼻痂。母鸡卵巢卵泡松软和血肿,坠落后可引起腹膜炎,公鸡睾丸萎缩。有的可能有肺炎和气囊炎等。

对于鸡传染性鼻炎根据流行病学、临床症状、病理剖检可做出初步诊断。用窦内分泌物抹片染色镜检可见革兰氏阴性、两极浓染的小杆菌。也可将采集窦内分泌物或气管内黏液,直接在血液琼脂上培养。血清学诊断主要是血清平板凝集试验、琼脂扩散试验、血凝抑制和 ELISA 等。在鉴别诊断上,应注意与慢性禽霍乱、鸡痘、传染性喉气管炎、肿头综合症、霉形体病及维生素 A 缺乏症等相区别。

☞ 163. 养鸡户应怎样预防鸡传染性鼻炎的发生?

预防和免疫:①综合预防措施:加强鸡舍通风,特别是冬天,在充分保暖的情况下要注意通风,要保持舍内的空气新鲜,鸡群不能过分拥挤,确保营养供给,并多喂一些富含维生素 A 的饲料,防止出现寒冷和潮湿等基本饲养管理措施,对预防和控制本病是十分重要的。避免引进带菌鸡,隔离或淘汰发病及康复带菌鸡,以及对鸡舍进行彻底的清洗消毒，可有效地预防本病的发生。②疫苗预防：常发该病的地区或鸡场应使用鸡副嗜血杆菌灭活菌苗对预防本病，效果较好。国外有生产的鸡传染性鼻炎二价铝胶苗，现在在国内一些科研单位和一些生产厂家生产的A型油乳剂灭活苗和A型、C型二价油乳剂灭活苗，以及与新城疫生产的二联油乳剂灭活苗。在疫区使用单价苗和双价苗以0.25 ml疫苗免疫注射雏鸡，保护率达67%～100%，其免疫期可达3～4个月。以0.5 ml免疫注射中鸡，保护率达80%～100%，免疫期为6个月。以A型和C型菌株为菌种的双价油乳剂灭活苗效果也很好，免疫期在6个月以上。一般25～30日龄首免，120日龄二次注射加强免疫，可保护整个产蛋周期，在疫区鸡群首免时要应用5～7天抗生素，以免带菌鸡发病。③药物预防：各种常用的磺胺类药物和抗生素对减轻本病的严重程度和缩短病程都有一定效果，但不能消灭病原菌，根除本病，也不能消灭带菌状态。饲料中添加0.5%磺胺嘧啶、饮水中添加0.05%磺胺二甲基嘧啶，肌肉注射或口服链霉素，效果也很好，但要注意产蛋鸡肌肉注射链霉素往往会引起产蛋下降。或在饮水中添加土霉素和红霉素等，用泰乐菌素和磺胺-6-甲氧嘧啶治疗慢性呼吸道和传染性鼻炎效果很好，利用一些喹喏酮类药物也能有效地治疗和控制本病的流行。

☞ 164. 禽结核在临床上有何表现，养殖户应怎样预防该病的发生？

禽结核是一种由禽结核杆菌引起的慢性、接触性传染病。该病可在鸡群内长期存在，特别是种鸡群，引起产蛋下降和病鸡死亡。禽结核杆菌是分支杆菌属的抗酸菌，无运动性，不形成链，不常发生分支，也不形成芽孢。常见的血清型有1和2血清型。禽结核杆菌为需氧菌，在37～45℃环境下均可生长，但最适宜的培养温度为39～45℃。若在含5%～10%二氧化碳的环境下，则可促进其生长。经试验表明,细菌的毒力与菌落形成的特征存在着密切关系。光滑透明菌落的纯培养物对鸡有毒力;而光滑呈圆顶形或粗糙的菌落,则对鸡无毒力。

本病的发生几乎是全世界性的,以温带地区为主,多呈地区性或局限性发生。在现代集约化饲养的家禽中,禽结核的流行已明显下降,老鸡感染率较高。在家禽中,鸡结核发生较多,鸭、鹅、鸽和火鸡发生率较低,野禽也较少。在自然条件下,禽结核杆菌还可引起猪和家兔的结核病变,其它哺乳动物极少被感染。其传播主要是通过感染鸡粪便中排出的大量结核杆菌所造成的,呼吸道也是潜在的感染源。结核杆菌可在土壤等环境中存活很长时间。粪便污染的环境,包括土壤、垫料和野鸟,都是传播本病的重要因素。

该病的特征是呈慢性经过,潜伏期和病程均较长。主要有消瘦,体重减轻,羽毛蓬乱无光泽,精神沉郁,鸡冠、肉垂等贫血变薄,无毛皮肤外观特别干燥。消瘦在胸部表现最为明显,肌肉萎缩,胸骨特别突出、变形。因骨髓结核,可出现跛行,行动不稳,呈跳跃式步态等症状,或出现翅膀下垂关节炎,可引起瘫痪。严重的通过抚摸腹部可触到肠结节块。其具有特征性的病变主要是肝、脾、肠和骨髓等器官出现不规则的灰黄色或灰白色的不同大小的结节。肝脏和脾脏增生或肥大,甚至破裂。肺的病变一般不很严重。结核结节的大小差异很大,大的外观呈不规则形的瘤状物,较硬但易切开。内含小黄色病灶和一个柔软的、干酪样黄色中心区,外层被纤维素包裹。骨髓结核的特征是骨髓组织肥大、多数骨刺消失,最后形成大量肉眼和少量显微镜下可见的结核性结节。

由于该病具有特征性病变,因此病理剖检是最适宜的诊断方法。也可对感染组织如肝、脾或其它脏器等涂片进行抗酸染色,对诊断本病很有意义。必要时,也可用结核菌素试验对鸡群进行检测是否感染过禽结核。快速凝集试验也可有效地在病鸡群中检出病鸡，比结核菌素试验更为实际和优越。

预防本病的发生从根本上来讲，避免将病菌带入易感鸡群是最有效的预防措施。已感染的鸡群，应立即或在产蛋结束后全部淘汰处理，也可较好地控制禽结核病的发生。用结核菌素试验或快速凝集试验对全群鸡进行检测，及时淘汰感染病鸡。特别应注意，将已发过病或污染的鸡舍及周围环境进行全面消毒，在新的环境中饲养新的无病鸡群。治疗，许多抗结核菌药物都可用于禽结核的治疗。但从经济角度看，除特别贵重的种禽或鸟外，一般没有治疗的价值。

☞ 165. 禽波氏杆菌病临床有何特点，是怎样发生的？

禽波氏杆菌病是由禽波氏杆菌引起的具有高度传染性的呼吸道疾病。其特征是突然打喷嚏，眼鼻流清亮的分泌物，气喘，颌下水肿，声音改变，气管萎缩，生长迟缓，同时对其它传染病易感。因继发大肠杆菌败血症而导致的生长迟缓及死亡，使养鸡业遭受巨大的经济损失。该病通常称为火鸡鼻炎，产碱杆菌鼻气管炎、与腺病毒相关的呼吸道病、急性呼吸道综合症、禽波氏杆菌气管炎及鸡鼻气管炎等。禽波氏杆菌为一种小的、革兰氏阴性杆菌。属能运动、严格需氧性杆菌，能在麦康凯培养基、牛肉浸液、胰酶大豆血琼脂、脑心浸液及许多其它固体培养基上生长，但不能在 MEM 中生长。

该病主要发生在火鸡。但从鸡等家禽中也可分离到本菌。世界各地均有本病的发生。本菌能通过感染禽及污染的水、饲料、垫料等，而迅速传播给易感火鸡。不能经空气传播。该病是发病率高，死亡率低。自然感染的潜伏期为 7～10 天，人工接种 1 日龄的小火鸡潜伏期为 4～6 天。

☞ 166. 禽波氏杆菌病临床有何表现，临床应怎样预防该病？

该病主要发生在火鸡，发病时大部分雏火鸡突然出现打喷嚏，并持续 1 周以上。较大的火鸡可能会出现干咳。轻轻挤压鼻梁即可从鼻孔流出清亮的分泌物。最初，鼻孔、头部及翅膀羽毛覆盖着一层棕色的、湿而黏稠的分泌物，一些鸡出现颌下水肿，张口呼吸，呼吸困难及发音改变。鼻腔与气管上部被黏膜阻塞。之后气管软化，这可通过触摸颈部皮肤而察觉。另外有活动减少，挤作一团，饮水及吃料减少，由于并发感染和增重减少，许多火鸡生长迟缓。发病 2～4 周后，症状开始减轻。病变主要局限于上呼吸道，并随感染时间的长短而有所不同。鼻腔和气管的分泌物最初为浆液性的，后变为黏液性的。气管软骨环软化、变形，有黏液性纤维蛋白分泌物。紧接喉部的气管背部严重地折入管腔，从气管的横切面可观察到，气管环壁变厚、管腔缩小。感染后，气管环变形至少持续数天，在气管内折的部位由于黏液分泌物的积累常导致窒息而死亡。在感染本病初期可出现鼻和气管黏膜充血，头、颈间质组织水肿等。

主要应通过临床症状、病理变化以及从呼吸道分离波氏杆菌等方法综合进行诊断。细菌分离的样品可采自鼻孔的开口处和鼻孔内，或将拭子伸进气管内。也可在剖检时从气管中部无菌采样。血清学试验中，微量凝集试验（MAT）的效果较好。也可用 ELISA 来检测血清抗体。在诊断中应与霉形体、衣原体、呼吸道隐孢子虫、新城疫、腺病毒、流感病毒以及火鸡鼻气管炎病毒等病相区别，还应注意与其它原发性或继发性的鼻气管炎病原体相区别。

预防本病必须采取严格的综合防疫措施，防止易感鸡群遭受感染，同时对环境进行彻底的清理和消毒，以消灭环境中的病原菌。并要尽量保持鸡舍环境的最佳温度、湿度、空气质量和垫料的清洁卫生等。要加强人员和车辆流动的管理，并采取严格的清洁和消毒措施，以便最大限度的消灭传染源。本病主要侵害幼雏火鸡，因此，严格的隔离育雏法，是预防本病的有效方法。目前，在国外已研制出禽波氏杆菌的灭活菌苗和弱毒疫苗，种火鸡免疫后，可通过母源抗体保护雏鸡免受感染。3周龄以上的火鸡接种弱毒苗能预防感染和发病，而1日龄火鸡弱毒苗接种则不能防止感染。是由于3周龄以下的火鸡对禽波氏杆菌抗原不能产生足够的免疫应答的结果。药物预防本病在多数情况下，经饮水、注射、拌料和气雾等途径使用抗生素时，效果不大。虽然有些治疗措施具有一定的效果，如连续3天使用盐酸四环素、青霉素G钾饮水治疗等。这些有效的治疗措施可能是抗生素对波氏杆菌的作用，但也许是对继发性病原菌的作用。

☞ 167. 禽霉形体病有哪几种，病原结构如何，临床有何特点？

禽霉形体病也称禽支原体病，主要包括鸡败血霉形体病(MG)，滑液囊霉形体病(MS)，火鸡霉形体感染(MM)，衣阿华霉形体病(MI)。霉形体，又称支原体，是一类能营独立生活，体积小，可通过细菌滤器，构造简单，无细胞壁，具有多形性。革兰氏阴性，在普通培养基上生长不良，形成菌落也小，生长时需胆固醇或其它固醇的原核生物。其对外界环境的抵抗力比较弱，不耐高温和干燥等不良环境。有多种霉形体可寄生在家禽的呼吸道、消化道和泌尿生殖道黏膜的表面，引起黏膜损伤，导致疾病的发生。其中最主要的三种是：鸡败血霉形体、火鸡霉形体和滑液囊霉形体。霉形体感染多呈隐性经过，临床症状不明显，仅有轻度呼吸症状、生长发育受阻和产蛋率下降等。致死率低，但其感染率和发病率很高，传播迅速，流行广泛，既可通过水平方式传播也可经蛋垂直传播。该病不仅可直接造成很大的经济损失，而且还可并发或继发大肠杆菌病、ND、IB、ILT和传染性鼻炎等多种细菌性和病毒性疾病，死亡率很高，由此带来的经济损失更为巨大。由于禽霉形体病对生产和经济效益影响极大，因此发达国家极为重视。采取多种控制方案和严格的防检措施，已基本控制和消灭。国内除刚从国外引进的新种禽和正在净化的鸡群外，霉形体的感染率一般都在50%以上，有的甚至更高。我国的养禽水平比较低，成活率、产蛋率和饲料转化率等方面尚有很大的差距，这与霉形体病等多种主要禽病没有得到有效控制和消灭有一定的关系。禽霉形体病已经成为危害我国养禽业发展的重要疾病，因此必须采取有效措施，做好种禽的霉形体净化，严格防疫检疫制度，有效控制霉形体病的发生。

☞ 168. 鸡败血霉形体病临床有何特点，是怎样传播的？

鸡败血霉形体(MG)感染禽类可引起呼吸道疾病。其特征为呼吸罗音、咳嗽、流鼻涕，在火鸡最常见的是鼻窦炎，表现为眶下窦肿胀。由于病程比较长故又称鸡慢性呼吸道病(CRD)、鸡呼吸道霉形体病和火鸡传染性窦炎。MG属于霉形体目、霉形体科、霉形体属，其体积小，结构简单，形态呈多形性，主要是球形，卵圆形，有的呈丝状或环状，直径0.25～0.5 μm。无细胞壁，只有三层结构的单一细胞膜。无鞭毛，不运动。用姬姆萨染色效果良好，但革兰氏染色为弱阴性。由于MG没有细胞壁，对外界环境的抵抗力不强。20℃时在鸡粪中存活1～3天。卵黄中37℃可存活8周。对热敏感，45℃仅存活1 h，50℃ 20 min即失去感染力。低温条件下可长期保存。对紫外线的抵抗力极差，在阳光下会很快失去活力；一般消毒药品均可很快将其杀灭。

该病广泛分布于世界各地。MG的自然感染常发生于鸡和火鸡，而且火鸡较鸡更为易感。各种年龄的鸡、火鸡、鸽、鸭、鹅、珍珠鸡、鹌鹑和孔雀都可感染MG。但以1～2月龄鸡和火鸡最易感。该病一年四季均可发生，尤以冬春季流行更为严重。特别在大群饲养的仔鸡中常呈流行性，而成年鸡则为散发。感染主要以呼吸道、消化道、交配和蛋媒传递等方式传染，可由空气所带的尘埃或飞沫传播，亦存在由昆虫媒介及野禽传播的可能性。使用由带有霉形体的鸡胚制造的疫苗,也可造成此病的传播。饲养密度大、卫生条件差、通风不良、氨气浓度过大、气雾免疫接种、不同日龄的鸡混饲以及维生素 A 缺乏等,都是使此病暴发或复发的诱因。发病后多呈慢性经过。典型症状多发生于 1～2 月龄幼鸡。主要表现为流鼻液和伴有带泡沫的眼分泌物,可出现由于鼻窦炎所致的副鼻窦肿胀。另外有张口呼吸、气管罗音、咳嗽、打喷嚏及呼吸困难等。病程长达 1 个月以上,生长受阻,消瘦,常因并发或继发其它病而造成死亡率增加。种鸡产蛋率降低,受精率和孵化率下降,死胚蛋增多,弱雏气囊炎较高。有时可能有输卵管炎产畸形蛋,软壳蛋,褐壳蛋蛋壳颜色变浅。病鸡开始有眼湿润、流泪,逐渐出现眼睑肿胀。其黏液性的渗出物逐渐变成脓性、干酪样,严重的可引起眼粘连。发生关节滑液囊炎的,则趾底部和趾关节肿胀,并有波动感和热感、跛行等。全身性的症状有体温升高,精神食欲不振,生长发育缓慢或停滞,逐渐消瘦等。

剖检病死鸡可见鼻道、副鼻窦、气管、支气管及气囊的卡他性渗出液。火鸡最明显的是鼻窦炎,鼻黏膜水肿、充血、肥厚,窦腔内充有黏液和干酪样渗出物。炎症加剧时,可波及到肺和气囊等。支气管有显著的卡他性炎症。气囊混浊、肥厚,并常含有稍混浊的黏稠渗出物或干酪样渗出物。有时也可能会出现不同程度的肺炎。严重时,可见纤维素性或纤维素脓性的肝周炎、心包炎同气囊炎一道发生。本病确诊可从病鸡的鼻窦、气管或气囊的渗出物、鼻甲骨或肺的悬浮液等处分离到霉形体。

最常用的也是最简单的、最快速的方法是快速血清平板凝集试验(SPA)、也可用全血凝集反应(RPA)。结晶紫或复红染色抗原,适用于 2 个月以上的中雏及成年鸡,幼雏敏感性较差。具体操作是:在室温 2～25℃条件下,先在玻璃板或白瓷板上滴一滴抗原,然后吸一滴血清或全血滴入抗原中,轻轻搅拌,充分混合,将玻板轻轻左右摇动,2 min 之内判定试验结果,悬液中染色抗原的凝块清晰可见即为阳性反应。另外，还可以用血凝抑制(HI)试验，酶联免疫吸附试验，免疫荧光试验，琼脂扩散试验来进行鸡霉形体的检测。

☞ 169. 鸡败血霉形体病应怎样预防和免疫？

(1)综合防制：①严格卫生防疫制度，有条件的鸡场应遵循“自繁自养”的原则，并实行“全进全出”制。鸡群出栏后应注意空舍和搞好消毒工作。平时应定期选用百毒杀、威力碘、过氧乙酸等消毒药进行带鸡消毒和饮水消毒，并在饮水或饲料中定期添加抗生素类药物。②避免应激反应，鸡败血霉形体病(鸡毒支原体病)是一个条件性的传染病，多种应激因素都可以促使该病的暴发和加重病情。要尽量避免鸡舍通风不良，氨气浓度过高，鸡群密度过大等。要防止饲料配合不当、营养失衡，特别是在呼吸道病多发的冬春季节，应适当增加饲料中维生素 A、维生素 D 和维生素 E 的添加量。在进行免疫前后(特别是饮水、点眼滴鼻和喷雾免疫)要在饮水或饲料中添加抗菌药，来防止由于免疫造成鸡败血霉形体病的发生。所以，加强日常的饲养管理，增强鸡的体质，对防止本病具有重要的积极意义。③在引种时，必须到确实无 MG 感染的种鸡场引进种蛋或鸡雏，之后要采取严格的兽医卫生防疫和隔离措施，以防止该病的传入。④在孵化时可使用抗生素浸蛋法，将种蛋预热至 37℃，然后浸入含抗生素的 0～4℃的冷水中，15～30 min 后捞出晾干再进行孵化。抗生素用量为红霉素、支原净 800～1 000 mg/L；泰乐菌素 500～1 500 mg/L；强力霉素 2 000～6 000 mg/L。加热孵化法，即在孵化器中 12～14 h 慢慢将种蛋温度升至 46℃，然后再降至 37℃进行孵化，用此法处理后的种蛋，孵化率下降 5%～10%。有些种鸡场对不同鸡群的种蛋分别孵化，并在孵化前经福尔马林消毒，然后再用含有抗生素的药液浸泡 15～20 min，晾干后孵化。雏鸡出壳后再用福尔马林熏蒸或链霉素喷雾处理，分群饲养，对控制 MG 效果良好。用药物或加热的方法去处理种蛋，可以减少经种蛋传播 MG 的机会。⑤对于阳性种鸡群的净化，首先采用平板凝集试验对鸡群进行检疫并淘汰阳性病鸡。对检疫后的阴性鸡群口服或肌肉注射 1～2 个疗程的抗生素，然后再血检，淘汰阳性鸡，再进行投药预防。一般经过 2～3 年这样严格的处理后，霉形体的阳性率可降至 0.4%以下。

(2)预防与免疫：MG 疫苗有弱毒苗和灭活苗两种。在弱毒苗的研究中，国际支原体组织认为霉形体疫苗应以弱毒苗为主。现在研究表明 F 株比野毒株致病性低，免疫效果好，制造简便，点眼免疫后 35 天保护率达 85%以上，免疫期为 7 个月以上。此苗应在鸡产蛋之前和被野外 MG 株感染之前使用，可降低商品产蛋鸡的产蛋损失和种蛋的垂直传播。F 株的缺点是仍有毒力，在有 ND，IB 混合感染的情况下可引起发病，使产蛋率下降。国内也用 F 株研制出弱毒苗，与 ND，IB 等联合免疫肉鸡表明，对增重无影响。与新城疫 B_1 株或鸡新城疫Ⅳ系同时接种，既不增强彼此的致病力也不影响各自的免疫作用。有报道，接种活疫苗的鸡群产蛋率高于未接种疫苗的鸡群，平均每只鸡多产蛋 7 个。如果一个鸡场内连续使用 F 株疫苗后，场内 MG 野外株感染可以逐渐被 F 株所代替。另外，弱毒苗价格便宜，可以群体用药，可以用疫苗株代替野毒株占领气管位置，但弱毒苗会有毒力返强现象，免疫鸡会有不良反应，免疫后 5 天不能使用抗生素。灭活苗研究也有很大进展，利用强毒株或弱毒株来生产灭活苗，但一般以前者为佳。一般使用油佐剂灭活苗效果良好，在不同品种 1～4 周龄雏鸡一次接种后对攻毒的免疫保护力为 75%～87.3%，免疫期可维持半年。若对成鸡二免，可防止气囊炎的发生，切断 MG 的传播途径，减少产蛋损失，降低 MG 经蛋传播的感染率，增加产蛋量。

(3)药物预防：MG 对某些抗生素是比较敏感的，如链霉素、金霉素、强力霉素、红霉素、氯霉素、螺旋霉素、泰乐菌素、泰妙菌素、林肯霉素、壮观霉素和一些喹喏酮类药物等，注射或混入饲料或饮水中治疗，可以减轻发病鸡的症状，降低气囊损伤的程度和胴体的屠宰废弃率，从而减少由此带来的经济损失。但是，使用任何抗生素进行的治疗，只能抑制 MG 在鸡体内的活力，不能消灭此菌。同时，还应当考虑到某些菌株的耐药性。一般用泰乐菌素 0.1% 拌料或 0.05%加入饮水中，连用 1 周。支原净 0.025%浓度饮水 3 天，价格比泰乐菌素便宜。壮观霉素按每千克体重肌肉或皮下注射 0.1～0.2 ml，连用 3～5 天，可有效的控制本病的发展。红霉素饮水，每只鸡 5 000～8 000 单位；北里霉素预防量每吨饲料加 20 g，治疗量每吨饲料加 50 g。从药源和价格考虑，大群预防时，可在每吨饲料中加入 50～100 g 土霉素连喂 1 周（治疗量按 0.2%）。对合或继发感染还需采取其它相应措施。

☞ 170. 临床怎样区别诊断几种常见呼吸道病？

见表 2-2。

表 2-2　常见呼吸道病鉴别诊断

病名	新城疫	传染性支气管炎	传染性喉气管炎	慢性呼吸道病	传染性鼻炎	禽流感
病原	副粘病毒	冠状病毒	疱疹病毒	败血霉形体	副鸡嗜血杆菌	禽流感A病毒
流行特点	未免疫或免疫失败均可感染，发病率和死亡率均高	各种日龄的鸡均可感染，雏鸡严重，传播快，发病率高	主要侵害成年鸡，40日龄的鸡也有发病，传播快，发病率高	4～8周龄的鸡症状明显，慢性经过，可经蛋传播	4周龄以上的鸡易感，呈急性经过	各种年龄的鸡均易感，致死性比较高的型发病急，死亡快
主要症状	沉郁，呼吸困难，下痢，产蛋下降，部分病鸡后期有神经症状	呼吸困难、罗音，产蛋下降，畸形蛋，更多的是排出白色稀粪	伸颈张嘴呼吸，有罗音，咳出带血痰液，产蛋量下降	鼻流黏性或浆性液，有罗音，眼睑肿胀，重者失明	喷嚏流鼻液，眼睑、肉髯水肿，结膜炎症或失明	有黏液性鼻渗出物，发烧，尖颈水肿，冠和肉垂发绀，嗜眠，迅速死亡

续表 2-2

病名	新城疫	传染性支气管炎	传染性喉气管炎	慢性呼吸道病	传染性鼻炎	禽流感
肉眼病变	气管环出血，十二指肠出血，腺胃乳头出血和泄殖腔黏膜条状出血	鼻、气管、支气管炎症，卵巢出血，肾型以肾肿大，尿酸盐沉积为特征	喉、气管黏膜卡他炎症，重则出血坏死和带血渗出物	鼻、气管、支气管和气囊内有混浊渗出物和结节性病灶	鼻腔鼻窦黏膜炎症，有分泌物，眼结膜囊内有干酪样物	心、腺胃、肌胃和脏器浆膜出血。主要器官混浊肿胀、出血
实验室检查	病毒分离培养，HA.和HI测定	病毒分离培养，中和试验	病毒分离培养，绒毛膜痘斑，核内包涵体	分离培养霉形体，活鸡做全血凝集试验	分离培养副嗜血杆菌	病毒分离培养HA和HI测定
疗效	无	无	无	有	有	无
疫苗	有	有	有	有	有	无

☞ 171. 养鸡场应怎样预防滑液囊霉形体(MS)感染？

滑液囊霉形体(MS)感染，可引起急性或慢性的全身性疾病，并导致关节的滑液囊膜及腱鞘等发生传染性、渗出性的滑膜炎，腱鞘滑膜炎及黏液囊炎。还出现上呼吸道症状。如与ND或继发性细菌感染相结合时，可导致气囊炎。MS是多形态的球状体。细胞呈圆形或梨形，无细胞壁。可凝集鸡或火鸡的红细胞。只有一个血清型，MS和MG之间有共同的抗原决定簇，在血凝抑制试验或试管凝集试验时，可发生较弱的交叉反应。呈世界范围性分布，可感染鸡、火鸡和珍珠鸡等，鸭、鹅、鸽和鹌鹑等也可感染。MS可水平传播，也可发生垂直传播。MS对消毒剂和抗生素的抵抗力与MG相似。污染鸡舍经清洗和消毒后，空置2周可消除MS对雏鸡的污染。MS感染后，主要寄留在气管和气囊等处。条件成熟时，可进入关节内，发生滑膜炎。发病鸡最明显的症状是出现跛行，一个或多个关节有热而波动的肿胀，偶有胸骨滑液囊的增大。

严重感染的体重减轻，生长发育不良，鸡冠苍白、消瘦、腿软等全身症状。病鸡常见关节肿胀，切开跗关节时常见有纤维性及脓性分泌物，滑膜发炎增厚。其发病严重程度和所表现的症状取决于共同作用的病毒的毒力和应激刺激的程度等。在慢性病例关节和龙骨的滑膜囊发炎。肾脏常肿大，呈苍白色斑驳状。免疫接种应激或其它呼吸道感染等均可影响疾病的发生和发展，加重发病的严重程度和临床症状。该病一般感染率很高，但发病率较低，直接造成的死亡率也不高，但由于踩踏、相互啄食、脱水以及淘汰率高等原因所间接的造成死亡。

(1)综合性预防：①由于 MS 可经蛋传播，因此惟一有效的预防措施是从无此病的种鸡群引进种蛋和雏鸡。②选用无 MS 感染的后备种鸡群后，必须采取有效的综合防疫措施，定期对鸡舍和周围环境进行消毒防止病原菌的传入，并维持和确保鸡群的无特定病原状况。③使用抗生素的治疗在消除种鸡中 MS 方面是无效的。但用抗生素如泰乐菌素通过浸蛋或蛋内注射法等处理种蛋可以用于防止 MS 的经蛋传播。④要定期对鸡群进行检测，淘汰 MS 阳性鸡，并对鸡群接种 MS 油乳剂灭活菌苗。

(2)药物预防：MS 对多种抗生素敏感，如泰乐菌素、氯霉素、林肯霉素、土霉素、壮观霉素、螺旋霉素、四环素、硫酸粘杆菌素以及一些喹喏酮类药物等。使用适当的药物疗法对预防气囊炎或滑膜炎是有价值的，这可以减少该病及其继发性感染的严重程度。

☞ 172. 应怎样预防火鸡霉形体(MM)感染？

火鸡霉形体感染(MM)主要引起雏火鸡气囊炎、孵化率降低、骨骼异常、生长发育不良等疾病。呈世界性分布，任何年龄的火鸡均可被感染，但大多数发病出现在雏火鸡，这是由种蛋垂直传播而发生的。而且多数是水平传播，初生雏火鸡之间可以通过飞沫来进行传播。病原体可以寄生在雌雄火鸡的泄殖腔中，所以垂直传播主要是经种蛋感染，水平传播则主要是通过异性交配来进行。还可以经过空气传播（呼吸道传播），直接接触传播和通过被污染的设备、人员等进行的间接接触传播。

大多数的病例症状出现在6周龄以下的雏火鸡。发病鸡生长发育受阻，身体矮小；骨骼短粗，增重速度降低；病鸡跗跖骨弯曲、扭转变短，跗关节肿大和颈椎变形出现歪脖鸡。有些有免疫抑制现象；慢性感染可出现生长缓慢，孵化率下降，受精蛋的死亡率升高。剖检病死鸡仅见于因垂直感染所造成的气囊炎和窦炎。死胚蛋和1日龄雏的胸气囊可能稍微混浊，并带有纤维素性分泌物形成的斑点。几周之后，胸气囊和腹气囊均变得严重混浊，并带有黄色纤维样或干酪状渗出物。发病严重的鸡即被淘汰或死亡，较轻的鸡如无其它疾病到成年后很少能看见干酪样的病变。骨骼特别是跗跖骨变形变短，颈脊侧偏。诊断可采集气管、鼻窦或气囊的渗出液，鼻甲骨或肺的悬浮液等作为样品。血清学诊断方法有助于对本病做出诊断。最常用的也是最简单的、最快速的方法是快速血清平板凝集试验。

（1）综合性预防：预防该病最主要的措施就是要加强兽医卫生防疫工作，特别要注意通过精液或人工授精时可能造成的感染，因此在配种期，要将经过检测证明未被感染的雄火鸡的精液进行人工授精，坚决淘汰已受感染的雄火鸡，对已感染的鸡群或场，应立即采取净化措施，对出现阳性的种鸡，必须立即淘汰，建立无MM种火鸡群。另外，也要注意水平传播。一般是使用的种火鸡必须是无MM感染的，以降低种蛋的污染程度。用抗生素药物浸泡种蛋和药物注射来处理种蛋，以便将MM从种蛋中彻底清除。将所出雏鸡饲养在卫生、防疫、隔离和检疫条件均比较好的饲养场内。在整个饲养过程中，都要进行MM的监测。只使用MM阴性的火鸡作为种用。对新孵出的火鸡雏及时检查，发现有症状的及时淘汰。

(2)药物预防：一些抗生素对MM是有一定作用的，如泰乐菌素、氯霉素、庆大霉素、四环素、林肯霉素、壮观霉素、硫酸粘杆菌素、螺旋霉素、金霉素、链霉素和一些喹喏酮类药物等。但是，不同菌株对某些药物的敏感性有较大的差异，因此在进行大规模的药物治疗之前，应当先对所分离的菌株做药物敏感试验。使用某些种类的抗生素溶液对种蛋进行浸泡处理，可以减低气囊炎的发生率，提高孵化率，改善生长性能，减少骨骼异常的发生率，并可减低生产中的废弃率等。

☞ 173. 鸭传染性浆膜炎是一个什么病？临床有何表现？

鸭传染性浆膜炎是危害雏鸭最为严重的疾病之一，它是侵害雏鸭的一种急性和慢性败血性传染病，该病是由鸭疫巴氏杆菌引起的，所以又叫鸭疫巴氏杆菌病、鸭疫里默氏杆菌病、鸭败血症等。病原为革兰氏阴性，不运动，有荚膜，不形成芽孢的杆菌。瑞氏染色多数细菌呈两极浓染。在血液琼脂上的菌落，直径1～2 mm，凸起，边缘光滑，透明，发光，呈奶油状。用斜射光观察时发出虹光。目前共发现有12个血清型。绝大多数鸭疫巴氏杆菌在37℃或室温下于固体培养基上存活不超过4天；4℃条件下，肉汤培养物可保存2～3周。55℃下培养12～16 h即失去活力，在自来水和垫料中可存活13～27天。该病主要发生于2～7周龄的雏鸭，以20天左右的雏鸭感染率最高，死亡率一般为20%～30%，有的高达70%。本病一年四季均可发生，主要经呼吸道和破损的皮肤感染发病，特别是鸭群饲养密度过大，通风不畅，卫生条件较差，饲养管理不到位，日粮搭配不合理的场户发病率最高。

病鸭起初精神沉郁，食欲减退，有轻度的呼吸道症状，咳嗽，甩鼻，流泪，两眼周围羽毛被泪水沾湿粘连，鼻孔有黏液性分泌物，排淡绿色或黄绿色稀便，两腿发软，共济失调，嗜睡，临死前出现神经症状，头向后仰，就地打转，体温升高，很快死亡。剖检可看到鼻窦中有黏液性渗出物，气管充血内有黄白色的炎性渗出物，支气管有黄色栓塞物，气囊混浊、增厚。脾脏常肿大呈斑驳状。最明显的是纤维素性渗出，可波及全身各处的浆膜，以心包膜和肝脏表面最为明显，心包膜与心外膜粘连，心脏和肝脏分别有黄白色的纤维素渗出物所包裹，形成肝周炎、心包炎、气囊炎。有的脑颅充血，形成脑膜炎等。

☞ 174. 怎样进行鸭传染性浆膜炎的预防与免疫？

（1）综合预防：对于本病应采取综合性防治措施，要注意鸭场鸭舍内外的环境卫生，要严格消毒制度，不同年龄的鸭群要分开饲养，要加强鸭舍的通风换气，保持干燥，冬天要注意防寒，饲养密度要适宜，要做到“全进全出制”。育雏鸭舍要经彻底消毒，空栏、干燥后再用，这样可以防止上批鸭病传到下一批，给疾病的防治带来一定的困难。

（2）免疫预防：可用发病鸭场分离的鸭疫巴氏杆菌培养物制备福尔马林灭活苗，对 1 周龄的雏鸭每只注射 0.5 ml，能产生坚强的免疫力，又无局部反应，对控制本病将起到很好的作用。由于该病菌型号比较多，也可以使用多价灭活苗来进行免疫效果更好。用疫苗免疫种鸭后可使其后代获得被动免疫，孵出的雏鸭保护期可维持约 2 周。

（3）药物预防：鸭疫巴氏杆菌对青霉素、新生霉素、氯霉素、链霉素、庆大霉素、红霉素、氨苄青霉素、林可霉素、先锋霉素、环丙沙星、恩诺沙星、杆菌肽和四环素敏感。所以可用上述药物预防和治疗，也可用磺胺二甲嘧啶等药物进行治疗和预防。由于鸭疫巴氏杆菌易产生抗药性，因此，有条件的可进行药敏试验，选择较为敏感的药物进行预防和治疗，能够得到理想的治疗效果。

☞ 175. 在临床上怎样将鸭传染性浆膜炎与鸭沙门氏菌病、鸭大肠杆菌病区别诊断？

由于该病与鸭大肠杆菌病在病理剖检变化上有相似之处，鸭大肠杆菌病也有肝周炎、心包炎和气囊炎等剖检变化。也有精神不好，不愿活动，食欲差或不食，嗜睡，眼鼻有分泌物，有时也见下痢等症状，很像雏鸭传染性浆膜炎。但是大肠杆菌病可造成种蛋孵化率低，幼鸭发生脐炎，接种麦康凯培养基生长良好等特点。禽沙门氏菌病有时也出现心包炎，但是沙门氏菌病肝脏出现灰白色坏死灶，盲肠内有较硬的栓子，心脏有时有增生的结节，但无神经症状。接种麦康凯培养基生长良好。

☞ 176. 坏死性肠炎是由什么引起的，应怎样预防该病的发生？

坏死性肠炎(NE)是由 A 型或 C 型魏氏梭菌(产气荚膜梭菌、产气荚膜梭状芽孢杆菌)引起的一种散发性疾病，主要引起鸡和火鸡的小肠黏膜坏死和急性死亡为特征的、急性非接触性传染病。也叫肠毒血症、烂肠病。A 型魏氏梭菌产生的 α 毒素与 C 型魏氏梭菌产生的 α 毒素和 β 毒素是引起感染鸡肠黏膜坏死的直接因素。这两种毒素可在感染鸡粪中发现。魏氏梭菌还可产生溶纤维蛋白酶、透明质酸酶、胶原酶和 DNA 酶等，它们与组织的分解、坏死、产气、水肿及病变扩大和全身中毒症状有关。魏氏梭菌菌体革兰氏染色阳性，两端钝圆的短粗杆菌，单独或成双排列，在自然界中形成芽孢，芽孢呈卵圆形，位于中央或近端，重要特点是在机体内形成荚膜，没有鞭毛，不能运动，人工培养基上常不形成芽孢。其最适培养基为血液琼脂培养基，37℃厌氧培养，便能分离到魏氏梭菌。在血液琼脂培养基上形成圆形、光滑的菌落，周围有两条溶血环，内环完全溶血，外环不完全溶血(多用兔血或绵羊血)。该病呈世界性分布，自然感染主要发生在 2～8 周龄的鸡。以 2～5 周龄的地面平养的肉鸡多发，3～6 月龄的蛋鸡也可感染发病，多为散发。魏氏梭菌主要存在于粪便、土壤、灰尘、污染的饲料、垫料以及肠内容物中。带菌鸡和病鸡以及发病耐过鸡为重要传染源，肠道中魏氏梭菌数量和梭菌性疫病的发生与饲料的种类有很大的关系。饲料中鱼粉和小麦多，是导致 NE 暴发的潜在因素。球虫感染及肠黏膜损伤以及高纤维性垫料并伴随有环境中有大量的魏氏梭菌出现时即可导致 NE 暴发。

发病鸡表现最明显的是精神委顿，食欲减退，懒动，腹泻以及羽毛蓬乱。常呈急性死亡，粪便呈黑色，有时染有血液，死亡率5%～50%。剖检时肉眼病变主要限于小肠，尤其是空肠和回肠；部分盲肠也可出现病变。肠壁增厚、脆弱、充血，肠腔扩张、充满气体。肠黏膜水肿、充血，并附有疏松或致密的黄色或绿色的伪膜。肠腔内有出血性物质，肠壁可有出血斑点，但出血并不是主要特征。肝脏充血并有界线清晰的坏死灶，直径 2～7 mm。组织学变化表现为肠黏膜严重坏死，坏死的黏膜表面附有大量的纤维蛋白、细胞碎片，并有大量的细菌。

预防本病要加强饲养管理，提高鸡体的抗病能力，要加强鸡舍内外环境卫生管理和垫料管理、粪便处理，注意衣物、用具消毒，带鸡消毒和饮水消毒，重视改善饲料质量和原料品质。要尽早地、及时隔离或淘汰病鸡，消灭传染源。采取有效措施减少各种应激因素的影响，平养鸡要控制球虫病的发生。另外，用百毒杀喷雾消毒和饮水消毒，亦能取得较好效果。在饲料中添加各种抗生素和化学药物具有预防和治疗的双重作用。如发生疾病可用氯霉素、土霉素、泰乐菌素，青霉素，氨下青霉素，杆菌肽、痢特灵等以及各种磺胺类药物进行治疗。因各种抗生素以及其它抗菌药物均具有减少粪便中魏氏梭菌的作用。因此，应首先对分离到的细菌进行药物敏感实验，然后根据结果选择适合的药物进行预防和治疗，方能取得较好的效果。

☞ 177. 溃疡性肠炎是由什么引起的，它主要危害哪些家禽？

溃疡性肠炎(UE)是由大肠梭状芽孢杆菌感染所引起的一种急性细菌性感染病，其特征是突然发病和迅速的大批死亡，本病呈世界性分布，本病首次报道是鹌鹑的地方流行病，因此又称鹌鹑病。其病原是梭菌属中的肠梭菌。革兰氏阳性、外形为杆状，菌体平直或稍弯，两端钝圆，芽孢较菌体小，位于菌体近端。大部分禽类都易感本病，鹌鹑最敏感，该病主要发生在3～8周龄的鸡，4～12周龄的鹌鹑最易发生，成年鹌鹑也可感染发病。鸡感染本病常伴随或继发于球虫病。自然感染UE主要通过粪便传播，易感鸡误食被梭菌污染的饲料、饮水、垫料等而感染此病。由于梭菌可以形成芽孢，故发病后细菌长期污染环境。慢性带菌者是造成本病持续发生的最重要原因之一，一些昆虫可机械的散播本病。

☞ 178. 养鸡户应怎样预防溃疡性肠炎的发生？

溃疡性肠炎发生后，急性死亡病例一般没有先驱症状，死鸡多体格健壮，肌肉丰满，脂肪较厚，嗉囊充满食物，并伴有白色水样稀粪。随着病程的发展，可出现无力、弓背、眼睛半闭、羽毛蓬乱等。后期病鸡极度瘦弱，胸肌萎缩，死亡率仅为2%～10%。幼鹌鹑死亡率可达100%，鸡抵抗力较强，常可自愈。剖检病死鸡主要是在肠道，急性死亡者特征病变为十二指肠出血性肠炎，肠壁可见小出血点。病程稍长者小肠、盲肠可出现坏死及溃疡灶，随着溃疡的增大，周边出血消失，溃疡灶凸出、粗糙，有的融合到一起形成大的溃疡斑，溃疡灶有时深达肠管的浆膜层而引起肠穿孔诱发腹膜炎和肠粘连。黏膜的坏死和脱落与球虫感染引起的病变极为相似。肝脏肿大呈淡黄色坏死区，有散在的大小不一坏死灶。脾脏充血、出血、肿大，表面有出血斑点。在坏死灶中有革兰氏阳性大杆菌。其它脏器无明显病变。临床上需要与UE鉴别诊断的有球虫病、坏死性肠炎和组织滴虫病。

(1)综合预防:由于UE的病原主要存在于粪便及污染的垫料中,因此建议发病场要经常更换垫料。要注意禽舍内外的环境卫生,场舍要定期消毒。要降低饲养密度,减少应激刺激。有效地控制球虫病和病毒性疾病,这些对预防和控制UE有至关重要的作用。另外,感染耐过鸡是危险的带菌者,必须进行隔离饲养或淘汰,不能与健康鸡群混群饲养。

(2)药物预防:最有效的药物是链霉素和杆菌肽。杆菌肽在饲料中的浓度为0.005%～0.01%,链霉素的含量为0.006%,这两种药物也可用饮水进行治疗。链霉素是治疗UE较理想的药物。肌肉注射链霉素每千克体重5万单位,但产蛋鸡慎用,也可在每吨饲料中加入链霉素60 g喂服对预防和治疗效果都较好。也可将链霉素溶于饮水中,预防量为0.22 g/L,治疗量为1.1 g/L水。在每吨饲料中加入100 g杆菌肽,也能达到较好的预防作用。

☞ 179. 禽"软颈"病是由什么原因引起的,临床有何表现,养殖户应怎样预防本病的发生?

禽"软颈"病是由肉毒中毒引起的一种中毒性疾病,又名软颈症或西部鸭病。该病可发生在散养或笼养的家禽和野生鸟类。这种毒素是由C型肉毒梭菌产生的外毒素引起的毒血症,肉毒梭菌本身不能引起动物发病,经常存在肠道内,在动物死后它可迅速增殖,引起尸体腐败产生毒素。食入蛆和飞虫也可发病。本菌在泥土腐烂的植物中生长可以产生更高水平的毒素。肉毒梭菌为革兰氏阳性杆菌,能形成芽孢。单个散在或呈短链排列,革兰氏染色阳性,有鞭毛能运动,老龄培养物涂片可看到芽孢位于菌体近端,偶尔芽孢位于菌体顶端。依据其培养特性分成四型,依据毒素的抗原性不同分成八型。禽类肉毒中毒主要由C型菌所致。肉毒中毒呈世界性发生,各种禽类均可发病。在管理和卫生标准很差,使其体质降低而感染肉毒梭菌引起发病。在温暖的季节易发生，病情也较严重。冬季较少。感染日龄从 14～56 天不等。较大的鸡也可感染，但似乎对毒素有较强的抵抗力。发病率和死亡率与剂量有关。C 型梭菌芽孢普遍存在于养禽场。在鸟类胃肠道中生长繁殖的 C 型肉毒梭菌据认为是潜在的病原。一般认为，误食污染有毒素的饲料等是本病惟一的致病因素。但也可在动物体内产生毒素而致病。许多腐烂的鸟尸有大量的蝇蛆，而这些蝇蛆也含有不同程度的毒素。鸡啄食含有这些毒素的蝇蛆，无疑会导致肉毒中毒。患肉毒中毒的麻痹现象从腿部开始，扩展到翅、颈和眼睑。病鸡懒动、蹲坐，驱赶时表现跛行，翅下垂。颈部麻痹，病鸡外观嗜睡，有时会被误认为已死。病后期由于心脏和呼吸衰竭而死。病鸡羽毛蓬乱，表现腹泻，稀粪中含有多量的尿酸盐。检查病鸡的血清、嗉囊以及胃肠道冲洗物中的毒素并测定血清中毒素含量是比较可靠的诊断方法。

（1）综合性预防：预防措施的重点是清除环境中肉毒梭菌及其毒素的潜在来源。在疫区，及时清除死鸡和淘汰病鸡以及污染的垫料和粪便，对预防和控制本病非常重要。由于在禽舍比较脏乱的地方以及禽舍周围土壤等环境都是肉毒梭菌芽孢含量最多的地方，因此必须对鸡舍周围进行彻底清理和消毒，一般用 2%的火碱水、次氯酸、碘伏或福尔马林等消毒药彻底消毒，这样会杀灭环境中肉毒梭菌芽孢，减少肉毒梭菌的繁殖，从而降低肉毒素的产生。要加强灭蝇灭蛆，因为蝇蛆能机械的搬运细菌而引起本病的传播。在暴发本病时，饲喂低能量饲料可降低死亡率，特别有些动物性饲料里面就可能混有引起“软颈”的肉毒素。

（2）药物预防：对发病鸡要进行隔离，通过精心喂养让其耐过恢复，但大多数重病例治疗不好的要淘汰。某些治疗方法偶尔也可降低死亡率，取得较好的效果。例如用亚硒酸钠、维生素 A、维生素 D_3和维生素 E 治疗病鸡可取得一定效果并降低死亡率。抗生素杆菌肽(100 g/t 饲料)、链霉素(1 g/L 水)以及定期使用氯霉素、青霉素均可降低死亡率。因这些抗生素经口给药以后,可减少消化道肉毒梭菌的数量,减少肉毒素的产生,从而起到控制本病的蔓延和降低死亡率的作用。

☞ 180. 禽坏疽性皮炎是怎样发生的,应怎样预防?

坏疽性皮炎是由腐败梭菌、A 型魏氏梭菌和金黄色葡萄球菌几种病原中的一种或几种联合作用后,所引起鸡和火鸡的皮肤、皮下组织水肿、皮肤发黑及肌肉坏死等为特征的传染性疾病。又称坏死性皮炎、坏疽性蜂窝组织炎、坏疽性肌炎、禽恶性水肿、气性水肿病以及烂翅病等。腐败梭菌为专性厌氧菌,呈细长的两端钝圆的大杆菌,在肝脏触片中,发现本菌呈长丝状或长链状,在组织内则呈膨大的柠檬形。芽孢呈卵圆形,位于菌体中央或近端,有鞭毛,能运动,无荚膜,革兰氏染色阳性。本菌在普通培养基上均可生长,而加有葡萄糖的培养基可促进生长。2.5%琼脂的血琼脂平板上,若培养时间较长,则开始几天有 α 型溶血出现,以后转变为 β 型溶血。能产生致死毒素、坏死毒素、溶血毒素和透明质酸酶等,是致病的重要因素,此菌繁殖型的抵抗力不大,常用浓度的普通消毒剂在短时间内可将其杀死。但芽孢的抵抗力强大,在腐败尸体中可存活 3 个月,在土壤中可以保持 20～25 年不失去活力,煮沸 2 min 即可杀死,3%福尔马林在 10 min 内可将其杀死,对磺胺类及青霉素敏感。该病在世界很多国家都有发生。鸡发生坏疽性皮炎的日龄为 3～20 周。种火鸡也可由于梭菌和金黄色葡萄球菌感染,发生梭菌性皮炎,导致死亡。土壤、粪便、灰尘、污染的垫料和饲料以及肠道内容物中均有梭菌存在,金黄色葡萄球菌更是无处不在,正常鸡的皮肤、黏膜、养鸡场的孵化场、鸡舍以及禽产品加工厂均有金黄色葡萄球菌存在。所有这些及患病禽、带菌禽均可成为传染源。

在许多情况下，坏疽性皮炎被认为是某些病的继发病，常继发于某些抵抗力或免疫力降低的疾病，如禽腺病毒感染、IBD、呼肠孤病毒感染及鸡传染性贫血等。有些坏疽性皮炎的发生与种鸡群有关。蓝翅病也容易使鸡患坏疽性皮炎。皮肤出血也能诱发坏疽性皮炎。由此看来，机体免疫功能下降是诱发坏疽性皮炎的一个重要条件。自然病例不同程度的精神委顿，共济失调、厌食、腿无力和运动失调等。病程较短，一般不超过 1 天；死亡率为 1%～60%。病死鸡腐败迅速，剖检时尸体散发着臭味。病死鸡皮肤发黑，局部湿润，羽毛脱落。患部皮下呈血样水肿，有气体或无气体产生。病变部位肌肉呈灰色或褐色，肌束间有水肿和气体。一般无内脏病变，肝脏有时可见散在的白色坏死灶。由于该病的发生与某些降低机体的免疫功能的传染病因素有关，所以在诊断该病时，应该弄清是否患有禽腺病毒、呼肠孤病毒病等。

预防本病应加强饲养管理，减少应激刺激和外伤，提高鸡体的免疫力。预防好腺病毒、呼肠孤病毒等病原体的感染，也可减少本病的发生。在饮水中加入适当的氯霉素、土霉素、红霉素和硫酸铜，或在饲料中拌入氯霉素和痢特灵均可有效地控制本病的发生和流行。但由于该病的病因比较复杂，有时还有一些病毒病感染，所以在应用抗生素控制时不能达到令人满意的效果。

☞ 181. 绿脓杆菌病在临床上有何特点，应怎样进行预防和控制？

绿脓杆菌病是由绿脓杆菌引起的败血症、关节炎、眼炎等为特征的传染性疾病。该病多发生于雏鸡，主要引起雏鸡的败血性疾病，对雏鸡造成极大的危害。绿脓杆菌也叫绿脓假单胞菌，是一种具有 1～3 根鞭毛，能运动，不形成芽孢及荚膜，易被普通染料着染，革兰氏阴性，单个或呈短链状排列，本菌有 17 个血清型。在血液琼脂培养基上，由于绿脓杆菌能产生绿脓酶，可将红细胞溶解，故菌落周围出现溶血环。本菌广泛分布于土壤、水和空气中，在正常人畜的肠道和皮肤上也可发现。常引起创伤感染及化脓性炎症，感染后因脓汁和渗出液等病料带绿色，故称绿脓杆菌。绿脓杆菌对化学药物的抵抗力比一般革兰氏阴性菌强，1∶2 000 的洗必泰、新洁尔灭可将其杀死。0.5％～1％的醋酸也可迅速使其死亡。本病的致病因素主要是内毒素、致死毒素、肠毒素、溶血毒素和胞外酶共同作用引起致病。

由于绿脓杆菌广泛分布在自然界中，所以该菌是条件致病菌。在饲养管理不良，与病鸡接触或饲养密度大，通风不良，长途运输，温度过高或过低，外伤，注射，孵化器污染，消毒不严等应激因素均会造成绿脓杆菌病的暴发。当鸡群注射被污染的疫苗和抗生素时，可造成本病的严重暴发，造成大批死亡。这种情况往往是由于操作时消毒不严格而引起的。本病主要感染鸡、火鸡和雉鸡等。各种年龄的鸡都易感，但以幼鸡和处于应激状态或免疫力下降的鸡更易感。如与其它细菌和病毒协同作用时，其敏感性会发生变化。发病率和死亡率一般为 2％～10％，最高可达 90％。病禽发病后通常于 24～48 h 死亡。临床表现主要有精神不振，吃食减少，跛行，头、肉髯、窦、跗关节或爪垫等部位发生肿胀，腹泻以及结膜炎等。雏鸡主要表现有严重精神沉郁，食欲减退或废绝，腹部膨大，两翅下垂，羽毛逆立，肛门周围有白色稀粪污染。有的可出现角膜混浊，眼睑肿胀，眼中常带有微绿色的分泌物，时间长者眼球下陷或失明，影响采食而死亡。也有的雏鸡表现神经症状，奔跑、不稳，头颈后仰，最后倒地而死。有时还患有关节炎等。雏鸡对绿脓杆菌易感性最高，随着日龄的增加，易感性越来越低。在孵化过程中被污染时会出现爆破蛋，同时孵化率降低，死胚增多。本病没有特征性病变。常见的主要是心包炎、眼炎和关节炎等。头颈部皮下有大量的黄色胶冻样渗出物，有的可蔓延到胸部、腹部和两腿内侧的皮下，头颈部和胸部肌肉有不规则的出血，后期有黄色的纤维素性渗出物。腹水呈淡黄色后期呈红色，脾脏瘀血，肝脏、腺胃浆膜有大小不一的出血点，气囊增厚，肺肿大，瘀血，出血。卵黄吸收不良，呈黄绿色，卵黄性腹膜炎。心包增厚，关节积液混浊，肿大。死胚表现为鸡胚颈后部皮下肌肉出血，尿囊液呈灰绿色。脑组织出现肿胀，脑膜有针尖大的出血点，并有坏死点；化脓性结膜炎，偶见角膜炎。

(1)综合预防：预防本病应加强鸡舍卫生，种蛋、孵化器及孵化场地的卫生消毒，要注意接触种蛋的孵化室工作人员以及注射疫苗用的注射器的卫生消毒。本病对雏鸡易感，危害比较大，耐过鸡发育不良，带菌，因此对这样的鸡要注意隔离，以免造成传播。减少应激因素，防止其它病毒性和细菌性感染有助于降低鸡对该病原体的敏感性。

(2)药物预防：发病的早期应用抗生素进行治疗可以减少损失。由于假单胞菌对链霉素、氯霉素、庆大霉素、丁胺卡那霉素、多粘菌素、新霉素、磺胺类药物等多种抗菌药物敏感，但易产生耐药性，因此用药前应进行药敏试验，选择高敏感的药物拌料、紧急注射和饮水治疗。一般用氯霉素 0.05%～0.1%的浓度拌料，也可用庆大霉素 5 000～6 000 单位/kg 体重饮水，连用 3 天. 也可用环丙沙星，链霉素等饮水。要注意几种药物要交替使用。

☞ 182. 禽链球菌病临床上有何表现？应怎样预防该病的发生？

禽链球菌病是由一定血清型的链球菌引起家禽的一种急性或慢性接触性传染病，感染鸡的链球菌由 C 群的兽疫链球菌（又称禽链球菌）以及属于 D 群的粪链球菌等。通常把 D 群中的链球菌称为粪便链球菌。兽疫链球菌呈 β 型溶血（完全溶血），D 群中链球菌 α 型溶血（不完全溶血）或不溶血。该菌抵抗力较弱，对热和一般消毒药敏感。链球菌是大多数禽类包括野生禽类肠道正常菌丛的组成部分，各种家禽均可感染。兽疫链球菌一般只引起成年鸡发病。粪链球菌对各种年龄的禽种均有致病性，但是发病最严重的还是鸡胚和雏鸡。在急性病禽中死亡率可达50%。

急性型主要发生败血症，如精神倦怠、冠与肉垂苍白，体温升高，可视黏膜发绀，羽毛粗乱、排淡黄色稀粪、有时出现前喉部和肉髯水肿，头部轻微震颤、出现临床症状12～48 h死亡。病变有尸体充血，脾、肝肿大，表面有坏死点，肾肿大有点状坏死灶，心包囊有积液，呈红色，腹膜炎。心内膜和小肠黏膜点状出血。若孵化过程中发生感染，常可见到脐炎。亚急性、慢性型多在成年鸡发生，主要表现精神沉郁、废食、腹泻、体重下降、冠和肉垂苍白、跛行和头部震颤。剖检主要有维素性关节炎和腱鞘炎、输卵管炎、纤维素性心包炎和肝周炎、肝微肿表面有点状灰色坏死小结节，肾肿大，呈灰黄色，表面有血红色小病灶，坏死性心肌炎、心瓣膜炎。D群链球菌是肠道常住菌，在发生感染时，能侵害各日龄的鸡，但在幼鸡中本病是急性的死亡率较高。经蛋传播或入孵蛋被粪便污染时，可造成胚胎后期死亡。通过血涂片、心瓣膜或其它病变组织触片发现典型的链球菌，有必要时可采用凝集反应法来进行检测，此法简单、快速、敏感性和特异性高等特点。

(1)综合预防：该病目前无特异性预防措施，主要办法须从减少应激因素着手，加强饲养管理，做好其它疾病的预防接种和防治工作，预防和消除降低机体免疫功能的疾病和条件。常规的卫生防疫措施可减少环境中的致病性链球菌群。因此要注意环境卫生、健全消毒制度。孵化用种蛋应选择健康鸡产的蛋并进行种蛋消毒。发现病鸡要及时淘汰或隔离治疗。

(2)药物预防：急性和亚急性感染可以用青霉素、红霉素、新生霉素、乳酸诺氟沙星、恩诺沙星、金霉素、杆菌肽锌、四环素或磺胺类药物进行治疗。链球菌感染早期用药效果良好，后期疗效较差。任何链球菌感染的治疗均应在细菌分离的基础上进行药敏试验，选择较为敏感的药物进行治疗和预防。

☞ 183. 养鸡户应怎样预防禽螺旋体病的发生？

螺旋体病是一种由蜱传播的、容易复发的急性败血性传染病。其病原是由螺旋体科的鹅包柔氏螺旋体，许多国家发现了该病。该病的病原体是一种能高速运动，有 5～8 个螺旋的微生物。螺旋体病发生于世界各地，但以热带和亚热带地区的散养家禽多发，因为这些地区普遍存在有禽的吸血性昆虫。主要发生于鸡、火鸡、雉鸡、鸭、鹅和金丝雀、麻雀等家禽和野鸟。本病的自然感染是通过媒介昆虫传播，主要是波斯锐缘蜱叮咬传播。该蜱还可通过卵将本菌传给后代，其后代再继续传播。鸡螨和鸡虱也可能传播本病。本病一年四季均可发生，但以每年 6～7 月份多流行本病。采食直接或间接由病鸡排泄物污染的饲料和饮水，未消毒的注射器针头等。禽类吞食感染的蜱或其虫卵也能感染。本病康复鸡不携带病原菌，也就是说康复鸡不是传染源。

感染发病的鸡特征性症状是：本病以体温升高，可达到或超过 43℃，体重明显下降。精神沉郁，贫血，排浆液性绿色稀粪和长期站立不卧，后期病鸡消瘦，有暂时性的虚弱，一侧或两侧翅或腿发生麻痹。特征性的病变是脾脏明显肿大和颜色斑驳。肝脏肿大，表面有小出血点和灰白色坏死点。肾脏肿大而苍白。经常出现绿色黏液性肠炎，腺胃和肌胃交界处有出血点。典型的病鸡，其染色血片或组织片中能够发现螺旋体，也可用暗视野、相差显微镜或免疫荧光法检查湿性标本。

(1)综合预防：由于该病是由一些体外寄生虫传播，因此要用药浴法来根除鸡体上的体外寄生虫，可用 0.2%马拉硫磷浸浴鸡或双甲脒、敌杀死等一些对鸡无害的杀虫药来杀灭鸡身上的蜱、虱和螨。对鸡舍和周围环境，特别是蜱经常躲藏的缝隙，每月一次用高压喷雾器用 3%马拉硫磷喷散杀灭，可以有效的控制蜱。在螺旋体病呈地方流行性的地区，应避免将有蜱寄生的鸡带入洁净鸡群;感染鸡要及时隔离治疗,所用的一切用具和鸡舍必须经严格的消毒方可再用;在螺旋体病流行的地区,可试用多价疫苗或自家菌苗进行免疫接种,可收到较好的效果。

(2)疫苗预防:国外已用于预防本病的疫苗有多种,我国也有自制菌苗现场应用,注苗后10天可产生抗体。目前,用于螺旋体病预防的菌苗有全血灭活苗、脏器灭活苗和鸡胚组织灭活苗。由苯酚裂解鹅全血灭活苗,接种后保护率在80%以上。用鹅肝、脾制成的灭活苗安全有效,疫苗保存有效期可达1年。制备脏器组织灭活苗时采集器官组织的最佳时机是血中螺旋体含量达高峰时,此时心、肝、脾、肺、胃、脑及骨髓均有很多的病原体,这时制出来的组织灭活苗免疫效果比较好。用鸡胚组织制备疫苗较为经济,用10~20日龄的鸡胚,接种5~7天后含有大量病原体,此时采集鸡胚制备疫苗可获得良好效果。鸡胚组织苗免疫保护期达1年。鉴于存在若干血清型,在制备疫苗时,要采用多种血清型的病原体制备多价疫苗,免疫效果更好。疫苗注射后14天血清中即可出现抗体。15天达高峰,28~63天维持较高水平。母鸡免疫后8周所产蛋卵黄中,出现抗体,此时人工感染有抗体的鸡胚,无病原体生长或生长很差,孵出的鸡有传递性免疫力作用,早期极强,在7~14日龄消失。在8周龄时接种,10天后可产生免疫力,鸡龄太小免疫效果不好。故8周龄时开始免疫接种是最佳时机。自然发病鸡痊愈后可产生坚强免疫力,未感染鸡与感染鸡混养,有时可获得免疫力。抗螺旋体高免血清注射也可用于预防,联合免疫法即同时或间隔24 h注射免疫鸡血清和疫苗免疫效果更好。

(3)药物预防:土霉素是治疗鸡疏螺旋体的高效药物,治愈率在96.7%,土霉素按200~400 g/t饲料拌料效果最佳;0.5%盐酸四环素饮水治愈率达100%。金霉素按1万单位/kg体重注射预防本病有良效。红霉素按2.5万~5万单位/kg体重皮下注射防治效果较好,但口服给药效果较差。青霉素每只2万单位肌肉注射，于 24 h 内分 3 次注完，也有一定疗效。也可用泰乐菌素饮水或拌料。还可以用氯霉素、卡那霉素、链霉素等抗生素治疗，均取得较好的效果。

☞ 184. 禽弧菌性肝炎病在临床上有何特点，养鸡户应怎样预防？

禽弧菌性肝炎是由弯杆菌属的嗜热弯曲杆菌，主要是空肠弯曲杆菌引起的幼鸡或成年鸡的一种传染病，因此也叫弯曲杆菌病。还有的称其为禽弯曲杆菌性肝炎。该病在世界各地均有发生。主要感染鸡。常见于即将开产的小母鸡或发生于产蛋数月后的母鸡。带菌鸡当遇到其它诱因时，可引起发病。弧菌存在于病鸡的盲肠和肠内容物中，因此本病的传播主要是经带菌鸡的粪便污染，经口腔途径传播的。本病的病程主要以缓慢发作和持续期长为特征。产蛋率低，无高峰期，死淘率高等。常与寄生虫病或其它慢性疾病混合感染，使得症状表现和严重程度变得多种多样。病死鸡最明显的病变是肝脏不同程度的出血、变性和坏死，伴发脂肪浸润。肝包膜下多有血肿，质脆，并有菜花样的大坏死区。偶有肝破裂。慢性病例常见有肝脏硬化和萎缩，以及腹水和心包积液，肾脏苍白、肿胀，脾脏肿大，卵巢退行性变性，心脏肿大出血。肠黏膜出血呈卡他性肠炎。

(1)综合性预防：对于本病的预防应施行隔离、消毒、注意环境卫生等兽医安全卫生防疫措施，可有效地避免将弯曲杆菌带入易感鸡群。对有可能被污染的鸡笼、蛋箱、饲料袋以及其它设备和鸡舍等进行彻底的消毒。防止其它动物和野鸟进入鸡舍。减少应激刺激、预防寄生虫病和其它慢性感染症，可间接地起到预防本病的目的。在饲料中添加抗生素或化学药物，具有很好的预防效果。

(2)药物预防：一般在饲料中添加呋喃唑酮和链霉素进行预防和治疗效果比较好，呋喃唑酮 250～300 mg/kg，连用 5～6 天。链霉素按 60 mg/kg 体重。其它可用的药物有金霉素、土霉素和磺胺二甲基嘧啶等。由于本菌感染后不产生免疫，所以即使治疗效果很好，也还会发生再感染的可能。

☞ 185. 养殖户应怎样预防李氏杆菌病的发生？

李氏杆菌病是由单核细胞增多性李氏杆菌引起的多种禽类的一种散发性传染病。本病以败血症，肝脏，心脏出现坏死和心包炎等为特征的一种疾病。该病除感染禽类外还可感染哺乳动物，人也可感染，所以本病为人畜共患的传染病，在共公卫生学上具有重要意义。李氏杆菌能感染多种动物，主要发生在温带地区。这些地区的土壤和粪便中常见有李氏杆菌，在 4℃肉汤中可存活几年，在土壤中能长期存活。对热抵抗力较强，55℃ 60 min 才被杀死。在家禽中主要以鸡、火鸡、鹅和鸭等易感，鸭较少发病。本病呈散发性，一般只有少数发病，但病死率很高。各年龄的家禽都可感染发病，但以幼龄禽多发，死亡率高达 40%以上。成年禽有较强的抵抗力。李氏杆菌病经常与球虫病、肠炎、沙门氏菌病及寄生虫病等伴发。经常在同一鸡舍内重复暴发此病。病原菌由病鸡的粪便和鼻分泌物排出，污染饲料和饮水而使其它家禽感染。另外，在营养比例失调和其它应激因素存在的情况下，也可促使本病的发生。

急性败血性的病鸡可在 1～2 天死亡。病程稍长的可发生神经系统紊乱，病鸡出现运动失调和颈项歪斜等。典型败血症病例是心肌的多发性变性或有坏死区，并常见充血和心包炎。肌胃角质膜下有出血。肝脏可能肿大，呈绿色，有小的坏死区。脾脏肿大而呈斑驳状。无肉眼可见的脑炎病变。诊断本病可取血、肝、脾、肾、脑等病变组织作直接触片或涂片，革兰氏染色阳性、呈“V”形排列的细小杆菌。将病料研磨接种于小白鼠、家兔等试验动物体内或结膜囊内，1 天后可发生结膜炎，不久发生败血症而死亡。动物试验在本病诊断上具有决定性的意义。

(1)综合性防制:要加强饲养管理,定期进行严格的清扫和消毒,可用百毒杀、碘伏、威岛等消毒剂消毒。由于李氏杆菌病是家禽和哺乳动物共患的一种疾病,所以要经常灭鼠和防止其它动物进入鸡舍,将鸡与可能患病的绵羊和牛分开。

(2)药物预防:李氏杆菌对大多数抗生素有抵抗力,特别是在低浓度时。治疗中首选的药物是高浓度的四环素。在饲料中添加抗生素可预防李氏杆菌病,大剂量的四环素可用于本病的治疗。

☞ 186. 禽衣原体病在临床上有何特点,应怎样预防和控制?

禽衣原体病是由鹦鹉热衣原体所引起的禽类一种全身性、致死性的接触性传染病。该病在自然情况下,野鸟特别是鹦鹉的易感率较高,所以叫它鹦鹉病和鹦鹉热。后来发现其它鸟类也发生本病并可传染给人故又称鸟疫。鹦鹉衣原体,它具有细胞壁,在结构上与细菌相似,属衣原体科衣原体目立克次体和衣原体族,是介于立克次氏体和病毒之间的一种病原微生物,为一种专性细胞内寄生菌,可通过二分裂方式增殖。能合成自己的DNA、RNA和蛋白质。对热有较强的抵抗力,在60℃ 10 min失去活性。百毒杀、新洁尔灭等灭活。0.1%福尔马林、0.5%石炭酸24～36 h可杀死。本病呈世界性发病,分布极广,现有60多个国家和地区,发现有该病的发生,主要感染禽类和哺乳类动物。多种家禽均可感染发病,但主要发生在火鸡、鸭和鸽子等,鸡有较强的抵抗力。幼龄禽比成年禽易感,临床症状也比较严重,死亡率较高。公火鸡的死亡率较高。主要是经呼吸道吸入空气中的病菌而感染。其次是经口感染,吸血性昆虫也可传播该病。该病一年四季均可发生,但以秋冬和春季发病最多。饲养管理不善,营养不全,气温突变、禽舍潮湿、通风不良等应激因素存在的情况下均可增加该病的发生和死亡。鸡对鹦鹉衣原体具有很强的抵抗力。只有幼龄鸡发生急性感染,真正发生流行的较少。火鸡易感,病禽呈恶病质状态,可表现厌食,体温升高,排出黄绿色胶冻样粪便,产蛋率下降或停止产蛋,有的可能不影响产蛋。鸭主要出现流泪、结膜炎、鼻炎,甚至眼球炎和眼球萎缩等。急性病鸽的症状是厌食、精神委顿和腹泻,有的可出现结膜炎、眼睑肿胀和鼻炎等。剖检病死火鸡可见肺脏广泛性出血,胸膜腔内有纤维素性渗出物。心外膜增厚、充血和纤维素性渗出物,心脏肿大扩张。肝脏肿大,间有坏死灶,颜色变淡,表面覆盖有纤维素性渗出物。气囊增厚,脾脏肿大、变暗、柔软,呈紫色或紫红色,有灰白色小病灶。有的火鸡肺脏可能没有严重病变,但心脏上出现一个或多个纤维蛋白斑。公鸡还常见睾丸炎和附睾炎。部分母鸡卵巢显示萎缩、出血及坏死。鸭常出现胸肌萎缩和明显的全身性浆膜炎,出现浆液性或纤维素性心包炎、肝肿大、肝周炎和脾肿大等。鸽衣原体病的肉眼病变是气囊、腹腔浆膜和心外膜增厚,表面有纤维蛋白性渗出物。肝脏和脾脏常肿大、变软、变暗。轻度感染时,可能只侵害肝脏和气囊。鸡对本病有较强的抵抗力,但雏鸡可能发生急性感染和死亡。可出现纤维素性心包炎和肝肿大,产蛋鸡能发生输卵管囊肿,使产蛋率高峰期维持较低的水平,造成一定的经济损失。

(1)综合预防:目前还没有有效的疫苗进行预防,所以预防本病必须加强饲养管理,建立并严格执行防疫制度。将禽群隔离饲养或严格密闭饲养,避免与野禽接触;注意环境卫生,要经常清扫鸡舍和周围环境,鸡舍和设备在使用之前要进行彻底的清洗和消毒,在清扫环境时,要注意防护,以免工作人员感染;限制外来人员和车辆以及其它动物的进入;要做好饲养员的身体检查,以防人禽之间互相传染;严格消毒和隔离措施,发现病禽立即淘汰,对被污染的饲料、场地、器具要进行严格的消毒,禽舍消毒一般采用百毒杀、威岛、络合碘、石炭酸等进行消毒,空鸡舍可以用3%的火碱水进行喷洒,甲醛溶液熏蒸等方法消毒,可有效预防本病感染的发生。另外,在引进国外的禽种时,应严格按国家的动物卫生防疫制度进行检疫，引进后要进行严格隔离观察。

(2)药物预防：一般用四环素、土霉素、金霉素对该病具有很好的预防和治疗效果，剂量为每 100 kg 饲料中加 20～30 g。也可以使用红霉素、氯霉素等其它抗生素来进行预防和治疗都可以收到较为满意的效果。

☞ 187. 养鸡户养鸡为什么不能用发霉的秸秆做垫料？

发霉的秸秆里面有大量的曲霉菌，这些曲霉菌主要有烟曲霉和黄曲霉，另外还有土曲霉、灰绿曲霉、构巢曲霉、黑曲霉、阿姆斯特丹曲霉和变黑曲霉等。这些曲霉菌可以引起一种以肺部感染为主的全身性、真菌性传染病，又称其为霉菌性肺炎、育雏室肺炎等。这些霉菌中尤其是烟曲霉和黄曲霉，具有较强的致病作用，其中烟曲霉致病力最强。如果在饲养禽类的环境中存在这些曲霉菌就可感染这些鸡而引起发病。在曲霉菌病中由垫料和饲料发霉引起是常见的，因霉菌的孢子大量存在于发霉的垫料和饲料中，所以当家禽吸入或吃进这些孢子时就会引起曲霉菌病。霉菌易在豆饼、玉米、骨粉、鱼粉等饲料中生长繁殖。在配合饲料中只要有一种成分发生轻微的霉变，混合后尽管外观没有什么变化，鸡摄入后也足以使雏鸡致病。此外，在用具、饲槽、墙壁、麻袋、地面、孵化器以至在蛋壳表面，都有霉菌生长的可能。特别在春夏和夏秋之交的阴雨连绵季节，垫料容易霉变，禽舍内阴暗潮湿、通风不良、鸡群拥挤等，也为霉菌生长创造了条件，所以易暴发该病。在自然条件下，鸡、鸭、鹅、火鸡、鹌鹑均可感染发生此病。4～15 日龄的雏鸡易感性高，随着日龄的增加抵抗力也有所增强，成年禽类仅为散发。火鸡和鹌鹑比鸡更易感。在健康禽群中，除有些家禽吸入孢子后可造成肺部感染外，有时眼睛也会感染曲霉菌而发生炎症。在孵化过程中，真菌可穿透蛋壳而进入蛋内，使胚胎感染，造成雏鸡出壳后几天内死亡，日龄越小，病死率越高。因此，在养鸡时不要用发霉的作物秸秆用做垫料和喂给发霉的一些饲料，以免家禽发生曲霉菌病。

☞ 188. 家禽感染曲霉菌后临床有哪些症状和病理变化?

家禽感染曲霉菌病以后出现呼吸困难、气喘和呼吸加速、嗜眠、食欲不振、消瘦、饮欲增加和发热等。病禽很快消瘦并在后期发生腹泻。在波及食道黏膜的病例中发现吞咽困难。鼻黏膜和眼结膜有大量的分泌物。眼睛感染的特点是，在瞬膜下形成黄色干酪样小球状物，造成眼睑凸出。日龄较大的雏鸡，角膜中央形成一些溃疡。如果与传染性支气管炎和传染性喉气管炎等呼吸系统疾病同时存在时，则常发出咯咯声，而单纯患曲霉菌病时通常没有这些声响。鹌鹑发生此病，多在1～20日龄，病雏精神沉郁，两翅下垂，羽毛蓬乱，缩头闭目，食欲减退或废绝，呼吸加快，有的伸颈喘气，摇头打喷嚏，死前痉挛，一般1～3天死亡，耐过的生长受阻。剖检病死家禽可见肺部常出现从米粒到豌豆粒大小不等的结节，局部有肝样变。有时气管和支气管中出现肉眼可见的菌丝团。整个气囊囊壁增厚，并覆盖一层霉菌的毛状生长物，附近有由纤维蛋白和菌丝组成的实心结节，这种结节如小扁豆般大小，圆形，同心轮层状，周边高中间凹，污黄色或长有绿毛的霉菌斑。在胸膜和腹腔一些器官的表面，也可出现从针头或小米粒到豌豆般大小不等的黄色结节，柔软而富弹性，或坚如软骨并呈均质干酪样。有时肠浆膜上和肝实质中发现单独的结节。火鸡肺部的结节，由针头至小扁豆般大小，并为一个浸润的或出血的晕包围，伴有相当严重的肝变。根据病理剖检变化，如在气管、气囊或腹腔中有肉眼可见的霉菌斑，用其新鲜霉菌斑做显微镜标本观察发现有真菌菌丝，或通过培养来确诊此病。

☞ 189. 养鸡户应怎样预防禽曲霉菌病?

(1)综合性预防:消除致病因素是控制此病的最好方法。因此要避免使用发霉的垫料或饲料,有助于防止曲霉菌病的暴发。所以在饲养管理中应仔细检查垫料、饲料以及料桶和饮水器上及其这些设备的周围有无霉菌,特别是在梅雨季节更应该注意。每天要清洗和消毒饮水器,也有助于消除该病的传染源。应该经常变动料槽和饮水器的位置,如果不能经常更换料桶和饮水器的位置,就应用化学消毒药物喷洒容器周围的地面,以抑制霉菌的生长。将饲料容器和饮水器放在底下有隔网的平台上,有助于防止家禽啄食生长于地面的霉菌。注意鸡舍的消毒、通风换气,要保持禽舍内的干燥和清洁。在夏天要防止霉菌生长繁殖,垫料要经常翻晒和更换。进雏前,对于垫料可用5%石炭酸、1%硫酸铜喷洒或福尔马林熏蒸消毒后,再进行使用,以免由于霉菌污染环境而引起该病的传播。要注意饲料的霉变,尤其是粉料、谷物和饼粕类等。每批饲料在使用前应随机取样测定饲料中的含霉菌数,如饲料中烟曲霉菌孢子含量超标时,应经过高温处理或经再加工调制后再投喂。应避免禽只接触发霉的麦秸和稻草堆。雨后容易积水的地方应及时进行排水。

(2)药物预防:对于本病目前尚无特效的治疗方法。据报道,用制霉菌素防治本病有一定效果,剂量为每100只雏鸡1次用量为50万单位,每日2次,连用2天。或每千克饲料中加制霉菌素150万单位(每片50万单位)连服数天。在服用制霉菌素的同时,每升水中加硫酸铜0.5 g,连饮数天,效果更好。也有人报道用1∶3 000的硫酸铜或0.5%～1%碘化钾饮水,连饮3～5天进行预防和治疗有一定的疗效。在此病暴发时,以1∶2 000的硫酸铜溶液饮水,有助于防止本病的蔓延。在应用硫酸铜时要注意其浓度和用量,以免发生中毒。另外,还有两性霉素B和曲古霉素能抑制烟曲霉培养物的生长。用 1∶500 的氯化汞溶液治疗鸽皮肤的曲霉病有良好的效果。

☞ 190. 鹅口疮是由什么引起的，应怎样预防和控制？

鹅口疮是由白色念珠菌感染上消化道所引起的以口腔黏膜增厚和溃疡为特征的一种消化道真菌病。又称为消化道真菌病、禽白喉、霉菌性口炎、白色念珠菌病和酸腐性嗉囊病等。引起本病的病原体，主要是念珠菌属的白色念珠菌和鸡念珠菌，念珠菌普遍存在于外界环境中，通常寄生于机体的消化道内，但不致病。只有在某些情况下，造成机体对感染的抵抗力降低时，才引起感染发病。该病在各种年龄的家禽都有易感性。一般为散发性，雏鸡对消化道真菌病更为敏感。幼禽的发病率和死亡率都比老龄的高。除鸡以外，火鸡、珠鸡、鸽、雉、鹌鹑以及松鸡、鹅等最易感染，孔雀和长尾鹦鹉也能感染发病。当家禽食入被病菌污染的饲料、饮水或与污染的周围环境接触，都能传播本病。但禽与禽之间不直接传染。念珠菌能在谷物上生长，所以霉变成块的饲料也能将本病传入禽群。特别在雨季，卫生不良、饲料配合不当、维生素缺乏等，都能促使本病发生和流行。机体遭受寄生虫或其它疾病的侵害；或严重应激等因素导致机体抵抗力下降时，也能继发本病。长期使用抗生素或促生长剂，可能破坏机体正常菌群，导致大量念珠菌的繁殖，而引起发病。

病禽感染后表现生长不良，发育受阻，不愿活动，羽毛松乱，下痢，呼吸困难。常因痉挛脱水而死亡。在口腔黏膜上开始为乳白色或黄色斑点，后来融合成白膜，故称鹅口疮。病变最常出现在嗉囊，表面黏膜增厚呈毛巾状，带有白色圆形凸出的溃疡，上面覆盖一层白色的伪膜，其表面有剥离的倾向，当剥离白色的伪膜时可见红色的溃疡出血面。口和食道也可能出现溃疡状斑。当波及到腺胃时，则出现肿胀，浆膜的外表光滑，黏膜出血，并可能被卡他性或坏死性渗出物所覆盖。在这些病变中，容易看到那些是白色裂殖子的孢子和菌丝。

（1）综合预防：为防止该病的发生，要加强饲养管理和改善卫生条件。首先要彻底清洗和消毒饮水系统，包括水罐、水管和饮水器等。消毒剂要选用碘制剂或氯制剂。平时要保持饮水系统的清洁卫生，要进行过滤和消毒处理。管道至少每月清洗 1 次，饮水器应每周消毒 1 次。在饲养管理上，应降低饲养密度，加强管理，改善鸡舍小气候。同时要注意饲料的配制，特别是确保维生素的含量，要防止饲料的霉变。另外，应当减少不必要的抗生素药物预防。定期口服一定量的抗真菌药，对预防此病也是很有效的。

（2）药物预防：定期用硫酸铜溶液饮水，对于预防本病能取得一定的效果。发生口部病变时，可采用适当的消毒剂进行局部处理。在每千克饲料添加制霉菌素 100～200 mg，连用 1～2 周；或每升饮水中加入制霉菌素 100～200 mg，连用 5 天。用 0.05％硫酸铜水溶液代替饮水，隔天给药，饮用 3 天。能有效地消灭和控制鸡的白色念珠菌病。对病禽口腔黏膜上的溃疡灶可用 2％硼酸水冲洗后涂擦碘甘油或紫药水。在饲料中添加维生素 A，也是一种辅助性治疗措施。药物治疗不仅能有效地减轻鸡念珠菌病的病变，而且也可提高鸡的增重速度。

第3部分　家禽寄生虫病

☞　**191. 什么是家禽寄生虫病,它对家禽有哪些危害?**

家禽寄生虫病是指寄生虫寄生在家禽体表或体内不同部位,引起机体损伤而造成的疾病。它分体外寄生虫病和体内寄生虫病。绝大多数节肢动物寄生虫引起的为体外寄生虫病。而寄生于家禽消化道、呼吸道、肝脏和肌肉等体内的蠕虫和原虫(有些原虫还是细胞内寄生)等寄生虫引起的被称为体内寄生虫病。寄生虫病对家禽的主要危害是:①吸取宿主营养,破坏、吞噬和消化宿主组织细胞。②引起宿主组织的细胞反应,造成间接危害。但这种间接危害比直接危害更为严重。③造成机械性障碍和压迫。④在寄生的同时还会带来其它一些病原体。⑤有些寄生虫的代谢产物会导致宿主发生中毒,造成机体慢性消耗性疾病,给养禽业带来巨大的经济损失。因此对家禽寄生虫病必须进行很好地预防和控制。

☞　**192. 什么是原虫病?引起禽类的原虫病主要有哪些?**

原虫是指原生动物门各种单细胞动物,由原虫引起的畜禽机能、代谢障碍的疾病就叫做原虫病。主要有球虫病、组织滴虫病、住白细胞原虫病、隐孢子虫病等。

☞　**193. 鸡球虫的生活史是怎样的,它是怎样进行致病的?**

当鸡摄入发育成熟的球虫卵囊后,卵囊壁在肌胃中被碾碎,释放出孢子囊。孢子囊进入小肠后,在胰凝乳酶和胆汁盐的作用下,释放出子孢子。子孢子进入上皮细胞或上皮间的淋巴细胞,开始发育繁殖,至少经过两代无性繁殖(裂殖生殖),随后进行有性繁殖。在此过程中,能运动的小配子寻找大配子,并与之结合,形成合子,合子发育成卵囊,卵囊从肠黏膜上释放,随粪便排出,完成一个生活周期(图3-1)。对于每一个虫种来说,一个被摄入的单个卵囊的繁殖潜力是相当恒定的。当球虫卵囊被摄入鸡消化道后,卵囊破裂释放出子孢子,子孢子侵入肠黏膜上皮细胞进行裂殖体增殖时,引起肠炎和大量上皮细胞崩解,以至使肠管的分泌、运动及吸收机能发生障碍。肠壁的炎性变化和血管破坏则使大量的体液和血液流入肠管内,病鸡可见消瘦、贫血和血痢等症状。上皮细胞崩解产生的有毒物质蓄积在肠管中引起自体中毒。肠黏膜的损伤给病原微生物和肠内有毒物质侵入打开了门户,导致各种继发感染。

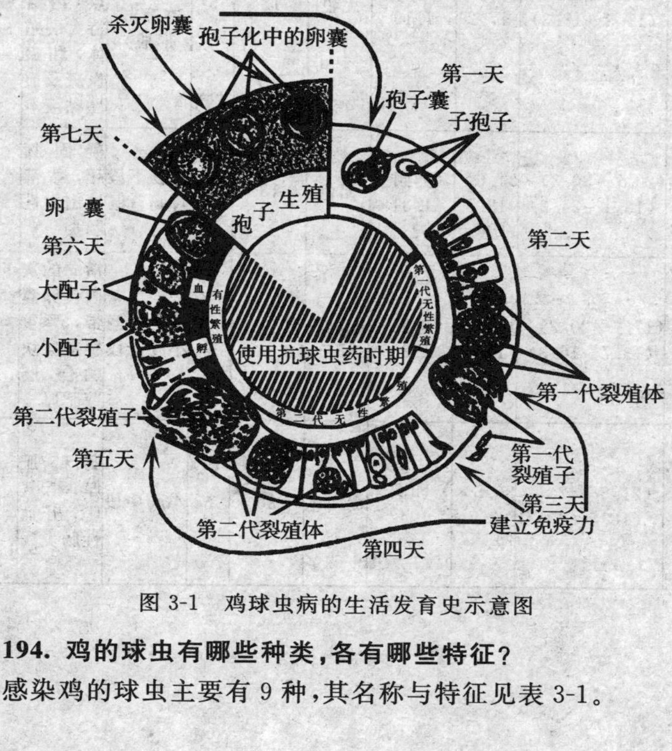

图3-1 鸡球虫病的生活发育史示意图

☞ 194. 鸡的球虫有哪些种类,各有哪些特征?

感染鸡的球虫主要有9种,其名称与特征见表3-1。

表 3-1 感染鸡的球虫名称与特征

种类	卵囊					潜隐期(天)	寄生部位	肉眼病变	致病力
	大小范围(μm)	大小均值(μm)	形状与指数	颜色	孢子化最短时间(h)				
柔嫩艾美耳球虫	(19.5～26.0)×(16.5～22.8)	22.0×19.0	宽卵圆 1.16	无色	18	7	盲肠	盲肠高度肿大，出血	卌
毒害艾美耳球虫	(13.2～22.7)×(11.3～18.3)	20.4×17.2	长卵圆 1.19	无色	18	5	小肠中段(卵囊在盲肠形成)	卵黄蒂段小肠肿胀如气球，有白色斑点(内含特大裂殖体)和瘀血斑及血性黏液	卌
布氏艾美耳球虫	(20.7～30.3)×(18.1～24.2)	24.6×18.8	卵圆 1.31	无色	18	5	小肠下段盲肠直肠	凝固坏死，黏液性出血性肠炎	卅
堆型艾美耳球虫	(17.7～20.2)×(13.7～16.3)	18.3×14.6	卵圆 1.25	无色	17	4	十二指肠小肠前段	横向的灰白色卵囊带，严重感染斑块融合，肠壁肥厚	卅
巨型艾美耳球虫	(21.5～42)×(16.5～29)	30.5×207	卵圆 1.47	黄褐色	30	6	小肠中段	肠壁肥厚，稍气胀，出血性肠炎	卅

续表 3-1

种类	卵囊					潜隐期（天）	寄生部位	肉眼病变	致病力
	大小范围（μm）	大小均值（μm）	形状与指数	颜色	孢子化最短时间（h）				
哈氏艾美耳球虫	(15.8～20.9)×(14.3～19.5)	19.1×17.6	宽卵圆 1.08	无色	18	5	小肠前段	卡他性炎，针尖大出血点	++
变位艾美耳球虫	(11.1～19.9)×(10.5～11.2)	15.6×13.4	宽卵圆 1.16	无色	12	4	小肠前段延伸到直肠盲肠	灰白色圆形卵囊斑，严重感染斑块融合，肠壁肥厚	++
和缓艾美耳球虫	(14.3～19.6)×(13.0～17.0)	16.2×16.0	亚球形 1.01	无色	18	7	小肠前段	不明显	+
早熟艾美耳球虫	(19.8～24.7)×(15.7～19.8)	21.3×17.1	椭圆 1.24	无色	12	4	小肠前段	不明显	+

☞ 195. 鸡患球虫病后有哪些症状，病理变化如何？

鸡球虫病可分为急性和慢性两种，急性型：病程数天到2周，病初精神委顿，羽毛逆立，头颈蜷缩，闭目呆立。食欲减退，渴欲增加，有的排胡萝卜馅样红色粪便，重者便血。可视黏膜及冠、肉髯苍白，病鸡消瘦。夜间常挤堆。后期常发生神经症状，如昏迷，翅轻瘫，两脚外翻、直伸或不断痉挛性收缩，不久即死亡。雏鸡的死亡率为50%或更高。慢性型：病程数周到数月，多见于4～6月龄或成鸡。症状不很明显，病鸡消瘦，脚和翅发生轻瘫。有间歇性下痢，有时见血便，产蛋量下降，死亡率较低。

病理变化依据球虫感染家禽的部位不同而有很大的差异。柔嫩艾美耳球虫侵害盲肠引起盲肠病变，多见盲肠肿胀，充满大量血液，内有凝血样的干酪样物质，肠壁硬化，质地脆弱；有的盲肠显著萎缩，长度与直肠相近，内容物极少，呈樱红色或直肠有灰白色坏死灶。毒害艾美耳球虫损害小肠中段，可见小肠肠壁扩张、松弛、肥厚和严重坏死，小肠黏膜 上有无数粟粒大或绿豆粒大小的出血点和灰白色坏死灶，大量出血，内有干酪样物，小肠的长度缩短至正常的一半左右，而粗细扩张 2 倍以上。盲肠、直肠或其它脏器病变不明显。堆型艾美耳球虫多在上皮表层发育，并且同一发育阶段的虫体常聚集在一起，在十二指肠和小肠前段出现大量淡白色的斑点，排列成横行，外观呈阶梯状。巨型艾美耳球虫损害小肠中段，肠管扩张肠壁增厚内容物黏稠，呈淡灰色或淡红色，有时混有很小的血块。哈氏艾美耳球虫损害小肠前段，肠壁上出现大头针冒大小的红色圆形出血点，黏膜有严重的卡他性炎和出血。

☞ 196. 养鸡户应怎样预防鸡球虫病？

(1)综合预防：该病是由含球虫卵囊的粪便污染了饲料、饮水、地面等被易感鸡食入后而发病。因此对鸡场中的粪便要经常清除，堆积发酵。要定期更换鸡舍内的垫料，彻底消灭球虫卵囊生活基地。饲槽、饮水器、鸡笼等用具都要彻底清洗消毒，但一般消毒药不能将其杀灭。鸡舍地面可用生石灰水或热草木灰水、淡碱水消毒。在梅雨季节，要特别加强雏鸡的饲养管理，鸡舍、垫料要保持干燥。康复鸡必须隔离饲养，各批不同年龄的雏鸡要分开饲养。有条件的可施行网上饲养，降低鸡吃到卵囊的数量。

(2)疫苗预防：雏鸡 1 日龄可使用球虫活疫苗进行饮水免疫，引起轻微的感染，从而产生有效的免疫力。如有必要可在 3～4 周龄时进行 2 次免疫，可获得良好的免疫预防效果。

(3)药物预防：在发病季节可在饲料中添加氨丙琳、硝苯酰胺、磺胺喹恶啉、地克珠丽、呋喃类、尼卡巴嗪、常山酮，或莫能霉素、盐霉素、马杜霉素等离子载体类抗生素等进行预防和治疗(用法用量可参照后面药物用量表)。抗球虫药种类很多，长期使用一种药物可造成球虫产生抗药性，所以要根据鸡场的具体情况交替使用。但要注意抗球虫药都有一定的毒性，使用时不能随便加大用量。在给肉鸡预防和控制球虫时，要防止药物残留对人体的危害，如克球粉、氨丙啉、磺胺类药物、呋喃类药物等要禁用。为防止药物残留可采用一些中药来进行预防和治疗，如青蒿、常山等。

☞ 197. 怎样使用鸡球虫疫苗来预防鸡球虫病？

球虫疫苗是有减毒株、毒力株和天然弱毒株 3 种类型，它是用物理的或鸡胚培育的方法将球虫虫株致弱或选育早熟虫株的卵囊制成的疫苗，致病力下降免疫原性不变。目前上市的球虫疫苗均为球虫卵囊混悬液，试用后收到了良好的效果。球虫苗一般应保存在 4～9℃冰箱中，切勿冷冻或过热。雏鸡(最好 1～2 日龄)经口滴服球虫苗，用苗时应经常摇晃使卵囊均匀悬浮，每只鸡口服一滴。滴服后鸡群保持在原鸡舍地面饲养。网上饲养的鸡群在滴服后 6～10 天，用塑料编织袋铺在饮水器和料桶下，面积约占鸡群的 1/3。目的是把鸡群排出的卵囊保存下来，使其反复吃到卵囊。

使用球虫疫苗来预防球虫病能一次用苗，肉鸡全程不用抗球虫药，省时省工，不会因用球虫药而增加药费开支，更不会因服用球虫药而造成药物残留。但要注意在使用球虫苗后半个月不得使用抗球虫药，以免疫苗失效。鸡舍不能太干燥，要有一定的湿度，以免因太干疫苗卵囊得不到存活，鸡不能反复吃到卵囊。但也不能太湿，太湿容易暴发球虫病。因此要规范好养殖户球虫疫苗接种程序，为防止抗球虫药在鸡体内蓄积而造成药物残留影响人们的身体健康，节省药费开支应大力推广球虫疫苗的使用。

☞ 198. 鸭球虫病主要有哪些种类，临床上有哪些病理变化，应怎样进行预防？

鸭球虫的种类很多，有艾美耳属、温扬属和泰泽属。鸭球虫病主要有毁灭泰泽球虫病和菲莱氏球虫病两大类。毁灭泰泽球虫危害严重，肉眼病变为整个小肠呈现广泛性出血性肠炎，尤以卵黄蒂前后范围的变化严重。肠壁肿胀出血，有红白相间的小点，有的黏膜上覆盖一层糠麸状或奶酪状黏液，或淡红色或深红色胶冻状出血性黏液，但不形成肠芯。菲莱氏温扬球虫致病性不强，肉眼病变不明显，仅见回肠后部和直肠轻度充血，偶尔在回肠后部黏膜上见到散在的出血点，直肠黏膜弥漫性充血。

预防要应保持鸭舍清洁干燥，定期清除粪便，防止饲料和饮水被污染。饲槽和饮水工具经常消毒。定期更换垫料，换垫新土。在球虫病流行季节，当地面饲养达 12 日龄的雏鸭可将下列药物的任何一种混于料中喂服，均有良效。①SMM 0.1%拌料，或复方磺胺间六甲氧嘧啶(SMM＋TMP，以 5∶1比例)按 0.02%～0.04%拌料，连用 5 天，停 3 天，再喂 5 天。②磺胺甲基异恶唑(SMZ)按 0.1%拌料，或复方甲基异噁唑(SMZ＋TMP，以 5∶1 比例)按 0.02%～0.04%拌料，连喂 7 天，停 3 天，再喂 3 天，都有很好的效果。

☞ 199. 怎样预防鹅球虫病的发生？

鹅球虫病以截形艾美耳球虫致病力最强，寄生于肾小管上皮，使肾组织遭到严重破坏。其它鹅球虫均寄生于肠道。肾球虫病极度衰弱和消瘦，腹泻，粪带白色。肾脏肿大，呈淡灰黑色或红色，肾组织有出血斑和针尖大小的灰白色病灶或条纹，其中含有大量卵囊和尿酸盐。肠道球虫病呈出血性肠炎症状，腹泻，粪便稀带有红色黏液。肠内容物红褐色稀薄黏液，肠壁可能出现白色结节或纤维素性坏死性肠炎。

预防要保持鹅舍清洁干燥，定期清除粪便，防止饲料和饮水被污染。饲槽和饮水工具经常消毒。定期更换垫料，换垫新土。在球虫病流行季节，当地面饲养达 12 日龄的雏鹅可将药物混于料中喂服，均有良效（药物预防可参见鸭球虫病的用法用量）。

☞ 200. 住白细胞原虫病有多少种类，各有何特点？

（1）西氏住白细胞原虫：鸭和鹅是其自然宿主，鸡、火鸡和雉不感染。雏鸭的症状比较明显，发病后死亡率较高。成年鸭多为慢性感染，仅出现精神不振等症状，死亡率也低。

（2）史氏住白细胞原虫：对易感火鸡雏可能是急性的或致命性的，急性期可突然发生死亡。可侵害血液和内脏器官的组织细胞，引起发病，并可造成一定经济损失。

（3）休氏住白细胞原虫：主要发生在东非，其它地区尚不清楚。鸡是其惟一宿主。

（4）卡氏住白细胞原虫：据报道，鸡是本虫的惟一宿主。传播媒介为蠓类，流行于夏末秋初，引起幼鸡死亡和产蛋量下降，其特征是咯血和严重的肾脏损伤。肾广泛性出血是由于巨裂殖体释放裂殖子时引起的。

（5）沙氏住白细胞原虫：引起鸡的贫血和两肢麻痹，裂殖子进入成红细胞和白细胞形成配子体，配子体位于纺锤形的宿主细胞内，其细胞核似一细长带，位于虫体之旁（图 3-2）。

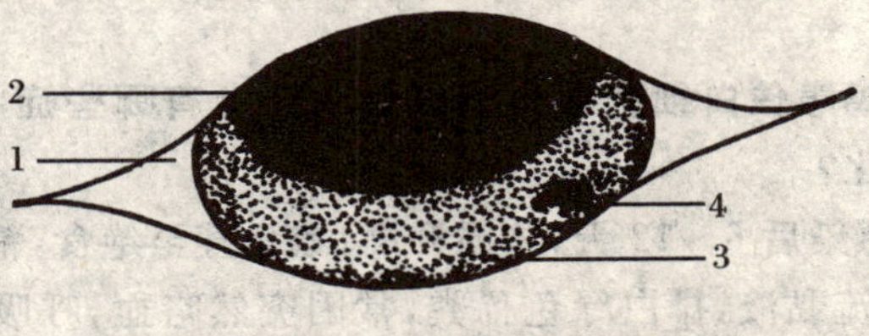

图 3-2　沙氏住白细胞原虫病模式图

1. 白细胞原生质　2. 白细胞核　3. 配子体　4. 配子体的核

☞ 201. 住白细胞原虫在宿主体内是怎样生存的?

住白细胞原虫的发育经裂殖增殖、配子生殖和孢子增殖3个阶段。以卡氏住白细胞原虫的生活史为例叙述其过程:

(1)裂殖增殖:感染卡氏细胞原虫的库蠓,在鸡体吸血时随其唾液将虫体的成熟子孢子进入鸡体。子孢子首先在鸡的血管内皮细胞内增殖,每个子孢子至少繁殖形成十几个裂殖体。于感染后9～10天,宿主细胞被破坏,裂殖体随血流转移到全身各器官组织细胞内继续发育,到第14～15天裂殖体破裂,释放出成熟的球形裂殖子。这些裂殖子可以再次进入肝实质细胞、巨噬细胞内形成裂殖体,也可进入红细胞或白细胞开始配子生殖。

(2)配子生殖:从成熟的裂殖子进入血液至大小配子体发育成熟,是在鸡体的末梢血液组织中完成的,宿主细胞是红细胞或成红细胞及白细胞。配子生殖的后期,即大、小配子体成熟后释放出大配子和小配子是在库蠓体内完成的。

(3)孢子增殖:当库蠓在鸡体吸血时,将鸡末梢血液中的大、小配子体吸取,随即进入库蠓胃内,然后在胃里迅速发育形成大、小配子。大、小配子结合成合子,逐渐增长成为动合子,继而形成卵囊。成熟的卵囊内含有大量具有感染力的子孢子,聚集在库蠓的唾液腺中,一有机会便随库蠓的唾液进入鸡的血液中,使发生感染。

☞ 202. 鸡患住白细胞原虫病以后临床上有哪些症状和病理变化?

自然感染后6～12天,体温升高,减食甚至绝食,精神委顿,运动失调,口流黏液,排白绿色稀粪,常因突然咯血,呼吸困难而死,病程数天到2周。1～3月龄雏鸡发病率最高,可造成大批死亡,中鸡和成鸡常呈现贫血,鸡冠和肉髯苍白,故叫“白冠病”。中鸡发育受阻，成鸡产蛋下降或停止，蛋形异常。后期个别鸡出现瘫痪。剖检病死鸡可见全身出血，皮下、胸肌、腿肌、心肌、有大小不等的点状出血，肾被膜下、胸腺出血，肺脏出血最严重；后期在胸肌、腿肌、心肌等处有灰白色针尖大至粟粒大与周围组织有明显分界的小结节。

☞ 203. 养鸡户应怎样预防住白细胞原虫病？

该病是由媒介昆虫传播，在夏秋蠓、蚋活动季节，鸡舍门窗钉上纱网来阻挡昆虫的进入，每隔6～7天，在禽舍外200 m内喷洒有机磷农药、菊酯类杀虫剂来杀灭这些昆虫，室内用灭虫精喷洒杀虫，尽量减少昆虫的侵袭。用药物应在感染早期进行，最好在疾病即将流行或正在流行初期进行药物预防效果较好，对晚期形成的裂殖体和配子体几乎无效。本病治疗可选用复方泰灭净500 mg/kg混饲连用5～7天。也可选用磺胺二甲氧嘧啶0.04%和乙胺嘧啶4 mg/kg混于饲料连用1周后改用预防量，或0.1%复方新诺明拌料连用3～5天有较好的治疗效果。也可用0.02%复方敌菌净或0.02%～0.04%呋喃唑酮拌料进行治疗。另外，用安乃近、阿司匹林等解热镇疼药来解热止疼。止血敏、维生素K_3、维生素B_{12}、铁制剂等药来进行止血造血。在饲料和饮水中加入多维素来增加机体的抵抗力。对于肉鸡，为了防止由于饲喂时间短药物残留而对人体造成的危害，可采用中草药进行预防和治疗。如用原虫散等（山东灵岩兽药厂生产）进行拌料喂服，对该病防治也能取得较好的效果。

☞ 204. 住白细胞原虫病和IBD在病理剖检变化上有哪些不同？

住白细胞原虫病死鸡口腔内存有鲜血，有时气管、嗉囊、腺胃、肌胃内积有大量的血样物，鸡冠苍白，血液稀薄等贫血现象。全身皮下出血，胸部肌肉、腿部肌肉、胸腺、胰腺、肝脏以及其它内脏器官的浆膜层、腹部脂肪均有米粒大小的呈圆形的出血点。肾脏出血并有凝血块存于肾被膜下，肉仔鸡出血现象更为明显。时间稍长，可见心肌、肝、脾、胸部肌肉和腿部肌肉有米粒大小的呈白色突出于器官组织表面的结节。法氏囊变化不大。产蛋鸡腹部脂肪出血。而鸡传染性法氏囊病肾肿胀，肾小管、输尿管充满乳白色的尿酸盐；胸部和腿部肌肉，呈片状或条状出血。法氏囊水肿出血、渗出、肿大或萎缩；肺脏、胸腺一般不见出血变化；呼吸道无血液；肌肉、肠系膜及其它器官无灰白色小结节。

☞ 205. 为什么预防鸡盲肠肝炎病要防止鸡吃蚯蚓？

蚯蚓是家禽的优质蛋白质补充饲料。但吃蚯蚓的鸡容易患盲肠肝炎病，也就是组织滴虫病。这是因为寄生于鸡盲肠的组织滴虫可进入寄生在鸡盲肠内的鸡异刺线虫体内，在卵巢中繁殖，并进入卵内。并随异刺线虫卵排出体外而得到保护故能生存很长时间，成为重要的感染源。当蚯蚓吞了土壤中的异刺线虫虫卵时，组织滴虫可随虫卵生存于蚯蚓体内。雏鸡吃了这种带卵蚯蚓后即可感染。鸡异刺线虫虫卵通过胃至盲肠迅速孵化，组织滴虫随即从卵内游离出来钻入盲肠黏膜，在肠道某些细菌的作用下，可在盲肠黏膜内大量繁殖，引起盲肠黏膜发炎出血和坏死，最终使整个盲肠都受到损伤。组织滴虫也可经毛细血管，进入肝脏，破坏肝细胞而引起肝组织坏死和炎症。

☞ 206. 鸡组织滴虫病在临床上有哪些病理变化，应怎样进行预防？

本病的特征性病理变化在肝脏和盲肠。盲肠的变化多发生于两侧，剖检时可见盲肠肿大增粗，肠壁增厚变硬，失去伸缩性，香肠样。肠腔内充满干酪样凝固物。横切后呈同心圆层状结构，盲肠黏膜有出血坏死并形成溃疡，严重的能导致肠壁穿孔，引起腹膜炎。急性的仅见盲肠发生严重的出血性炎症，肠腔中含有血液。肝脏肿大，表面形成一种圆形或不规则的，呈黄绿色或黄白色的，火山口样的坏死灶。溃疡灶大小不一，有时融合成片。

预防本病平时要加强饲养管理和环境卫生及消毒工作。成鸡与雏鸡分开饲养。定期驱除鸡体内的异刺线虫，也是防治本病的重措施。发现该病及时治疗。①呋喃唑酮（痢特灵）按 0.2%～0.04%加入饲料中，连用 5～7 天，效果良好。②二甲硝咪唑（达美素）按 0.05%的浓度拌饲连喂 7～14 天。同时用左旋咪唑 30 mg/kg驱除异刺线虫，添加维生素 K、维生素 A 等促进病鸡盲肠和肝脏损伤的恢复。

☞ 207. 应怎样预防鸽毛滴虫？

鸽毛滴虫病是由毛滴虫引起的，它是侵害消化道上段的原虫病。幼鸽由于吞咽成年鸽的“鸽乳”而被感染，并保持终生带虫。防治该病应尽一切努力保持成年鸽不带毛滴虫，将病鸽从大群中隔离开。定期投喂二甲硝咪唑 0.05%混入饮水或用 0.05%结晶紫或 0.06%硫酸铜溶液饮水连用 5 天可作预防和治疗。

☞ 208. 怎样预防禽隐孢子虫病？

各种家禽和鸟类均可感染隐孢子虫，临床以呼吸困难或腹泻为特征。对本病目前尚无特效疗法，可试用磺胺或抗球虫药给以预防和治疗，同时用抗生素、口服补液盐及维生素制剂。加强管理，搞好环境卫生及消毒，粪便堆积发酵，生物热处理，对防止合并感染或继发感染及控制本病都有好处。

☞ 209. 怎样对禽寄生虫病进行实验室诊断？

寄生虫病的实验室诊断必须在流行病调查和临床检查的基础上进行，以便确定使用哪种检验方法进行实验室诊断，才能方便、快速、准确取得诊断结果，为寄生虫防治提供可靠依据。

流行病学调查：临床检查→采集病料（粪便、皮肤及刮取物、血液、其它器官的分泌物、排泄物和穿刺物等）→根据不同的检查对象，采用相应的方法进行处理（如漂浮、沉淀、淘洗、孵化、皮屑溶解、煤油浸泡、涂片、染色等）→动物接种或显微镜检查→诊断结论。

☞ 210. 家禽绦虫病有哪些种类，对宿主有哪些危害，应怎样驱除？

从家禽和野禽中已分离到 1 400 余种，但常见的、可寄生于家禽体内的绦虫种类很多，有 40 余种。常见的主要有节片带文绦虫、有轮赖利绦虫、四角赖利绦虫、棘盘赖利绦虫、鸭膜壳绦虫和矛形膜壳绦虫等。绦虫主要寄生于禽类小肠，特别是十二指肠。汲取宿主营养，造成机械性损伤，继发感染其它病原等。引起宿主的消化不良，下痢，拉稀便血，严重时虫体阻塞肠道。导致宿主精神不振，消瘦，生长缓慢，产蛋下降，最后衰弱死亡。

改善环境卫生，加强粪便管理，杀灭蚂蚁、苍蝇和甲虫等中间宿主。定期用硫双二氯酚 150～200 mg/kg体重内服驱虫，隔 4 天同剂量再服 1 次，效果很好。

☞ 211. 养鸡场应怎样预防鸡蛔虫病？

本病是由鸡蛔虫寄生于小肠所引起的，雏鸡消瘦、贫血、发育不良，成鸡产蛋下降甚至死亡。预防要加强鸡场的卫生管理，及时清除粪便，堆积发酵，杀灭虫卵。夏季每隔 10～15 天用热火碱水对地面、饲槽、水槽等用具洗刷消毒 1 次。鸡群每年进行 2～3 次预防性驱虫。可用左旋咪唑 5～30 mg/kg 体重，1 次内服。丙硫苯咪唑 10～15 mg/kg 体重，1 次内服，效果很好。

☞ 212. 异刺线虫寄生在家禽哪个部位，对鸡有哪些危害，应怎样驱除？

异刺线虫寄生在鸡的盲肠中，寄生时能损伤肠黏膜引起出血；虫体汲取宿主体液中的营养，导致宿主消瘦、体弱、幼鸡发育停滞；虫体代谢产物可使鸡体中毒；带入其它病原体，造成继发感染（如组织滴虫病等）。发现病鸡及时用药治疗，左旋咪唑 30 mg/kg 体重，1 次内服；丙硫苯咪唑 10～15 mg/kg 体重，1 次内服；噻苯唑 500 mg/kg，配成 20％混悬液内服；枸橼酸哌嗪（驱回灵）250 mg/kg体重，1 次内服。注意杀灭禽舍和运动场中蚯蚓，保持禽舍内外的清洁卫生。

☞ 213. 养鸡户应怎样防治鸡胃线虫病？

鸡胃线虫是华首科的线虫，主要寄生在禽类腺胃和肌胃里面。患禽消瘦、贫血、下痢、生长发育缓慢成年禽产蛋量下降。严重者因胃溃疡或穿孔而死亡。预防要加强饲料和饮水卫生，经常清扫粪便，堆积发酵；消灭中间宿主（蚱蜢、象鼻虫、谷盗、鼠妇虫、德国小蜚蠊），可用 0.005％敌杀死或 0.006 7％杀灭菊酯水悬液喷洒禽舍四周墙角和运动场；满 1 月龄雏鸡可作预防性驱虫 1 次。发现病鸡可用左旋咪唑 30 mg/kg 体重，1 次内服；丙硫苯咪唑 10～15 mg/kg体重，1 次内服。

☞ 214. 比翼线虫寄生在家禽哪个部位，应怎样进行防治？

比翼线虫寄生在家禽的气管内，本病对幼禽危害严重，死亡率极高。又叫交合线虫，张口线虫。病禽严重呼吸困难常因窒息死亡。预防本病要勤清扫粪便，堆积发酵；保持禽舍和运动场卫生、干燥，杀灭蛞蝓、蜗牛等中间宿主，流行区对禽群进行定期预防性驱虫;发现病禽及时隔离并用药治疗。丙硫苯咪唑 30～50 mg/kg 体重,或噻苯唑 500 mg/kg 体重,1 次内服。

☞ 215. 怎样预防禽前殖吸虫病?

禽的前殖吸虫是寄生于鸡、鸭、鹅等禽的直肠、泄殖腔和输卵管内引起的母鸡产蛋异常,甚至死亡。预防本病要勤清扫粪便,堆积发酵,杀灭虫卵,避免活虫卵进入水中;圈养家禽,防止吃入蜻蜓及其幼虫;及时治疗病禽,每年春、秋两季有计划进行预防性驱虫。可用别丁 50～200 mg/kg 体重内服。丙硫苯咪唑 25～30 mg/kg 体重,1 次内服。

☞ 216. 怎样预防和控制禽类棘口吸虫病?

棘口吸虫寄生于鸡、鸭、鹅等禽的直肠和盲肠内,轻度感染仅引起轻度肠炎和腹泻,严重感染时引起下痢、贫血、消瘦、生长发育受阻,甚至死亡。预防要勤清除粪便,堆积发酵,杀灭虫卵;对患禽群定期驱虫;用化学药物杀灭中间宿主。可用氯硝柳胺 100～200 mg/kg 体重,1 次内服。硫双二氯酚鸡 150～200 mg/kg、鸭 30～50 mg/kg 体重,1 次内服。槟榔煎剂:槟榔粉 50 g,加水 1 000 ml,煮沸于 750 ml 槟榔液,鸡 10～15 ml/kg 体重,鸭、鹅 7～12 ml/kg 体重,内服或嗉囊内注射。

☞ 217. 家禽后睾吸虫病应怎样进行预防?

禽后睾吸虫寄生于禽类的胆管和胆囊内,1 月龄以上的雏鸭感染率最高。虫体的机械刺激和毒素作用引起胆囊肿大,囊壁增厚,胆汁变质或停止分泌;肝脏发炎和坏死,橙黄色,有花斑;胆管发炎,管腔狭窄甚至堵塞。预防要经常清理禽粪便并堆积发酵,杀灭虫卵;消灭螺蛳,切断传播途径;流行区要避免到水边放牧,以防感染；及时治疗患禽防止病原扩散。一般用硫双二氯酚30～50 mg/kg体重，1次内服。丙硫苯咪唑25～30 mg/kg体重，1次内服。

☞ 218. 鸡身上生虱子怎么办？

虱是禽类常见的外寄生虫，有40多种。常见的可感染鸡和火鸡的主要有：雏鸡羽虱、鸡圆羽虱、鸡翅虱和大火鸡虱等。可通过直接接触，也可通过间接接触而传播。虱子多在秋冬季节增殖。感染鸡体质下降、营养不良、易发生传染病和内寄生虫病，以及体重和产蛋率下降等。要定期检查禽群中有无虱子，每月至少2次，这样在整个鸡群被感染之前，即可发现感染现象，并做必要的治疗。一些杀虫剂能杀死成虫和幼虫，但不能杀死虫卵。所以，在第1次用药以后间隔1周再进行第2次治疗。可用鸡体喷雾或药浴给药，在平养时可用沙浴法。喷雾或药浴时，要保证鸡舍内所有的鸡都被喷到。喷雾或药浴法：20%杀灭菊酯乳油按3 000～4 000倍用水稀释，或2.5%敌杀死乳油（溴氰菊酯）按400～500倍用水稀释，对笼养蛋鸡主要采取此法。沙浴法：沙中加入10%硫磺粉或0.05%蝇毒磷，充分混匀后铺10～20 cm厚，让禽自行沙浴。

☞ 219. 鸡“石灰脚”是怎么回事？

本病是由突变膝螨寄生于鸡腿的皮肤鳞片下面，引起患部发炎，奇痒，鳞片隆起，皮肤粗糙甚至干裂，渗出物干燥后形成灰白色结痂如同涂石灰样，故称“石灰脚”。病鸡行走困难，减食减蛋。可用温肥皂水浸泡软化去痂后涂20%硫磺软膏；也可将鸡腿在机油、柴油中间隔数天再来1次；也可用20%杀灭菊酯乳油用水1 000～2 500倍稀释浸浴患腿，效果很好。

☞ 220. 怎样预防和控制鸡刺皮螨？

鸡刺皮螨是一种常见的外寄生虫，寄生于鸡、鸽等宿主体表，刺吸血液为食，也可侵袭人吸血，危害较大。用药（预防和控制可参考禽虱防治一题）主要是杀灭禽体表面和环境中的虫体。人被侵袭时，应彻底更换衣服被子等，并用杀虫剂浸泡 3 h 后洗净；宿舍地面、墙壁等用杀虫剂喷洒。

第4部分　家禽代谢病

☞ 221. 鸡内脏和腿部关节长白膜是怎么回事？

它是由于尿酸盐沉积而形成的一种代谢性疾病，也叫痛风病。是由于肾脏或输尿管发生障碍，血液中尿酸盐浓度增高，引起内脏各器官浆膜面及关节腔内尿酸盐异常沉着。该病一般都是由于饲料配合不当、饲养环境、药物中毒、遗传及某些传染病等因素单独或交织在一起引起发病。由于饲料日粮中钙含量和蛋白饲料过高，维生素A缺乏，维生素D过量，饲料品质低劣。饲养管理不当如寒冷，饮水量不足，运动不足，长时间运输也可引起。小鸡苗的痛风病就属于此类。药物中毒如长期或过量使用磺胺类或呋喃类药物。过多地饲喂食盐、硫酸钠或碳酸氢钠，也可引起本病的发生。某些传染病如肾型IB、IBD和大肠杆菌病等，都可引起肾脏病变，影响尿酸盐的排出。发生本病后，要及时调配日粮，降低饲料中的蛋白质和钙的用量，在饲料中添加维生素A，用肾肿灵饮水，也可加入乌洛托品或乙酰水杨酸钠饮水。停喂一切可以引起肾肿的药物。

☞ 222. 养鸡户应怎样预防肉鸡猝死综合症？

本病多发于1～8周龄的肉用仔鸡，3～5周龄为高峰。死亡率为0.5%～4.0%。一年四季均可发生，病死鸡在临死前数分钟都不表现有任何临床症状或异常行为。突然发病，尖叫，发病时平衡失调、惊厥和强烈拍打翅膀。大多数鸡死于仰卧姿势，一腿或双腿外伸或竖起。但也有伏卧或侧卧时死亡。越是长的快的越容易发病。其原因是由于生长发育太快，心脏、肝脏和肺脏等器官的功能赶不上机体快速发育的需要而发生本病。预防本病要在28天限饲法喂养，同时用粉料代替颗粒料。采用间歇式光照程序，夜间吃食时开灯，不吃食时关灯。以玉米和植物油作为日粮的能量来源。在饲料中添加生物素0.3 mg/kg饲料，可减少猝死症死亡率。在发生猝死症的鸡群，按0.62 g/kg饮用碳酸氢钾水进行预防，或在每吨饲料中添加3.6 kg的碳酸氢钾，可明显降低死亡率。

☞ 223. 肉鸡腹水综合症是怎样形成的，应怎样预防该病的发生？

肉鸡腹水综合症是由于氧气供需间慢性失衡而引起的以明显的腹水、右心扩张，肺充血、水肿，内脏器官瘀血以及肝脏病变为特征的非传染性疾病。1周龄的肉用仔鸡就开始发病，一般在4周龄后死亡率急剧上升。饲喂颗粒料的比喂粉料的多发，生长速度快的公鸡比母鸡多发。多发于深秋、冬季、早春，但以冬季最多。由于冬季鸡舍要保暖，把鸡舍封闭的比较严，造成鸡舍通风不良，舍内一氧化碳、二氧化碳、氨气及尘埃等有害气体浓度增高；鸡长期生活在通风不良，氧气缺乏的环境中，呼吸频率加快，应激因素长期或急剧地共同作用等，都会造成肺脏损伤，引发腹水。高海拔的鸡场发病率高。饲喂一些对肾脏、心脏、肝脏等有毒害作用的药物如痢特灵中毒等。另外，霉菌毒素、低温、生长速度过快、饲料营养成分过高、疫苗接种反应、呼吸道疾病、饲料和饮水中钠含量过高、维生素E和硒缺乏、缺氧和某些传染病如大肠杆菌病、慢性呼吸道病以及肾传支的后期等均可诱发腹水症的发生。

预防和控制本病必须改善饲养条件，加强通风，增加氧气供应，减少尘埃等应激因素对呼吸器官的刺激。正压通风系统可减少腹水症的发病率。保证舍内温度在23℃以上，控制照明，缩短光照时间。高海拔地区，如有条件的可给雏鸡补充供氧，有很好的效果。种蛋孵化后期，在出雏器内增加氧气，可减低腹水症的发生率。早期限饲，预防效果比较明显，但应注意限制的程度要达到肉鸡最佳的生长率。降低日粮的营养水平，效果也较好。在饲料中添加硒和维生素E、钴、维生素B、维生素C等可预防本病的发生。每吨饲料可添加500 g维生素C或适量的尿素酶抑制剂可降低该病的死亡率。防止饲料霉变和霉菌毒素中毒。治疗时可皮下注射0.1%亚硒酸钠0.1 ml/只次，每日1～2次，或服用利尿剂，对本病的治疗也有一定效果。

☞ 224. 养鸡户应怎样预防肉鸡肠道综合症？

鸡肠道综合症一般多见于商品肉鸡，病的初期鸡群一般没有明显的症状，精神食欲正常，但仔细观察会发现个别鸡拉稀粪，不成型，并带有一些没有消化好的饲料。时间稍长，整个鸡群的大部分鸡开始腹泻，有的鸡群发生水样腹泻，并带有较多的玉米颗粒和豆粕碴，粪便的颜色呈浅黄色或浅黄绿色，有的鸡还排西红柿样粪便，鸡群的采食量开始下降，一般下降20%左右，这时如不及时治疗，个别鸡会出现神经兴奋，疯跑，后瘫软倒地挣扎死亡。剖检病死鸡可见有的鸡肠管肿胀，变细，当切开肠管时，肠管很快外翻，肠腔空虚，内容物较少，有的肠腔内没有内容物；有的肠腔内充满未消化好的饲料；有的肠管变粗，肠黏膜脱落里面充满着胶冻样，脓样内容物；有的肠壁变薄，肠管内有橘红色样物从上到下贯穿整个肠管，少的像一条红线，多的充满整个肠管。其它脏器未见明显的病理变化。

该病的致病因素不是单一的，而是多因子致病因素导致发生的一个综合症。一般是由小肠球虫（主要是巨型艾美尔球虫、堆型艾美尔球虫、毒害艾美尔球虫）感染以后，小肠球虫在肠黏膜上大量生长繁殖导致肠黏膜增厚，严重的肠黏膜脱落、出血等病变，使肠道对饲料消化吸收能力降低，同时对水分的吸收也明显减少，这时鸡饮水量增加，粪便变稀，粪便中带有未消化好的饲料，因此人们称之为拉料色。另外，在小肠球虫的感染过程中，小肠球虫在小肠黏膜细胞里大量增殖，引起肠黏膜细胞的耗氧量增加，导致小肠黏膜组织产生大量的乳酸，使小肠腔内 pH 值降低，因此，肠道菌群也发生改变，有益的细菌大量减少，有害菌大量增殖，特别是大肠杆菌、沙门氏菌、产气夹膜杆菌在肠道内大量繁殖，这样小肠球虫和有害菌相互作用，加强了致病能力。由于球虫和细菌大量增殖，大量肠黏膜细胞迅速破坏，导致消化不良，肠道吸收障碍，电解质和水分的吸收减少，由于电解质的大量丢失，特别是钾离子的丢失，导致鸡只出现生理生化障碍，使心脏兴奋性过度增强，肉鸡猝死增加。由于肠道内 pH 值的改变，肠道内的一些消化酶的活性也随之降低，从而造成了肠道对饲料消化和吸收能力下降，引起消化不良。由于肠道内的 pH 值下降，刺激肠道黏膜，使肠管蠕动增加，消化液排出增加，饲料通过消化道的时间缩短，饲料消化分解时间就少。因此，导致饲料消化不良。由于肠蠕动加快加强，甚至使鸡肠管发生痉挛性的收缩，造成鸡只出现肚痛症状，再加上大量肠上皮细胞破裂，在细菌的作用下发生分解，以及虫体死亡、崩解等产生大量有毒物质被机体吸收后发生自体中毒，从而发病鸡可表现兴奋不安，发生尖叫，满鸡舍乱跑乱窜，后瘫软昏迷衰竭死亡。对于本病的治疗应按照抗球虫、抗菌、调节内环境、补充电解质和部分维生素的治疗原则进行治疗。在饲料中添加复合酶制剂和微生态制剂，再配合一定的中药来进行治疗效果更好。特别是肉鸡饲养周期短，很容易造成药物残留，人们食用以后给人们的身体健康带来一定的危害。所以，应采用一些抗球虫抗菌的中草药和一些没有药物残留的西药进行治疗。

☞ 225. 哪些原因能引起蛋鸡肝脏破裂，应怎样进行预防？

引起产蛋鸡肝脏破裂的主要原因有：①脂肪肝综合症：是由于脂肪代谢障碍引起鸡的肝脏脂肪变性，肿大，质脆，易破裂出血死亡，散发。②鸡白血病：是由于鸡白血病毒引起的多病型的慢性传染病，主要表现为消瘦，贫血，下痢，肝脏、脾脏肿大，多器官肿瘤，有时见到肝脏破裂。③沙门氏菌属的一些疾病也可引起肝脏肿大造成肝破裂。④机械性损伤：某因素造成惊群或人为伤害等。

针对蛋鸡肝脏破裂疾病，在排除机械性伤的情况下，可以从饲养管理着手进行预防。从孵化室到育雏场以及所有设备都要进行严格消毒，每个鸡场最好的是只有一个年龄的鸡群，可以避免相互交叉感染，以净化鸡群根除白血病。育成母鸡注意限量饲喂，以保持适当体重，一般比平时减少投料 8%～12%为宜。应注意保证日粮中有足够的蛋氨酸和胆碱等嗜脂因子的营养成分。禁止饲喂霉变饲料，对易发鸡群可在日粮中加入少量的小麦麸与干酒糟，因其中含有可避免脂肪代谢障碍的必需因子。对发病鸡群可在每 100 kg 饲料中添加氯化胆碱 50 g、蛋氨酸 50 g、多维素 5～10 g，连用 10 天。也可在每吨饲料中添加硫酸铜 63 g、胆碱 550 g、维生素 B_{12} 33 mg、维生素 E 5 500 IU、蛋氨酸 550 g，同时将日粮中的蛋白质水平提高 1%～2%，能量水平适当降低，对发病鸡群有较好的疗效。

☞ 226. 怎样预防笼养蛋鸡疲劳综合症？

蛋鸡疲劳综合症主要发生于初产蛋鸡和产蛋后期的母鸡多发，个别发生在产蛋高峰期。临床症状为瘫痪、产蛋困难、产软壳蛋、退色蛋。主要原因是日粮中钙不足，钙磷比例不当，维生素 D 和脂肪缺乏，运动缺乏，被霉菌毒素污染和锰过量等原因引起。预防该病要根据其原因采取相应的措施来减少这些病的发生。要减少笼养蛋鸡的密度，有条件的可把病鸡放在地面上活动。调整日粮配合，增加日粮中钙和维生素D和脂肪等可有助于预防该病的发生。

☞ **227. 什么是维生素，它具有哪些功能？**

维生素是维持动物体正常生理功能必需的一类有机化合物。种类很多，存在于天然饲料中。它们既非机体的能源物质，亦非是构成组织器官的原料，机体仅需微量就可满足正常生理功能的需要。主要功能是维持生命活动，保持鸡体健康，促进生长，提高繁殖率等方面有着明显的效果。当饲料中长期缺乏某种维生素，或由于消化道的疾病影响其吸收，则会产生缺乏症，引起体内代谢紊乱，生长发育迟缓，抗病力减弱，以致死亡。

☞ **228. 造成小鸡"观星状"的疾病是什么？应怎样预防？**

造成该病的原因是维生素 B_1（硫胺素）缺乏，雏鸡发病突然，而成年鸡则较缓慢。症状表现为厌食，体重下降，羽毛松乱，脚软无力和步态不稳，严重时肌肉明显地出现麻痹，最后使腿、翅膀和颈部的伸肌受影响。使鸡坐在其屈曲的腿上，头颈后仰呈"观星"姿势。这是由于颈的前部肌麻痹引起的。最后倒地，头仍然缩卷着。造成该病的原因是饲料发生腐败和霉变等；鸡只发生肠炎和寄生虫病等，如球虫病和严重的恶性肠炎；饲料中碳水化合物含量高而维生素 B_1 的含量低；种蛋中维生素 B_1 含量低，易引起雏鸡发生缺乏症；某些品种的鸡对维生素 B_1 需要量大，如轻型鸡等；饲料或饮水中含有氨丙林等，抑制了维生素 B_1 的吸收。预防和控制该病首先应确保饲料中维生素 B_1 的水平，防止饲料发生腐败和霉变，保证在加工和储存过程中不被破坏。在使用氨丙林等药物时，剂量不能过大，时间不宜太长。在鸡发生肠炎和球虫病时，在用抗菌药和抗球虫药的同时应添加维生素 B_1。当维生素 B_1 缺乏时应首先经口服给维生素 B_1，恢复病鸡食欲，才能取得较好的效果。

☞ 229. 小鸡脚趾向内弯曲、瘫痪是什么病？应怎样预防？

是维生素 B_2（核黄素）缺乏所致。当小鸡缺乏维生素 B_2 后，其生长速度极慢，并逐渐衰弱和消瘦，食欲尚好，可出现腹泻。后期出现麻痹和运动困难等，常在翅膀的帮助下用跗关节来走动。不论走路或休息，脚趾都向下、向内弯曲。通常见到的是小鸡处于休息的姿势，翅下垂，不能保持正常的位置。腿肌萎缩且松弛，皮肤干燥、粗糙。后期不能运动，只是伸开腿躺卧，常死于饥饿、脱水和窒息等。产蛋鸡维生素 B_2 缺乏产蛋量下降，所产种蛋在孵化第 2 周末胚胎死亡。其原因是饲料中核黄素的含量过低，饲料或预混剂储存时间过长或储存条件不佳，损失较多。饲料中脂肪和蛋白质含量增加，会增加对核黄素的需要量。鸡只使用雌激素时，易引起核黄素缺乏。

预防该病主要是在饲料中添加足够量的核黄素。饲料要储存在干燥通风的仓库中，时间不要过长。雏鸡饲料中应经常添加富含维生素 B_2 的饲料原料，如酵母、谷类和青绿饲料等。对发病严重的，每天投服 5～15 mg/鸡，几天即可恢复，但对脚趾卷曲变形已久的病例效果不好。所以，对于本病应以预防为主，发现病例及时治疗。

☞ 230. 临床上泛酸缺乏会出现哪些病变？

泛酸是组成辅酶 A 的成分，辅酶 A 是碳水化合物、蛋白质、脂肪代谢中不可缺少的酶类。泛酸缺乏会导致鸡出现生长不良，饲料转化率下降。当母鸡缺乏时，产蛋率，种蛋孵化率下降，胚胎的死亡率增高，多数在孵化期的最后 2～3 天死亡，鸡胚表现皮下出血和严重水肿。雏鸡出现皮炎、羽毛断裂、骨短粗发育不良。病鸡消瘦，在口角有痂样的病变，眼睑边缘有颗粒状物和小痂，眼睑常被黏性渗出物所黏着而影响视线。角化上皮发生脱皮，并形成裂纹，小鸡很少走动。脚部皮肤上形成角质化疣性赘生物。

预防泛酸缺乏重点注意饲料日粮的搭配和添加足量的泛酸。特别是采用高能量高蛋白日粮时，应注意提高饲料中泛酸的水平。在种鸡饲料中，可添加酵母粉、肝粉、脱脂奶和苜蓿粉，青绿饲料中都富含泛酸，也可在饲料中添加 8 mg/kg 的泛酸，可有效地防止雏鸡发生缺乏症，降低胚胎死亡率，提高种蛋孵化率。

☞ 231. 胆碱缺乏有哪些症状？应怎样预防？

胆碱为乙酰胆碱和卵磷脂的有效成分，具有抗脂肪肝的作用，同时也是甲基的供体。鸡对胆碱的需求量比一般的维生素要多得多，胆碱可在体内合成，它对机体代谢有非常重要的作用。胆碱缺乏主要是饲料中营养成分不平衡，因为胆碱的需要量取决于饲料中蛋氨酸的水平，另外长期大量使用抗生素等，使肠道微生物合成胆碱的数量下降，也易造成胆碱缺乏症。当小鸡胆碱缺乏时，其最显著的症状是生长不良和骨短粗病。其特征是在跗关节周围有点状出血和轻度肿胀，跖骨的扭转弯曲并呈弓形，因此跖关节明显变平，关节的软骨变形，跟腱滑脱。腿失去支撑其体重的能力。产蛋鸡会出现产蛋下降，易出现脂肪肝，死亡增加。

预防本病要在饲料中添加 0.1％的胆碱。由于鱼粉、蚕蛹、肝粉、肉粉、酵母等动物性饲料，花生饼、豆饼等含有丰富的胆碱，多喂这些饲料可预防本病的发生。添加胆碱也可预防产蛋鸡后期脂肪肝综合症的发生。

☞ 232. 生物素缺乏临床上有哪些表现？

雏鸡和青年鸡多出现骨短粗病、运动失调、生长迟缓、羽毛粗乱、皮肤干燥和明显的骨骼畸形，脚部、喙和眼周围皮肤发炎等。种鸡发生缺乏症时，种蛋孵化率下降。胚胎死亡率的第一个高峰是在孵化第一周，第二个高峰是在最后的 3 天内。胚胎发育出现并趾，即第 3 和第 4 趾之间的蹼延长。且有大量孵化不出来的胚胎呈现软骨营养障碍。

肉仔鸡能引起脂肪肝肾综合症，其表现生长抑制，肝、肾和心脂肪浸润，血糖降低，血浆游离脂肪酸增高。病鸡一般无特征性病理变化，死鸡体况良好，多见有脂肪肝，脆弱而易碎，有时可出现肾脏、输尿管和尿道因贫血而呈苍白色。死亡胚胎呈现特征性的软骨营养障碍。预防本病要注意补充青饲料和动物性蛋白饲料，可在饲料中添加 0.1～0.2 mg/kg 生物素进行预防和控制。

☞ 233. 维生素 A 缺乏会出现什么症状？

维生素 A 对于维持生长发育、最佳的视觉和黏膜的完整性都是必不可少的。如果缺乏维生素 A 成年鸡消瘦、体弱，羽毛蓬乱，产蛋量和孵化率下降，血斑蛋数量增加。死胚蛋、胚胎畸形增多，孵出的雏鸡死亡率也高。鼻孔和眼睛可见有水样分泌物，严重时，眼结膜和角膜干燥，眼内积有白色干酪样物质，甚至失明。腿和皮肤黄色素消失，冠和肉垂苍白干燥。公鸡会出现精子数量减少、活力降低及较多的畸形精子等。雏鸡维生素 A 缺乏病多发生在 2～3 周龄，表现为生长停止，衰弱，运动失调，羽毛蓬乱等。常出现流泪，结膜炎和眼睑下可见有干酪样物质。病鸡咽部分泌腺及其腺管堵塞，膨胀，其内充满分泌物和坏死物质。在鼻道、口、食管和咽部，甚至嗉囊等处黏膜出现许多由炎性产物包围着的小溃疡。口腔上皮常发生角质化。肾脏苍白，肾小管和输尿管扩张，聚集数量不等的尿酸盐。其它器官如心、心包、肝和脾等，有时也可发现尿酸盐沉着。面部常可出现一边或两边肿胀。由于原有的黏膜受到破坏，细菌、病毒和其它病原微生物可侵袭到这些缺损的组织而产生感染，这是在原发性维生素 A 缺乏的基础上所引起的继发症。

预防本病要在饲料中使用高质量的、稳定化的维生素 A 制剂。并添加一定量的抗氧化剂，防止维生素 A 的破坏。在日粮中搭配动物性饲料和青绿饲料，在饲料中雏鸡和后备母鸡添加 1 500 IU/kg、种鸡和产蛋鸡为 4 000 IU/kg 进行预防和治疗。

☞ 234. 怎样预防维生素 D 缺乏？

维生素 D 可促进胃肠对钙的吸收，调节家禽对钙磷的正常代谢，以便形成正常的骨骼、坚硬的喙、爪和硬的蛋壳等。如果产蛋鸡缺乏薄壳蛋和软壳蛋的数量明显增加，随后产蛋量显著减少，孵化率明显下降。个别鸡可能出现暂时双脚无力，但常在产下一个无壳的蛋之后即告恢复。最严重者其喙、爪和龙骨逐渐变软且易弯曲变形。小鸡的维生素 D 缺乏，常出现生长迟缓和佝偻病，其表现为腿部虚弱无力，步态不稳，在做几个不稳的步子后即以跗关节伏下，以便得到休息。病鸡腿弯曲，关节肿胀，骨骼发育异常，可见脊柱和胸骨弯曲，喙和爪变软，羽毛生长不良。剖检可见局限于骨骼和甲状旁腺，包括甲状旁腺肿大，长骨变软，肋骨弯曲，在肋骨内侧面的硬软肋连接处出现明显的结节。胸骨常出现侧弯，胸腔缩小而导致体腔内主要器官的挤压。雏鸡主要表现为在肋骨与脊椎连接处呈串珠状，肋骨向后向下弯曲。

预防本病对散养鸡可在饲料中加入晒制的青草粉、鱼肝油，集约化笼养鸡雏鸡和后备母鸡的添加量为 200 IU/kg 饲料，产蛋鸡为 500 IU/kg 饲料。在饲料加工、储存过程中要防止维生素 D 的损失。防止饲料霉变对维生素 D 的破坏。发病后可采用注射维生素 D 的方法进行治疗。采用一次性大剂量口服的方法，能在几周内防止小鸡发生佝偻病，效果也很好。

☞ 235. 怎样能预防家禽的钙磷缺乏症和失调症？

钙与磷在骨骼的形成中有着极为重要的作用。生长期小鸡日粮中的钙主要是用于骨骼的形成，而产蛋母鸡则主要用做蛋壳的形成。钙对血的凝固也是必要的，且与钠和钾一起作为心脏正常跳动所必需的离子之一，另外还与保持酸碱平衡有关。磷除了对骨骼形成有作用外，在碳水化合物和脂肪代谢中也起着重要作用。它也是所有活细胞的重要组成成分；同时磷形成的盐类对保持酸碱平衡起着重要作用；磷在蛋的形成中与钙的输送有关。当小鸡的日粮缺乏钙、磷、维生素 D 时，即引起佝偻病。产蛋鸡缺乏钙可导致产蛋量下降和蛋壳变薄等，同时还会消耗骨骼中的钙，使骨骼变薄，易骨折，尤其是以椎骨、胫骨及股骨最为常见。磷缺乏时，雏鸡呼吸频率增加，红细胞增多，血液中二氧化碳和氧气含量减少，常出现腹水，多死于右心室衰竭。

预防本病要根据具体情况调配日粮中的钙磷比例，一般体内钙磷的适宜比例为 1.25∶0.7，比例失调可引起严重发病，如磷缺乏而钙过量，可引起胫骨异常病变。钙与磷的利用主要取决于日粮中所含维生素 D 的量。如维生素 D 缺乏，小鸡骨骼中钙与磷的沉着即减少，蛋壳的钙量亦减少。

☞ 236. 怎样防治家禽硒缺乏症？

硒是鸡的必需矿物元素，是谷甘肽过氧化酶的构成成分。和维生素 E 起互助协调作用。小鸡严重缺乏硒时，表现为小脑软化症、白肌病及渗出性素质。生长不良，消化障碍，长期缺乏可引起死亡。

在缺硒地区和缺硒的饲料中添加 0.1 mg/kg 的硒即可满足鸡的生理需要。过量也会引起中毒，因此要严格掌握饲料中的添加量。在补硒的同时要配合补充维生素 E，可大大减少渗出性素质的发生，并避免小鸡的胰腺发生严重变性。

☞ 237. 怎样预防家禽的锰缺乏症？

锰对于家禽的生长、繁殖、正常骨骼的形成都是必需的元素，对保持蛋壳质量也是不可缺少的。锰缺乏可引起骨短粗病，其特征是跗关节粗大，胫骨的远端和跖骨的近端扭转或弯曲，最后腓肠肌腱从其踝部滑脱下来，造成患肢残废，小鸡常因不能获得食物和饮水而死亡。成年鸡可导致产蛋率和孵化率降低，胚胎多在孵化的20天和21天死亡。死胚腿骨短粗、喙如鹦鹉喙，腹部突出，绒毛和肌肉发育不良，胚胎水肿。

预防可在日粮中添加锰：雏鸡55 mg/kg饲料，成鸡25 mg/kg饲料，种鸡33 mg/kg饲料。在饲料中多配一些带皮的谷物和麸皮用来预防。

☞ 238. 家禽钠、钾和氯缺乏会造成哪些症状？

Na^+、Cl^-是维持细胞外液渗透压的主要电解质，K^+是维持细胞内液渗透压的主要电解质，Na^+、K^+对维持体液的酸碱平衡及神经肌肉兴奋具有重要作用，钠与钾和钙的适当平衡对心脏活动十分重要。日粮中食盐缺乏，即可引起钠、氯的缺乏。病鸡可表现为生长停滞和饲料利用率下降，脱水，啄癖，产蛋率下降，蛋变小，有的出现神经症状。当病鸡受到惊吓时，躯体向前倒，两脚向后伸直、呈现麻痹状态，之后又恢复正常。再受惊吓时，则又出现上述状态。钾广泛地分布于植物性与动物性两种饲料中，一般不会造成严重的缺乏症。当缺乏时主要表现四肢无力，心脏及呼吸衰竭。病情严重的禽可能在出现痉挛性发作之后即死亡。

☞ 239. 铁和铜缺乏临床上有何变化？应怎样预防？

铁和铜是血红蛋白的必需元素和细胞色素以及许多酶的组成部分，也参与钙、磷的利用。缺乏可导致高色素性、小红细胞性贫血(红细胞数目不变)，血浆中非血红蛋白铁的含量减少，影响羽毛色素沉着。产蛋鸡缺铁产蛋下降、在孵化期间胚胎贫血，孵化率降低，弱雏多。还可导致机体抗体产生减少，抗病能力降低。产蛋鸡缺铜，可导致产蛋量下降，蛋变小，蛋壳钙化异常，无壳蛋、薄壳蛋、畸形蛋等。

☞ 240. 锌缺乏有哪些症状，应怎样进行防治？

锌是多种酶的组成成分或活化剂。鸡锌缺乏时食欲减退，生长迟缓，羽毛生长不良，跗关节肿大，皮肤形成鳞片，发生皮炎，在脚部更甚。钙与锌有拮抗作用，小鸡日粮中高钙可导致锌缺乏。小火鸡比小鸡需要更多的锌。产蛋鸡缺锌时，产蛋量下降，孵化率降低，胚胎畸形。胚胎可出现无脊柱，无翅膀，无体壁，也无腿。预防禽缺锌通常用碳酸锌或硫酸锌加入日粮，饲料中一般含锌量不足，所以 0～8 周龄的鸡添加 50 mg/kg 饲料，育成母鸡添加 65 mg/mg。也可多喂肉粉、骨粉等含锌量较高的饲料，注意适当搭配，使饲料中含量达到生产和生长需要。治疗时使日粮中含锌量达到 100 mg/kg 饲料，在症状消除后将添加量降为正常。

第5部分 中毒性疾病

☞ **241. 什么叫中毒，鸡群发生中毒一般有哪些规律？**

凡是一种物质进入机体，在一定的条件与剂量下，引起机体严重的机能障碍或形态学的改变，甚至导致机体死亡的称为“毒物”。由于毒物引起的疾病称为中毒。鸡群发生中毒的一般规律是：群体同时发生，发病急，死亡较快，临床症状相似；发病的严重程度和死亡率与其体质和日龄有关，日龄小的较为严重，死亡率也高；相同日龄个体较大的和采食量多的鸡，发病和死亡较严重；出现中毒的常见症状如腹泻、神经症状、体温下降等；剖检时发现中毒的常见病变如消化道的炎症、出血等；许多有毒物质还能影响家禽的免疫系统。

☞ **242. 高锰酸钾中毒有哪些症状，应怎样预防？**

高锰酸钾具有消毒和补锰的作用，常用于饮水消毒和补充微量元素锰。饮水浓度一般为0.01%～0.03%。具有强氧化性，其浓度超过0.1%或溶解不全，被鸡饮食后则会引起中毒。病鸡中毒后精神沉郁，张口呼吸，口腔、舌、咽黏膜呈紫红色和水肿，有时出现腹泻。嗉囊下部黏膜和皮肤变黑，甚至发生穿孔。严重者腺胃黏膜也有腐蚀和出血现象，肠黏膜脱落。

预防本病要严格控制饮水浓度，并充分溶解后再给鸡饮用。一旦发生中毒，可迅速在饮水中加入2%～3%的鲜牛奶、鸡蛋清、豆汁，供鸡饮用，以保护胃肠黏膜。

☞ 243. 甲醛中毒是怎样引起的，应怎样防治？

甲醛是一种常用消毒剂，其37%的水溶液为福尔马林，市售的甲醛大多为此种溶液。甲醛具有很强的杀菌作用，能杀死细菌、芽孢和多种病毒，甲醛具有很强的挥发性，常于孵化室、孵化器、种蛋及进鸡前禽舍的熏蒸消毒。但甲醛具有强烈的刺激性和腐蚀性，因而当鸡暴露于高浓度的甲醛蒸汽中或时间过长，则会造成消化道和呼吸道的损伤。中毒原因：雏鸡进入仍余有大量甲醛蒸气的房舍。出雏后用了较高浓度的甲醛熏蒸。管理不当致使甲醛溶液溢于鸡舍。

用甲醛熏蒸鸡舍后要注意通风换气，待完全逸出后方可进鸡。对雏鸡熏蒸消毒时要以7 ml/m^3 甲醛计算用量，不得多用。发生中毒时，立即将雏鸡转移，并在饮水中加入2%～3%的牛奶或豆汁，葡萄糖和广谱抗生素以保护消化道黏膜，防止感染，提高机体的抵抗能力。

☞ 244. 应怎样预防鸡季铵化合物中毒？

季铵化合物是一种常用消毒剂，有些养鸡场和养鸡户常用其饮水消毒，有的甚至把它当药用常饮，有的随便加大浓度长期饮用而发生中毒。病鸡中毒后不愿饮水，鸣叫，咳嗽，兴奋不安，流涎，眼有泡沫状分泌物，以鼻吸气并从鼻孔中流出分泌物。喘息，运动失调，痉挛而死亡。剖检时可见舌的基部有固膜性干酪样的溃疡。食道、嗉囊和腺胃黏膜增厚并出现小的假膜。肌胃与腺胃交界处有一特征性的环状腐蚀灶。预防要注意其药的浓度不要太高，不要长期饮用，发生中毒要立即停用，饮水中加入葡萄糖和多维素增强其抗病能力。

☞ 245. 小苏打中毒有何表现，应怎样预防？

在夏季高温时蛋鸡饲料中加入适量的小苏打可改善蛋壳质

量，但大剂量或小剂量长时间应用会导致鸡的肾炎和内脏型痛风。病鸡表现为精神委顿，呼吸困难，食欲降低，饮水增多，腹泻，有时发生水肿或腹水。剖检变化与内脏型痛风相似，肾肿胀苍白，肾小管和输尿管积有尿酸盐，其它脏器可见到尿酸盐沉积，有时见到皮下水肿或腹水等。在使用小苏打时剂量控制在饮水 0.1%～0.2%为宜，不可随意加大。中毒时要给以充足的饮水，并加入 0.1%的食醋，直到症状消失。

☞ 246. 鸡吃磺胺类药为什么产蛋下降？应怎样预防？

磺胺类药物是防治家禽传染病和球虫病等很多疾病的一类重要的常用抗菌药物。对机体的造血和免疫系统有一定毒性。因此要慎用，特别是产蛋鸡。在超量和长时间使用磺胺类药物会发生中毒，磺胺药能与碳酸酐酶结合，降低其活性，使输卵管对碳酸盐的形成和分泌减少，导致不能形成蛋壳。使用时间过长，使机体内有益菌被抑制和杀灭，导致维生素合成发生障碍，从而使产蛋量下降。磺胺药在体内乙酰化形成无抗菌作用且有毒性的乙酰磺胺，在肾脏析出结晶，对肾脏造成损害，可直接影响产蛋。因此鸡吃磺胺类药物会导致产蛋率和蛋壳质量下降，薄壳蛋、软壳蛋和粗糙蛋的数量增多。

为预防本病的发生在产蛋鸡中尽量不使用磺胺类药物，确须应用时，不可随便加大用量和用药时间太长。拌料时必须搅拌均匀。如怀疑中毒，应立即停药，更换无药的饲料和洁净的饮水，可用 1%碳酸氢钠、5%葡萄糖水代替饮用水，并在饲料中添加维生素 K 和复合维生素 B，可缓解其严重程度。

☞ 247. 鸡吃呋喃类药物为什么易引起中毒，应怎样预防？

呋喃类药是人工合成的广谱抗菌药，常用来防治球虫、白痢、伤寒等疾病，疗效较好。但毒性较大，鸡对此特别敏感，且在体内排泄慢，易蓄积，若长时间服用，搅拌不匀，使鸡易发生蓄积中毒和药量过大而中毒。呋喃类慢性中毒可引起小鸡出现精神沉郁，羽毛粗乱、耗料量下降和生长抑制等症状。发生急性中毒时，可出现神经症状，兴奋，尖叫，乱窜，角弓反张，惊厥等。后沉郁，卧地不起，两腿痉挛等。剖检，消化道黏膜及其内容物被药物染成黄色。肌胃角质膜易剥离，胃肠道黏膜充血、出血、增厚，附有大量黏液或黄色炎性渗出物以及脱落的黏膜。脑膜充血、脑室积液。心肌变性褪色，心室外扩张。

在使用呋喃类药物时，应严格控制剂量和连续用药时间。在拌料或饮水时，要搅拌稀释均匀。在用药的同时多用B族维生素，特别要加大维生素B_1的用量。

☞ 248. 应怎样预防鸡有机磷中毒?

如1059、1605、敌敌畏、敌百虫和乐果等有机磷农药，家禽对此高度敏感，很容易引起中毒。它主要抑制胆碱酯酶的活性，引起乙酰胆碱聚积，从而导致副交感神经和肌肉过度兴奋而发生中毒。小鸡发生急性中毒时除可见呼吸困难和麻痹外，多无其它症状而迅速死亡。有的可表现流泪，流涎，腹泻，肌肉震颤，精神沉郁，黏膜发绀，共济失调，死前发生惊厥，体温下降、卧地不起、多因窒息而死亡。由于早期出现呼吸道症状和流涎，所以开始时易误诊为呼吸道病。剖检无特异性病变，在嗉囊、腺胃、肌胃内容物有特殊蒜味，胃肠道黏膜充血、出血、肿胀、脱落，气管内充满大量泡沫样液体，肺脏瘀血、水肿，切面有多量泡沫样液体流出。

预防本病要加强对农药管理，以免污染饲料或饮水等；尽量不要在鸡舍周围使用有机磷农药，若使用应注意不要过量，要保护好鸡舍内的鸡只少受污染。发现中毒病例，应迅速查清原因，紧急治疗。可肌肉注射阿托品，使用解磷啶、双复磷等特效药物。

☞ 249. 鸡喹乙醇中毒有何表现，应怎样预防?

喹乙醇是国内外广泛使用的一种饲料添加剂，对家禽具有良好的促进生长和提高饲料转化率的作用，同时还有抗菌作用，特别是对革兰氏阴性菌如大肠杆菌、沙门氏菌等有较强的杀菌效果。但是该产品毒性较大，使用不慎易引起中毒。中毒鸡有的突然发病，迅速死亡；有的精神沉郁，食欲减少或废绝，羽毛粗乱，扎堆；呼吸加快，严重的可见张口呼吸，鸡冠发紫，流涎，有的腹泻等，死前有抽搐表现；产蛋鸡产蛋率急剧下降，蛋壳表面和颜色异常；体况良好的鸡死亡和发病也相对比较严重。剖检可见口腔有黏液，特别是腺胃黏膜和肠道黏膜糜烂、发红并有出血点或出血斑，十二指肠呈弥漫性出血，泄殖腔出血比较严重。肝脏初期呈暗紫红色，后期呈土黄色，质地脆弱。心肌变软，心冠脂肪有不规则的出血点。

预防喹乙醇中毒，首先要严格剂量，作为饲料添加剂，用量要控制在 25～35 mg/kg 饲料，一定要搅拌均匀。预防某些细菌病时每天用量不应超过 70 mg/kg 饲料，最多用 3 天，否则会引起中毒。另外还要注意防止重复投药或误用药物而引起的中毒。由于该药容易在体内残留蓄积，在肉仔鸡饲养中已属于禁用药品。怀疑本病时，应立即停喂含有药物的饲料，迅速更换新料。同时在饮水或饲料中，加入多种维生素、葡萄糖等，特别是维生素 C 和胆碱，对本病的治疗和迅速恢复有一定的效果。

☞ 250. 马杜拉霉素、盐霉素中毒临床上有哪些症状，应怎样预防？

马杜拉霉素、盐霉素都属于聚醚类抗生素，又称为离子载体类药物。该药物易与金属离子形成离子复合物，妨碍细胞内外阳离子的传递，使细胞内外离子浓度发生变化，进而影响渗透压，最终使细胞崩解。低浓度或正常浓度使用时，药物对球虫的细胞膜特别敏感，高浓度使用时对宿主细胞产生同样的作用。中毒量的离子载体引起 K^+ 离开细胞，Ca^{2+} 进入细胞，导致细胞死亡。鸡发生中毒时精神委靡，羽毛蓬松，饮食减少，有的口流黏液，嗉囊积食，两翅下垂，两肢无力，不愿活动，随后发生瘫痪。病鸡伏卧于地，颈、腿伸展，头颈贴于地面，较轻的病鸡出现瘫痪，两腿向外伸展。病鸡排稀软粪便，最后口吐黏液而死。成鸡除表现麻痹和共济失调外，还表现为呼吸困难。慢性中毒表现为生长受阻。

预防球虫应用马杜拉霉素、盐霉素等离子载体药物时一定按说明用药，绝不能盲目加大用量，严禁将同类药物混合使用。在使用抗球虫药时一定要查明其有效成分再用，因市面上有许多成分相同而商品名不同的药物，使用后而发生中毒。发现中毒后，立即停药更换饲料，对病鸡以5%葡萄糖和多维素饮水，特别是维生素C和维生素B。

☞ 251. 家禽食盐中毒的原因和病理变化如何，应怎样预防？

食盐是维持鸡正常生长发育中不可缺少的营养成分，一般占日粮的0.25%～0.5%，主要用于补充钠，以维持鸡体的酸碱平衡和肌肉的正常活动，同时还可增强饲料的适口性。但如果摄入食盐过多，会引起中毒，其原因是饲料中含盐量过高，饲料中的食盐若超过2%就有中毒的可能；在饲料中混合不均，粒度不一，部分鸡采食过多也会发生中毒，雏鸡较成鸡敏感。如饲料和饮水中的钠离子含量过大，过量饮用口服补液盐（ORS），特别是刚进的雏鸡饮用ORS。有的用生理盐水当ORS饮用；环境温度过高，机体水分大量丧失，可降低机体对食盐的耐受量。剖检病鸡可见消化道黏膜出血性卡他性炎症，嗉囊黏膜脱落，充满黏性液体，肠道明显充血和出血，肠黏膜脱落，肠道内有稀软带血的粪便。皮下水肿，呈胶冻样，心包积液，腹积水，睾丸水肿。肺充血、水肿，脑膜血管充血扩张或有出血点。

预防该病应严格控制饲料中的含盐量，一般不应超过0.3%，特别是雏鸡更应格外留心，应慎重添加未经测定的鱼粉。中毒时须停止饲喂含食盐的饲料和饮水，应供给清洁、新鲜、不含食盐并使鸡能自由喝到充足的饮水。饮用1%葡萄糖。

☞ 252. 硒中毒有何症状,如何预防?

硒是一种微量元素,对维持细胞膜的稳定性及一些酶的活性具有重要的生理功能。补硒过量(饲料中浓度超过 4 mg/kg)则会发生中毒,严重者可导致死亡。病禽食欲不振,双翅下垂,羽毛松乱,生长不良,口流黏液,体温下降、拉稀,冠髯发绀,蛋的孵化率降低,胚胎的死亡率增加。剖检可见肠黏膜充血、出血、水肿及糜烂,内容物具有蒜臭味。肝脏肿大,肾出血,心内外膜有点状出血。

预防要避免禽类采食含硒量过高的饲料,在使用硒制剂时,一定要严格控制剂量,不可因急于治疗而使用量过大。发现硒中毒,可用硫酸亚铁 10 g 溶于常水 250 ml,氧化镁 15 g 溶于常水 250 ml,将两液混合,每只鸡每次饮用 5～10 ml,每隔 4 h 1 次,以防再进一步吸收。同时肌肉注射二巯基丙醇 0.1 ml/kg 体重,每隔 4 h 1 次。

☞ 253. 氟中毒是怎样引起的,应怎样预防?

氟是机体不可缺少的微量元素之一,可促进骨骼的钙化,对神经兴奋性的传导和代谢酶系统都有作用。在禽类的氟中毒中主要是采用未经脱氟的过磷酸钙作矿物质添加剂,在含氟量 0.7～1 g/kg饲料时,就会发生中毒。在高氟地区和工业污染严重的地区也会引起氟中毒。最常见的病鸡是长骨或肋骨柔软易弯不断,喙苍白,质软如橡皮。

预防本病要在自然氟病区和工业污染区寻找低氟水源供禽类饮用,饲料中氟含量要控制在 40 mg/kg 饲料以内。在采用过磷酸钙作饲料添加剂时,要经脱氟处理。对发病鸡群,可口服葡萄糖和维生素 D、维生素 B_1、维生素 C,对疾病的恢复有一定效果,饲料及饮水要及时更换。

☞ 254. 棉籽饼中毒有何病变，怎样预防？

棉籽饼含有36%～42%的蛋白质，其必需氨基酸的含量在植物饲料中仅次于大豆粕，是一种有效的、经济的蛋白质补充饲料。但棉籽饼（粕）中所含的游离棉酚和环丙烯类脂肪酸，对家禽均有毒性。中毒时鸡冠、肉垂发绀，食欲不振，消瘦，产蛋率下降，肠炎，另外还可引起蛋黄变褐、变硬，并使蛋白呈粉红色。剖检，肠壁变薄，胰腺增大，心内外膜出血，胸腔和腹腔有渗出液，肝肾变性，体积变小，在肝、脾、胰、肠黏膜上有蜡质样色素沉积。

预防是用棉籽饼喂鸡时要脱毒。可将棉饼煮沸加热1 h，使有毒的棉酚失去活性；还可用0.2%～0.5%的硫酸亚铁浸泡24 h，以使棉酚与铁结合而失去毒性。限制饲喂量，雏鸡不超过2%～3%，成鸡不超过5%～7%，种鸡最好不用。饲料营养要全面，要有充足的维生素和矿物质对预防本病有很好的作用。发生中毒立即停喂含有棉饼的饲料。在饮水中加入豆浆、牛奶以保护胃肠粘膜。饮用万分之二到万分之三的高锰酸钾溶液，以破坏肠道内残存的棉酚（此方法只能用1次），在饲料中添加维生素C和维生素AD_3粉，对本病有一定的疗效。

☞ 255. 怎样预防家禽黄曲霉菌毒素中毒？

黄曲霉毒素是黄曲霉、寄生曲霉和软毛曲霉的一种代谢产物，它们都有致癌作用，最易感染黄曲霉的是一些植物的种子，其中包括花生、玉米、黄豆、棉籽等。家禽中毒是由于应用被感染的种子及其副产品作饲料所致。雏鸡一般呈急性中毒，食欲不振，生长不良，贫血，排白色稀粪，腿麻痹，死亡率较高。成鸡多呈慢性，产蛋量下降，可发生肝癌。

预防主要应在饲料生产和管理过程中预防霉菌生长和霉菌毒素的形成。饲料及其原料应储存在干燥、通风良好、环境温度较低的场所，且时间不宜过长；在每批鸡卖完后，应对饲料储存室、料桶等进行彻底的清洗和消毒；使用颗粒饲料和沸石类饲料添加剂等措施。鸡舍内要加强通风，减少舍内湿度，也可减少饲料中霉菌的生长和毒素的形成。在饲料中加入丙酸、硫酸铜、丙酸钙或丙酸钠等抗霉菌剂可抑制霉菌的生长繁殖，但对已经形成的毒素没有作用，应与其它饲料管理措施结合使用。发病后，首先应将有毒饲料去掉，更换无毒的高质量饲料。在饲料或饮水中添加维生素、微量元素等有一定作用。

☞ 256. 菜籽饼中毒的机理是什么，应怎样预防？

菜籽饼中的主要有害成分是芥子甙。在芥子酶的作用下，可水解成异硫氰酸丙烯酯，恶唑烷硫酮及葡萄糖、硫酸氢钾等，其中异硫氰酸丙烯酯和恶唑烷硫酮可抑制甲状腺对 ^{131}I 的摄取，促进甲状腺机能亢进、肿大；同时对肾上腺、脑垂体和肝脏也有毒害作用，可使血液中硫氰升高。异硫氰丙烯酯对皮肤和黏膜有显著的刺激作用，可引起严重的肠炎，浓度高时可导致肺水肿；此外，还可使心容量和心律下降。从而引起家禽中毒。

预防可采取脱毒措施，将菜籽饼用土埋入容积约 1 m^3 的土坑内，埋置 2 个月可去毒 99.8%，或将菜籽饼经发酵处理，或用温水和清水进行浸泡漂洗约半天也可减毒。发现中毒，更换饲料，停喂菜籽饼。以 5%的葡萄糖或维生素 C 饮水。

☞ 257. 尿素中毒是怎样发生的，应怎样进行预防？

鸡的尿素中毒一般是采食了掺有尿素的鱼粉所致。有些不法鱼粉生产商，为了提高鱼粉的含氮量，在鱼粉中掺入 4%～8%的尿素有的竟高达 13%，这样的鱼粉在雏鸡饲料中占 5%～7%时，就会引起中毒。尿素被机体吸入后，在肠道微生物产生的尿素酶的作用下分解产生氨气，氨经肠道吸收进入血液，过量的氨超过肝脏和肾脏等器官的解毒或处理能力，则对中枢神经系统产生直接损害。同时直接吸收的尿素，在体内酶的作用下，形成尿酸，过量的尿酸则导致机体发生痛风。

预防尿素中毒重要的是选择无尿素鱼粉喂鸡，尤其是雏鸡。对可疑鱼粉或饲料进行检测，含有尿素的鱼粉潮湿，用鼻闻有氨味。也可取少量鱼粉放三角烧瓶内，进行缩二脲反应放出氨，能嗅到氨气，再将石蕊试纸放于烧瓶上，试纸变蓝。发现鸡尿素中毒，应立即更换饲料，多喂青绿多汁饲料。对病鸡饮用 0.01% 的高锰酸钾溶液，在饲料中加入酵母粉。对发生痛风和结石的鸡，可用肾肿解毒药等。

☞ 258. 烂鱼粉中毒是怎么回事，有哪些病理变化，应如何预防？

鱼粉是养鸡不可缺少的动物性饲料，该病主要是由于鱼粉在加温处理过程中产生过多的游离组胺酸和组织胺，与鱼粉中的蛋白质发生反应而产生的有毒物质糜烂素，刺激胃分泌过多的胃酸引起肌胃糜烂和出血。雏鸡多见，成鸡较少。其发病率和死亡率与鱼粉中糜烂素的数量、饲喂时间、喂量大小而有很大的差异。病死鸡全身消瘦，口腔黏液增多，嗉囊内有米汤样黏液或黑褐色渗出物。腺胃扩张，呈卡他性炎症病变，严重的黏膜脱落。肌胃角质层初期前部退色，沿纵皱壁沟散发糜烂，后期整个肌胃角质膜呈弥散性糜烂、溃疡，有的溃疡深达肌层深部，有的穿孔，其深处有出血。其它在十二指肠、肾脏、胸腺等也可见有不同程度的出血。

预防本病是使用优质、无霉变鱼粉，作为其动物蛋白来源。如怀疑鱼粉中含有肌胃糜烂素，可在每千克饲料中添加 10 mg 甲氰咪胍，进行预防。发现本病应停用鱼粉，随即化验所用饲料有无霉变，及时更换。鱼粉在饲料中的比例一般应控制在 5% 左右为宜。有病鸡应及时治疗，精心护理。一般在饲料和饮水中投入 0.2%～0.4% 的碳酸氢钠，早晚各 1 次，连用 2 天。肌肉注射维生

素 K_1 0.5～1 ml/只，止血敏 5～100 mg/只，每日 2 次，连用 4 天。大群鸡加倍量使用多种维生素可缓解其症状，可在每千克料中添加维生素 K_3 2～8 mg，维生素 C 30～50 mg，维生素 B_6 3～7 mg，均有良好的治疗作用。

☞ 259. 一氧化碳中毒有何表现，应怎样预防？

一氧化碳中毒又称煤气中毒，冬春季节禽舍及育雏室内烧煤取暖，煤炭燃烧不完全产生大量一氧化碳（CO）。若通风不良或煤炉漏烟，当空气中一氧化碳的浓度达到 70 μl/L 时，即可造成鸡群不良反应和高发右心衰竭和腹水症，当空气中一氧化碳的浓度达到 600 μl/L 时，30 min 可引起痛苦和不安，2 000～3 600 μl/L，1.5～2 h 就可引起死亡。发病鸡精神不安，呆立昏睡，呼吸困难，运动失调，侧卧并头向后仰，死前发生痉挛或抽搐。慢性中毒，可见羽毛蓬松，精神沉郁，食欲降低，生长缓慢，易发右心衰竭和腹水症等疾病。血管及各脏器的血液鲜红色或樱桃红色，肺组织亦呈鲜红色。

预防本病的关键是保持禽舍内空气新鲜。应经常检查禽舍内采暖设备，防止漏烟倒烟，鸡舍要设通风口，以保证通风良好，防止一氧化碳蓄积。

☞ 260. 氨气中毒是怎样发生的，应怎样预防？

氨气中毒主要发生于冬春季节、过分注意保暖而忽视通风；饲养密度过大，饮水器漏水，垫料潮湿，粪便不及时清除，发酵产氨，使禽舍内氨气浓度增高而引起中毒。鸡舍内氨气的浓度应低于 25 μl/L。由于以上原因，常常高于 25 μl/L 甚至达到 100 μl/L，引起眼睛流泪，怕光，呼吸道炎症，生长缓慢，生产能力下降，继发大肠杆菌病等。

预防本病鸡舍要有良好的通风，特别是冬春季节不要因保暖而忽视了通风。要勤换垫料，不宜过湿，以保持鸡舍内适宜的湿度。当发生本病时，要开窗换气，更换垫料，降低氨气的浓度，同时使用强力霉素、环丙沙星等抗菌素类药物防止继发感染。对眼部有病变的鸡，用氯霉素、红霉素眼药水点眼效果良好。

☞ 261. 砷中毒是怎样发生的，应怎样预防？

砷及其化合物多作农药、灭鼠药、兽药之用。虽然砷本身毒性不大，但其化合物的毒性却极其剧烈，用药不慎便可引起中毒。家禽误食用含砷农药喷洒过的种子、农作物或饮用被砷化物污染的饮水，家禽误食毒鼠时的含砷毒饵，用含砷的药物治疗家禽疾病剂量过大或用法不当均可引起中毒。砷及其化合物经消化道或呼吸道进入机体，吸收后首先聚集于肝脏，然后逐渐分布到其他组织，破坏机体的酶系统。亚砷酸离子能抑制酶蛋白的巯基，尤其是易与丙酮酸氧化酶的巯基结合使其丧失活性，阻碍细胞的氧化和呼吸作用，导致组织死亡。砷尚能麻痹血管平滑肌，增加血管壁的通透性，造成组织器官瘀血、出血，并能损害神经细胞，引起广泛的神经损害。

预防要严格遵守毒物保管制度，防止含砷农药污染饲料、植物或饮水。应用含砷药物治疗疾病时，不要和维生素 C 同用，以免由二价砷形成三价砷而产生毒性，应严格控制剂量。发现砷中毒时，先用 2%氧化镁或 0.01%高锰酸钾溶液或 5%～10%活性炭内服。为防止毒物吸收可服用 4%硫酸亚铁、6%氧化镁各半的混合液 5～10 ml，4 h 1 次。砷化物已被吸收，可及时注射二巯基丙醇0.1 ml/kg 体重。

第6部分　家禽普通病

☞ 262. 怎样预防家禽硬嗉症？

家禽硬嗉症又称嗉囊阻塞，嗉囊弛缓，各种年龄的家禽都可发病，但以雏鸡多发。预防本病平时要加强饲养管理，合理搭配饲料，饲喂的时间、数量要有规律，尤其是喂块根饲料要切碎，防止采食过长的饲料和异物等，并加强饮水和运动。若发生本病应积极治疗，轻者可采取嗉囊冲洗进行治疗，用温好的生理盐水或1.5%的碳酸氢钠溶液50～100 ml通过口腔灌入嗉囊，然后按摩嗉囊，再将病禽倒提，用手轻轻按压嗉囊，将嗉囊中的内容物和水一起排出，这样反复几次直到嗉囊排空为止。然后再灌服20～30 ml植物油即可治愈。重者采用手术切开进行治疗。

☞ 263. 嗉囊卡他在临床上有何表现，应怎样预防？

嗉囊卡他又称软嗉病，是嗉囊黏膜的炎症。病鸡精神沉郁，食欲减退，嗉囊胀大，触之柔软有弹性，触压时有疼痛感。按压嗉囊时，从鼻孔流出污黄色酸臭的胃内容物。严重者表现伸颈甩头，翅下垂，冠发紫，食欲完全停止。预防本病要加强饲养管理，防止喂给坚硬不易消化或发霉变质和容易发酵的饲料。发生本病时可采取嗉囊冲洗疗法，用3%～5%的碳酸氢钠溶液或0.1%的高锰酸钾溶液或3%的硼酸溶液等进行治疗。

☞ 264. 怎样预防嗉囊下垂？

嗉囊下垂又称嗉囊悬垂或嗉囊酸败，是鸡和火鸡的一种疾病，其特征是嗉囊因食物而膨大和下垂。预防本病要加强饲养管理，防止喂给粗糙长纤维的食物，以免造成嗉囊麻痹和阻塞而引起嗉囊下垂。一旦发生嗉囊下垂，轻者用3%～5%的碳酸氢钠溶液冲洗嗉囊。冲洗方法同冲洗嗉囊卡他，冲洗完毕后喂给复合维生素B_1片或食母生1片，每天2次，连用2～3天。

☞ 265. 造成雏鸡早期死亡的原因有哪些？应怎样预防？

雏鸡早期死亡是指小鸡出壳后的前2周，超过2%以上死亡时为早期死亡。但是如果良好的管理可以将其降低到最低程度。引起早期死亡的原因主要有种鸡方面的问题，如果种母鸡缺乏某种维生素或微量元素等原因，这样通过卵黄传递给雏鸡的营养就不足以维持雏鸡的生命而引起雏鸡的早期死亡；如果种鸡携带有沙门氏菌病、大肠杆菌病等传染病，经蛋传给小鸡后而发生雏鸡的早期死亡；种蛋中的畸形蛋或脏蛋入孵时没有捡出或污染严重的种蛋消毒不严，都会直接影响到雏鸡的质量，而造成雏鸡的早期感染引起死亡。如出雏时间不一致，有的雏鸡可能因时间太长而发生脱水，而有的雏鸡绒毛尚未干透、脐带尚未愈合，有时长途运输造成小鸡受寒或脱水而造成早期死亡；鸡雏在雌雄鉴别、断趾、去肉垂、免疫注射和断喙等一系列的应激刺激，导致机体抵抗力下降而引起死亡；育雏时的饲养管理不当，舍内温、湿度过低或过高，通风不良，一氧化碳、二氧化碳、氨气较多，光照太暗或太亮，都是造成死亡的原因；温度过高，鸡雏尚不具备体温调节的机能，也会发生热应激而死亡；有些鸡雏由于未能及时得到饲料和饮水，而因饥饿或脱水造成死亡；由于个体小、重量轻，卵黄供给营养较少，雏鸡为维持生命，运用体内脂肪，产生大量的酮，而引起死亡；脐带或卵黄感染，如葡萄球菌、大肠杆菌病、沙门氏菌病、病毒性肠炎和曲霉菌病等传染病都会引起雏鸡早期死亡；另外，还有窒息、啄癖、外伤、鼠害等都是造成雏鸡死亡的原因。

预防雏鸡早期死亡必须针对其原因来进行克服。首先要从种鸡做起使种鸡不要带有蛋传性疾病，如沙门氏菌病、大肠杆菌病等。种鸡饲料营养要全面，要及时捡蛋及时消毒，要剔除畸形蛋和污染严重的脏蛋，要注意孵化卫生。长途运送鸡苗时要注意保温，到达鸡舍时要给雏鸡饮足清水，防止因脱水发生痛风病而引起死亡。严格鸡舍内的温度和湿度，不要过高和过低。前7天要喂给一些防鸡白痢、大肠杆菌和支原体的药物，防止鸡白痢、大肠杆菌病和脐带炎等疾病的发生。只有这样才能提高雏鸡的成活率。

☞ 266. 卵黄性腹膜炎是怎样引起的，应怎样预防？

鸡的卵黄性腹膜炎是卵巢释放的卵黄误入腹腔所致，其发病原因是当成熟卵黄即将向输卵管伞落入时，鸡突然受到惊吓，卵黄落入腹腔；饲料中的钙、磷及维生素A、维生素D、维生素E不足，蛋白质过高，代谢发生障碍，使卵巢、卵泡膜或输卵管伞损伤，导致卵黄落入腹腔中；继发某些传染病，如大肠杆菌病，鸡白痢沙门氏菌和一些引起鸡体高热的病毒性传染病等也可引起。

本病无治疗价值，可根据发病原因制定预防措施。要保证日粮营养平衡，供给充足的钙、磷及维生素，调整饲料中的蛋白质水平。鸡在产蛋期间，要有安静的环境，防止惊吓。及时防制鸡大肠杆菌病、鸡沙门氏菌病，做好一些病毒性传染病的预防工作，一旦发现病鸡应及时淘汰。

☞ 267. 怎样预防蛋鸡输卵管炎？

蛋鸡输卵管炎是产蛋母鸡和育成鸡的输卵管发生炎症。其原因是由于条件致病性的大肠杆菌的逆行感染，ND和其它病毒性传染病、衣原体和某些寄生虫病等也可引起该病的发生。病鸡精神沉郁，食欲不振，产蛋量下降，输卵管壁水肿、变厚，黏膜充血、出血，内有胶冻样的或大块干酪样渗出物。本病应以预防为主，应保持环境安静并供给丰富的营养物质。要积极做好鸡新城疫、大肠杆菌病和住白细胞原虫病、前殖吸虫病等病的预防工作。可采用敏感性药物来预防和控制传染病的发生。

☞ 268. 蛋鸡产异常蛋是怎么回事？应怎样预防？

(1)双黄蛋：正常蛋有一个蛋黄，双黄蛋内有两个蛋黄，较正常蛋大。一般是初产蛋鸡，光照时间较长，刺激性器官的发育成熟较快，使两个卵同时发育成熟排出，共同包上蛋白、壳膜和蛋壳形成双黄蛋。

(2)内产蛋是鸡蛋产到腹腔里：卵黄排出后沿输卵管向下蠕动形成鸡蛋，但由于惊吓或其它原因引起输卵管逆蠕动使鸡蛋排入腹腔内，在其外周包以炎性组织，当积聚多量的蛋时就形成卵黄性腹膜炎。病鸡就出现一种企鹅样的姿势。

(3)蛋中蛋：产蛋鸡由于受到惊吓等应激因素的刺激，致使输卵管逆蠕动，将就要产出的卵上移后，把上移的蛋又重新包了一层蛋白及蛋壳，即形成了蛋中蛋。

(4)无壳蛋：是由于母鸡日粮中钙与维生素 D_3 等不足，或鸡体钙吸收能力下降；受到惊吓输卵管异常收缩迫使蛋提前产出而形成具有内外壳膜的软皮蛋。另外，一些传染病也可引起。

(5)无黄蛋：这种蛋比较小，打开以后无黄只有一块蛋白或一团血块或一些脱落的组织，当这些异物经输卵管膨大部时包上蛋白就形成无黄蛋。

(6)异形蛋：如长形、球形、葫芦形、皱纹蛋等。它是由于输卵管的形态与机能失常、子宫反常收缩、子宫蛋壳腺部分发生异常变化等所致。如蛋鸡发生传染性支气管炎、新城疫和腺病毒感染会影响蛋的大小、形状、壳的结构以及内部质量，而形成畸形蛋。

预防该病要调整日粮，使钙和维生素 D 含量适中；防止惊吓和其它应激；要搞好鸡传染性支气管炎、新城疫和产蛋下降综合症等病的预防工作；对改善蛋的质量有一定的效果。

☞ 269. 鸡啄癖是由哪些原因引起的，应怎样预防？

鸡的啄癖病是养鸡业中的常见多发病之一，临床上常见的有啄羽、啄趾、啄背、啄肛、啄头等。轻者受伤，重者死亡，若不及时防治，将造成很大的经济损失。

引起鸡啄癖的原因主要有：①饲料搭配不当：饲料中缺乏蛋白质、纤维素、含硫氨基酸、微量元素、氯化钠、钙磷比例失调等均能引起啄癖。②饲养管理不当：密度过大、通风不良、缺乏运动、采食和饮水不足。③光照过强或阳光直晒也能引起啄癖。④有体外寄生虫如皮肤发生疥癣，由于皮肤发痒引起啄羽。⑤育雏室温度过高、闷热，雏鸡拥挤等也易发生啄癖。

预防：①断喙：于 6～9 日龄断喙可有效地预防啄癖的发生。②合理分群：按鸡的品种、年龄、公母、大小和强弱分群，可以避免发生啄斗。③加强管理：注意通风，产蛋鸡舍温保持 18～25℃，相对湿度以 50%～60%为宜。饲养密度雏鸡 20 只/m^2，育成鸡 7～8 只/m^2 为宜，设置足够的食槽和水槽。④光照不宜过强。利用自然光照时鸡舍窗户上要挂红色布帘子或用深红漆涂窗户，使舍内产生一种暗红色，人工光照以 3、W/m^2 为宜。⑤合理配制饲料：雏鸡饲料中的粗蛋白含量应保证在 16%～19%，产蛋鸡饲料中的粗蛋白含量应保证在 16%以上，但也不能太高，使蛋个太大而引起难产，造成啄肛。饲料中的矿物质（如钙、磷）应占 2%～3%。⑥如发现有体外寄生虫时，鸡体可用 2%的溴氰菊酯或双甲脒进行喷洒和口服阿维菌素或伊维菌素进行防治。⑦平养鸡可在运动场上悬持青菜让鸡群啄食，既分散鸡群的注意力减少啄癖，又可补充维生素。出现啄癖时，在饲料中添加 1%～2%的石膏粉，连用 5～7 天；或在饲料中增加 2%的食盐，饲喂 4～5 天，并挑拣出有啄癖的病鸡隔离饲养。如果是单纯啄羽可用 1%的人工盐饮水，连用3～5 天。对被啄伤的鸡，涂以有特殊味道的药物，如鱼石脂、松节油、碘酒、紫药水，使别的鸡不敢啄食，便于伤口愈合。

☞ 270. 什么叫应激，应怎样预防？

应激是体外给予的各种刺激在体内产生防止迫害反应的总和，是鸡体生命调节过程中对不良环境的反应。应激有：

（1）群居稳定状态被扰乱：①禽群内如新添禽只，因禽只具有群序关系，后来的禽只会破坏这种关系，使群内发生啄斗，甚至啄伤、啄死，直到产生新的群序为止。②禽只转群时要经过一段时间，才能熟悉新环境。由于逆境的作用会变得采食量减少，机体抵抗力降低而引起发病。③异种家禽混养：如果将同一种类不同品种的家禽混养在一起，往往会有一个品种在争斗中占优势，从而影响另一个品种生产性能的发挥。

（2）饲料不善：①喂给过碎的粉料或霉变料：家禽习惯于一定颜色、味道和碎度的饲料。料过细禽只啄食感觉不足，且易通过消化道，养分吸收不全。发霉变质的饲料易引起家禽中毒、死亡。②日粮突变：由于家禽的胃肠道对原来的饲料产生了较强的适应性，当突然换料时不能立即适应，引起采食量减少或消化机能紊乱，排稀粪，增重减慢，产蛋下降等。③饥饿：供料不及时或不足，不利于正常消化机能的发挥，影响生长发育和产蛋量。

（3）饲养管理不当：①喂料次数不固定、日粮供应量不一致，忽多忽少破坏了机体的生物钟，家禽会感到不适应而造成应激。②光照时间忽长忽短，使下丘脑和视网膜上的感受器功能失调，易发生软壳蛋、畸形蛋、产蛋时间不定、产蛋量下降等。③产蛋箱、食槽、水槽等设备不足，导致禽群形成新的啄食秩序、占窝秩序，降低群体的产蛋量。④家禽运输、转栏和捕捉，断喙、疫苗接种等会使家禽处于惊恐状态，从而影响家禽的生长、发育、产蛋等。

（4）不良环境：①舍内环境突变，会引起禽群骚乱。②禽只恐惧、惊慌，如异常的喧哗、奇光、外人入舍等，均会使家禽出现呆滞、沮丧、逃走、激昂等状态。③气候骤变：如气温升至30℃以上，或降至0℃以下，禽体会感到不适，影响生长发育，产蛋量下降。④高温暑热：暑热季节，维生素C、维生素E在机体内消耗较多，雏鸡发育不良，冠髯苍白，母鸡产蛋量下降。同时高温高湿还会诱发一些疾病。而密度大和通风不良又促进呼吸道疾病的暴发。⑤噪声的影响：噪声能引起家禽惊恐，雏鸡生长发育缓慢，蛋鸡产蛋量下降，产软壳蛋、无壳蛋较多。

预防要在家禽饲养过程中应减少或缓和应激，在某些不可避免的应激时，如转群、更换饲料、免疫接种、气候突变的情况下要尽量把应激程度降低，持续时间缩短，还要多投喂多维和电解质来调整机体内环境，防止传染因子的侵入，提高机体的免疫机能从而降低由应激造成的危害。

☞ 271. 炎热的夏天养鸡应怎样预防热应激，发病机理是什么？

热应激多发生于夏秋高温季节，当外界环境潮湿闷热，机体不能通过传导、对流、辐射散热，只能通过呼吸、排粪、排尿散热时，由于产热多散热少，体温升高，呼吸加快，心率增加，体内二氧化碳和水分大量排出，破坏体内酸碱平衡。血液中 H^+ 浓度下降，pH值升高，出现呼吸性碱中毒。热应激影响中枢神经系统对内脏的调节作用，心肺机能衰竭，静脉瘀血，黏膜发绀，体温下降，最终导致窒息和心脏麻痹而死亡。热应激多见于集约化饲养的种鸡及块大肉鸡，又称中暑。防止热应激：①禽舍建筑不能太矮并应尽可能坐北朝南，开设足够的通风孔，禽舍周围适当种植树木、藤蔓植物等用来遮挡禽舍以防太阳直射。②安装必要的通风降温设备，如风扇、水帘、喷水器等，可采用湿帘加纵向通风的最佳通风系统。③降低饲养密度，改白天饲喂为早晚饲喂，并相应调整饲料的能量和蛋白质水平，适当增加维生素的供应，供给充足的饮水，最好是井水，并在水中适当加电解质。④使用抗热应激药物如维生素 C、0.15%～0.3%氯化钾或 0.3%氯化铵饮水，也可在日粮中补充 0.5%的碳酸氢钠或 0.25%柠檬酸，同时减少氯化钠的用量。鸡群发现热应激时，必须立即急救。将病鸡移到阴凉地方，并把鸡放在冷水中浸泡，大群鸡可用冷水喷雾降温。

☞ 272. 养鸡场常用的消毒药有哪些种类，应怎样使用？

兽用的消毒药种类很多，而养鸡场比较常用的消毒药有以下几类：①碱类：氢氧化钠（火碱）、石灰（熟石灰）等。②氧化剂：高锰酸钾、过氧化氢、过氧乙酸。③卤素类：漂白粉、次氯酸钠、络合碘、二氯异氰尿酸钠等。④挥发性烷化剂：甲醛、戊二醛等。⑤表面活性剂：季胺盐类的百毒杀、1210、新洁尔灭等。养鸡场应按以下方法进行消毒：①鸡舍消毒：先将鸡舍里的粪便及污物清扫干净。用 2%的氢氧化钠对鸡舍地面进行喷洒消毒，再用烟雾消毒药对鸡舍熏蒸消毒，②环境消毒：可用百毒杀 1∶600 的浓度、1210 消毒剂 1∶800 的浓度、威岛牌消毒剂 1∶800 的浓度及 2%的火碱等进行消毒。③饮水消毒：可用百毒杀 1∶1 600 的浓度，1210 消毒剂 1∶2 000的浓度、威岛牌消毒剂 1∶(2 000～3 000)的浓度进行饮水消毒。④带鸡消毒：可用百毒杀 1∶800 的浓度、1210 消毒剂 1∶(500～1 500)的浓度、威岛牌消毒剂 1∶(500～1 000)的浓度进行带鸡消毒，常规 3～7 天 1 次，有病每天 1 次。

☞ 273. 滥用消毒药对养禽业带来哪些危害？

所谓滥用就是不讲科学的使用，有不少的养殖户视消毒药为万能，有的不讲浓度高低，用量大小，使用方法的进行使用；有的环境喷散，饮水里添加，长期使用结果造成消毒药中毒；有的养鸡户在饮水里长期饮用 1210，结果致使鸡腺胃溃疡造成死亡；有的用石灰粉垫鸡棚，结果起不到杀菌作用，并且还诱发了呼吸道病。另外，使用不合理，结果造成药物浪费，如当鸡发生病毒性传染病时，采用醇类等药消毒，既浪费了药物，延误了病程，还达不到消毒的目的。因醇类消毒剂只对细菌有杀灭作用，而对病毒不能杀灭。在应用消毒药时，应严格掌握消毒药的浓度，应用浓度过低时起不到消毒作用，过高时会导致畜禽中毒，如高锰酸钾中毒、甲醛中毒等；在使用氢氧化钠（火碱）时，药物浓度应为2%～3%，浓度过高时能引起畜禽皮肤烧伤，同时也能破坏人的皮肤和衣服或容器等。带鸡消毒过勤时能引起家禽应激反应。两种或两种以上的药物同时应用时，应按有无配伍禁忌的原则使用，否则会降低药效或产生毒性，增加投入，影响消毒效果等。因此，消毒药不可滥用。

☞ 274. 什么是兽药，它在禽病预防中有哪些作用？

兽药是指用于预防、治疗和诊断家畜、家禽、鱼类、蜜蜂、蚕以及其它人工饲养的动物疾病，有目的地调节其生理机能，并规定作用、用途、用法、用量的物质。它主要包括：抗体、疫苗、诊断液等生物制品和抗生素、生化药、中草药、中成药和一些化学原料药及其制剂，添加剂都属于兽药。

随着养禽业的迅速发展，兽药在禽病的预防和控制方面也显得越来越重要。兽药在环境消毒，传染病防治、寄生虫病控制、疫苗的免疫预防和一些疫病的诊断都起到非常重要的作用。在临床经常采用拌料、饮水、经口投服、体内注射、体表用药、蛋内注射、药物浸泡和环境用药等措施。因此，在一定条件下采用兽药预防和治疗是预防和控制禽病的有效措施之一。

☞ 275. 养鸡户怎样选购和使用兽药？

兽药在禽病预防和控制中具有重要作用，那么怎样来选购和使用兽药。养鸡户在选用兽药时，首先要看你所购兽药是否是正规厂家生产的，批准文号是否正确，有无批号，是否超期。药品是否结块、变质、变色，液体兽药是否混浊、结晶。疫苗制品瓶盖是否松动，是否失真空，松动失空的疫苗均不能使用。看批准文号时参照下图：

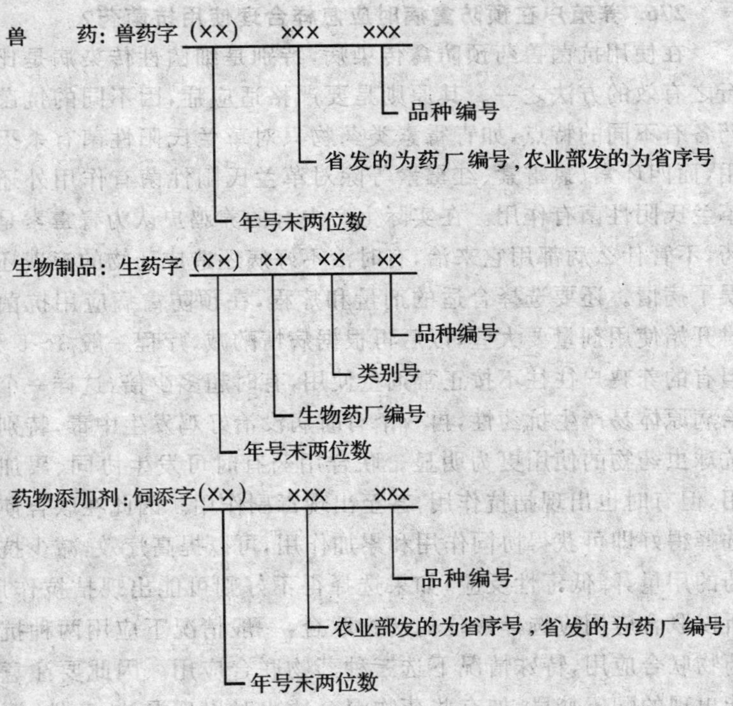

由农业部核发的批准文号在“兽药字”、“生药字”和“饲添字”前加“农”字；由省、市、自治区核发的批准文号在“兽药字”、“生药字”和“饲添字”前加省的简称。批号一般是6位数，前两位是生产药品的年号末两位数，中间两位是生产药品的月份，后两位是生产药品的日期。如02年3月22日生产的兽药批号为：020322。

除注意这些问题以外，还要根据你所养家禽的特点和所发生的情况来选购兽药。要选择效果好的，价格便宜的，药物残留少的，毒副作用小的使用。但千万不要贪图一时的便宜，选用一些劣假兽药而延误了治疗时机。

☞ 276. 养殖户在预防禽病时应怎样合理使用抗菌药？

在使用抗菌兽药预防禽传染病，特别是细菌性传染病是比较行之有效的方法之一。其原则是要严格适应症，因不同的抗菌兽药各有不同的特点，如青霉素类药物只对革兰氏阳性菌有杀灭作用，而四环素、氯霉素、红霉素等除对革兰氏阳性菌有作用外还对革兰氏阴性菌有作用。在实际生产中有的养鸡户认为青霉素是好药，不管什么病都用它来治，有时治不好病还造成药物的浪费还延误了病情。还要选择合适的剂量和疗程，在预防禽病应用抗菌药时开始使用剂量要大些，以后再根据病情酌减，疗程一般 3～5 天。但有的养鸡户往往不按正常剂量使用，有时超多少倍，这样一个是给病原体易产生抗药性，再一个有时病没治好鸡发生中毒，特别是抗球虫药物的使用更为明显。联合用药有时可发生协同、累加作用，但有时也出现拮抗作用，甚至出现毒副作用。因此在联合使用选择得好即可获得协同作用和累加作用，可以提高疗效，减少抗菌药的用量，降低毒性反应；如果选择得不好则可能出现拮抗作用。所以联合应用应选择最佳的药物联合，一般情况下应用两种抗菌药物联合应用，特殊情况下选三种药物联合应用。因此要注意可能出现的配伍禁忌：如有些药物混合饮水时出现混浊、变性、沉淀及降低抗菌活性，如青霉素不宜与四环素、氨基糖苷类、多粘菌素、等联合应用。四环素不宜与铁、钙、铅、镁、铋等药物或饲料同服，因其可形成不易溶解的复合体而影响吸收；也不宜与碳酸氢钠同服，因后者可使 pH 值升高而降低其溶解度。两种药物合用时，有时可引起毒性加剧。如氨基糖甙类与头孢菌素类联合可引起急性肾小管坏死等。所以，在使用抗菌药物预防禽病时要合理用药，不要盲目滥用。

☞ 277. 哪些中草药具有抗菌作用？

在当今养鸡业中，由于鸡病较多，大量使用西药容易产生药残，给人们身体健康带来多多的不利。再者发扬我们祖国医学，利用中药来治疗鸡病中的一些疑难杂症，降低药残，提高经济效益是非常必要的。因中草药能抑制病原微生物生长繁殖，提高机体抵抗力，可用于治疗传染性疾病。这些中草药都属于抗菌中草药，临床上常用的抗菌中草药有：黄连、黄柏、黄芩、板蓝根、大青叶、连翘、穿心莲、鱼腥草等。

（1）黄连和黄柏：主要成分为小檗碱（黄连素），具有广谱抗菌作用，对多种革兰氏阳性和阴性菌如金黄色葡萄球菌、链球菌等具有抑制作用。常用于肠炎等病症。

（2）黄芩：黄芩内有黄芩甙对大肠杆菌、变形杆菌、绿脓杆菌、雏鸡白痢杆菌、葡萄球菌等细菌均有抑制作用。在禽病临床上常用于治疗大肠杆菌引起的肠炎、肺炎，雏鸡白痢及流行性感冒等病。

（3）金银花：性甘、寒，功能为清热解毒。主治温病发热、热毒下痢、咽喉肿痛等。其抗菌作用系含有异绿原酸及忍冬苷等抗菌成分，对金黄色葡萄球菌的抗菌作用最强，对绿脓杆菌、大肠杆菌次之。用于流感、肠炎、热性传染病及创伤感染的治疗。

（4）板蓝根及大青叶：对枯草杆菌、金黄色葡萄球菌、大肠杆菌、链球菌等细菌均有抑制作用，对流感病毒也有一定作用。常用于细菌性感染的肺炎、肠炎、血痢等。

（5）连翘：对金黄色葡萄球菌具有较强的抑制作用，对大肠杆菌、链球菌等也有抑制作用，对流感、肺炎、肠炎等均有一定的治疗作用。

（6）穿心莲：对金黄色葡萄球菌、大肠杆菌、绿脓杆菌等均有抑制作用。还能增强动物机体的免疫功能，具有解热抗炎作用。

(7)鱼腥草:含有癸酰乙醛而且具有广谱抗菌作用。对金黄色葡萄球菌、链球菌等细菌均有较强的抑制作用。用于肺炎、支气管炎、尿路感染及外伤等疾病。

另外,大蒜、蒲公英、地丁、马齿苋等中草药也有一定的抗菌作用,被广泛应用于畜禽疾病预防和治疗。特别是在肉鸡饲养方面,为了降低药物在鸡体内的残留和鸡对细菌产生的抗药性应多使用中草药来预防和控制禽病的发生。

☞ 278. 出口肉鸡用药应注意哪些问题?

国家外贸商检部门和有关检验标准规定,出口肉鸡用药要注意以下6点:①在肉鸡整个饲养期内,严格禁止使用以下9种药物:克球粉、磺胺嘧啶、万能利胆素、球虫净(尼卡巴嗪)、磺胺喹恶林、前列斯汀、螺旋霉素、灭霍灵、氨丙林。②在肉鸡送宰前30日内,禁止使用如下4种药物:磺胺二甲氧嘧啶、复方敌菌净、磺胺二甲基嘧啶、复方新诺明。③肉鸡送宰前14天,禁止使用以下5种药物:卡那霉素、氯霉素、链霉素、新霉素、庆大霉素。④肉鸡送宰前7~14天,可根据病情选用下列药物(送宰前7天禁止使用一切药物):强力霉素、土霉素、四环素、红霉素、痢特灵、金霉素、泰乐菌素、快育灵、百病消、氟哌酸、禽菌灵、痢菌净、环丙沙星、大蒜素,其用量按技术指导进行。⑤防治肉鸡球虫病,可选用下列药物:球痢灵、氯苯胍、盐霉素、马杜拉霉素、球杀死。⑥禁止使用任何人工激素。

☞ 279. 在使用兽药中kg、g、mg、μg、ppm,单位(IU)是什么意思,它们之间有什么关系?

养殖户在使用兽药时经常听到他们说重量难称,药品难算,这些单位之间到底是什么关系,应怎样换算。kg表示千克也就是过去所说的公斤,g表示克,mg表示毫克,μg表示微克,ppm表示百万分之一。

它们之间的换算关系是：1 kg＝1 000 g，1 g＝1 000 mg，1 mg＝1 000 μg，1 t 物质中含某物 1 g，该物的浓度即是 1 ppm，或 1 kg 里面有 1 mg，如果是 50 ppm 就是 1 kg 里面有 50 mg。国际单位(IU)是指在抗生素效能和维生素活性的一种计量单位。在抗生素中，一般 1 万单位等于 10 mg，1 g 等于 100 万单位。但青霉素不是，1 mg 青霉素 G 钠盐相当于 1 667 IU。在维生素中 1 国际单位维生素 A 相当于 0.6 μg，1 国际单位维生素 E 相当于 1 mg 维生素 E 醋酸酯。

☞ 280. 在养禽中应怎样正确使用微生态制剂？

微生态制剂是一种活菌制剂，又叫益生素。是动物体内的有益菌经增菌生产的菌制剂，添加于饲料中，将有益菌引入肠道，有效地维持肠道的微生态平衡，改善肠道微生物区系。因在肠道内有正常菌群和致病菌群，正常菌群如乳酸菌、酵母菌、芽孢菌、肠球菌、双歧杆菌等。致病菌如大肠杆菌、沙门氏菌等。在正常情况下，肠道内正常菌群占优势，它们参与肠道的营养消化，保持肠道的正常 pH 值，并参与免疫作用，使少量的致病菌没有危害。但当机体抵抗力下降，致病菌就会从肠道进入血液，使动物发病。微生态制剂和病原菌能进行竞争性抑制，恢复肠道微生态平衡，增加正常菌群的优势，抑制有害菌的生长繁殖，减少肠内有毒物质的积累，补充营养物质，并且能产生有益的物质如乳酸和一些酶类，从而提高机体的健康水平和生长性能，提高机体对各种营养物质的吸收，提高饲料的利用率，降低氮的排泄量，防止下痢。因此，微生态制剂具有替代抗生素，抗菌药物，促进生长等功效，它既能达到高效优质，又不会对环境造成污染或人体健康产生不利，是一种绿色环保产品。特别是在现代养鸡疾病比较多，用西药进行治疗药物残留比较大，给人们的身体健康带来极大危害。所以，在禽病防治过程中微生态制剂是一种比较理想的替代产品。但是，使用微生态制剂不能抱有像使用药剂、疫苗那样的心态来使用。使用的目的是为了改善环境(禽舍内外、禽体内)。另外,微生态制剂并不是只要使用了就能立即获得理想效果,而是要有一个建立或恢复微生态平衡的过程。在使用的同时,有必要为其创造一个能够发挥作用的环境。只有这样才能使有益微生物获得更好的效果。使用微生态制剂要与正常严格的环境消毒和免疫程序相结合,这点在老养殖区尤为重要。我国加入 WTO 后,要参与国际竞争,就必须发展绿色养殖业,生产无公害、无污染、无药残的绿色肉、蛋制品。因此,微生态制剂在我国实现畜产品的绿色化进程中将发挥愈来愈重要的作用。

附　录

附录一　鸡、鸭、鹅的几种生理常数表

	鸡	鸭	鹅
体温(℃)	40.5～42	41～42.5	40～41.3
心率(次/min)	150～200	175～190	200
呼吸(次/min)	22～25	公 42 母 110	公 20 母 40
血红蛋白(g/100 ml)	公 11.76 母 9.11	公 14.2 母 12.7	14.9
红细胞(万/mm^3)	公 332 母 272	公 271 母 146	271
白细胞(千/mm^3)	公 16.6 母 29.4	公 24 母 26	18.2

附录二　农业部关于发布《食品动物禁用的兽药及其它化合物清单》的通知

为保证动物源性食品安全，维护人民身体健康，根据《兽药管理条例》的规定，我部制定了《食品动物禁用的兽药及其它化合物清单》(以下简称《禁用清单》)，现公告如下：

一、《禁用清单》序号 1～18 所列品种的原料药及其单方、复方制剂产品停止生产，已在兽药国家标准、农业部专业标准及兽药地方标准中收载的品种，废止其质量标准，撤销其产品批准文号；已在我国注册登记的进口兽药，废止其进口兽药质量标准，注销其《进口兽药登记许可证》。

二、截止 2002 年 5 月 15 日，《禁用清单》序号 1～18 所列品种的原料药及其单方、复方制剂产品停止经营和使用。

三、《禁用清单》序号19～21所列品种的原料药及其单方、复方制剂产品不准以抗应激、提高饲料报酬、促进动物生长为目的的在食品动物饲养过程中使用。

食品动物禁用的兽药及其它化合物清单

序号	兽药及其它化合物名称	禁止用途	禁用动物
1	兴奋剂类：克仑特罗 Clenbuterol、沙丁胺醇 Salbutamol、西马特罗 Cimaterol 及其盐、酯及制剂	所有用途	所有食品动物
2	性激素类：己烯雌酚 Diethylstilbestrol 及其盐、酯及制剂	所有用途	所有食品动物
3	具有雌激素样作用的物质：玉米赤霉醇 Zeranol、去甲雄三烯醇酮 Trenbolone、醋酸甲孕酮 Mengestrol Acetate 及制剂	所有用途	所有食品动物
4	氯霉素 Chloramphenicol 及其盐、酯(包括：琥珀氯霉素 Cholramphenicol Succinate)及制剂	所有用途	所有食品动物
5	氨苯砜 Dapsone 及制剂	所有用途	所有食品动物
6	硝基呋喃类：呋喃唑酮 Furazolidone、呋喃它酮 Furaltadone、呋喃苯烯酸钠 Nifurstyrenate sodium 及制剂	所有用途	所有食品动物
7	硝基化合物：硝基酚钠 Sodium nitrophenolate、硝呋烯腙 Nitrovin 及制剂	所有用途	所有食品动物
8	催眠、镇静类：安眠酮 Methaqualone 及制剂	所有用途	所有食品动物
9	林丹(丙体六六六)Lindane	杀虫剂	所有食品动物
10	毒杀芬(氯化烯)Camahechlor	杀虫剂、清塘剂	所有食品动物
11	呋喃丹(克百威)Carbofuran	杀虫剂	所有食品动物
12	杀虫脒(克死螨)Chlordimeforn	杀虫剂	所有食品动物
13	双甲脒 Amitraz	杀虫剂	水生食品动物
14	酒石酸锑钾 Antimony potassium tartrate	杀虫剂	所有食品动物
15	锥虫胂胺 Tryparsamide	杀虫剂	所有食品动物
16	孔雀石绿 Malachite green	抗菌、杀虫剂	所有食品动物
17	五氯酚酰钠 Pentachlorophenol sodium	杀螺剂	所有食品动物
18	各种汞制剂包括：氯化亚汞(甘汞)Calomel、硝酸亚汞 Mercurous nitrate、醋酸汞 Mercurous acetate、吡啶基醋酸汞 Pyridyl mercurous acetate	杀虫剂	所有食品动物

续前表

序号	兽药及其它化合物名称	禁止用途	禁用动物
19	性激素类：甲基睾丸酮 Methyltestosterone、丙酸睾酮 Testosterone Propionate 苯丙酸诺龙 Nandrolone Phenylpropionate、苯甲酸雌二醇 Estradiol Benzoate 及其盐、酯及制剂	促生长	所有食品动物
20	催眠、镇静类：氯丙嗪 Chlorpromazine、地西泮（安定）Diazepam 及其盐、酯及制剂	促生长	所有食品动物
21	硝基咪唑类：甲硝唑 Metronidazole、地美硝唑 Dimetronidazole 及其盐、酯及制剂	促生长	所有食品动物

注：食品动物是指各种供人食用或其产品供人食用的动物。

附录三　家禽常用药物表

（一）化学合成抗菌药

药物名称	剂量及用法	作用、用途及注意事项
磺胺嘧啶（SD）	0.5%混于饲料中	磺胺类药物能抑制细菌生长繁殖，对大多数革兰氏阳性及一些阴性细菌有效，治疗和预防禽霍乱、鸡白痢、鸡伤寒、禽副伤寒、鸡传染性鼻炎、球虫病等均有一定疗效。一般需连续喂用2～5天。 磺胺类药物对雏鸡有一定毒性，喂药时间不应过长，其中SM_2的毒性最大，0.5%混合饲料，连喂8天，雏鸡会引起中毒反应，SQ连喂5天以上，也会引起中毒。与TMP或DVD合用，用量可减少到0.05%～0.5%（混合饲料）
磺胺甲基嘧啶（SM_1）	0.5%混于饲料中	
磺胺二甲嘧啶（SM_2）	0.5%混于饲料中	
磺胺二甲氧嘧啶（SMD）	0.25%～0.5%混于饲料中	
磺胺喹恶啉（SQ）	0.05%～0.1%混于饲料中	
磺胺甲基异恶唑（新诺明、SMZ）	0.05%～0.1%混于饲料中	性质稳定，疗效迅速，副作用小，抗菌范围广，对球虫病及白细胞原虫病也有效，混合饲料，可连喂3～5天。如与TMP、DVD合用，用量可减少到0.02%～0.05%（混合饲料）
磺胺-5-甲氧嘧啶（SMD、磺胺对甲氧嘧啶）	0.05%～0.1%混于饲料中	
磺胺-6-甲氧嘧啶（制菌磺、SMM、DS-36）	0.05%～0.5%混于饲料中	

续前表

药物名称	剂量及用法	作用、用途及注意事项
三甲氧苄氨嘧啶(TMP)	不宜单独应用	为抗菌增效剂，与 SMZ、SMD、SMM、SD、SM_1、SM_2 等按 1∶5 比例配合，具有作用强，抗菌谱广、用量小、副作用轻微等优点，若单独使用，细菌对其易产生耐药性
二甲氧苄氨嘧啶(DVD)	不宜单独应用	
痢特灵(呋喃唑酮)	0.02%～0.04%混于饲料中	有广谱抗菌作用，用以治疗和预防鸡白痢、鸡伤寒、禽副伤寒及鸡球虫病等。可连喂 5 天。雏禽较敏感，长期应用，剂量过大或药物混合不均匀会造成中毒
氟哌酸(诺氟沙星)、环丙沙星、恩诺沙星、氧氟沙星、二氟沙星	0.005%～0.02%混于饲料中或 50 mg/L 饮水	是一种高效、广谱抗细菌药，可以治疗大肠杆菌病、沙门氏菌病、禽霍乱和霉形体病等。也可以治疗葡萄球菌、链球菌、肺炎球菌等引起的感染
克霉唑	0.03%～0.05%混于饲料中	广谱抗真菌药，内服易于吸收，对多种致病性真菌都有抑制作用，对呼吸道真菌有效

(二)抗生素

药物名称	剂量及用法	作用、用途及注意事项
青霉素G钾(钠)	肌肉注射：5 万 IU/只(成年鸡) 内服：2 000 IU/只(雏鸡)	本品对革兰氏阳性杆菌作用强于其它抗生素，对螺旋体也有作用，主要用于防治鸡的螺旋体病，按 200 单位/只的量，本品水溶液极不稳定，宜新鲜配制，立即用完，不宜同其它药物(高锰酸钾、酒精、磺胺噻唑钠等)混合
氨苄青霉素	内服：0.005%～0.2%混于饲料中 肌肉注射：5～20 mg/kg 体重	半合成青霉素，对革兰氏阳性菌有作用，但不如青霉素 G，对革兰氏阴性菌比氯霉素、四环素类作用强，对雏鸡沙门氏菌病有较好防治效果，与链霉素、卡那霉素等合用对治疗大肠杆菌引起的气囊炎、腹膜炎等有效
红霉素	内服：0.02%～0.05%混于饲料中 注射：10～40 mg/kg 体重	作用与青霉素 G 相似，对革兰氏阳性菌作用强，对霉形体有一定作用，因而能防治霉形体病，但对有细菌并发感染的禽群效果不好。 高力米先为含硫代氰胺酸盐的红霉素，能完全溶解于水，请注意按含红霉素量来折算用量

续前表

药物名称	剂量及用法	作用、用途及注意事项
泰乐菌素	内服：0.44%～0.66%混于饮水中，连用3～5天	本品为抗阴性菌抗生素，可用以防治鸡白痢及大肠杆菌病等，内服在肠道难吸收
硫酸链霉素	肌肉注射：10～30 mg/kg，1日2～3次	本品为抗阴性菌抗生素，可用以防治鸡白痢及大肠杆菌等，内服在肠道难吸收
硫酸卡那霉素	肌肉注射：0.05 g/kg，1日2～3次	本品对革兰氏阴性杆菌有作用，浓度低时仅抑菌，浓度高则杀菌，内服在肠道难吸收。作全身治疗应肌肉注射，治疗鸡霍乱，传染性鼻炎及霉形体病，饮水浓度为0.02%～0.05%
庆大霉素	肌肉注射3 mg/kg，1日2～3次	为广谱抗生素，对革兰氏阳性及阴性菌均有效。用以治疗鸡大肠杆菌病及葡萄球菌病等，对肾脏毒害作用较大，内服在肠道难吸收
强力霉素（盐酸脱氧土霉素）	内服：0.005%～0.02%混于饲料中	作用同庆大霉素，但效力强，作用时间长。对四环素类药物耐药的细菌对本品仍敏感，对有细菌并发感染的霉形体病有疗效，用药时间应长至7～10天。内服易于吸收，用量小，副作用小
盐酸金霉素（盐酸氯四环素）	内服：0.05%～0.1%混入饲料中。 肌肉注射：0.04 g/kg，每日2次	广谱抗生素，除对病原菌有作用外，对某些立克次体、大型病毒、螺旋体和原虫均有抑制作用。用以防治鸡白痢、鸡伤寒、禽副伤寒、禽霍乱和鸡球虫病等。常混入饲料中连续饲喂，一般不超过5天，长期饲用会造成双重感染以及钙质吸收不良。本品忌与碱性物质配合
盐酸土霉素（盐酸氧四环素）	内服：0.05～0.1%混于饲料	
盐酸四环素	0.027%混于饲料中；0.01%混于饮水中	
氯霉素	内服：0.05%～0.1%混于饲料中；肌肉注射：20～50mg/kg体重，每日3次	本品有抑制革兰氏阳性及阴性杆菌的作用，为广谱抗生素，对沙门氏菌的作用很强，能防治鸡白痢、鸡伤寒和禽霍乱等病，忌与碱性药物配合，对骨髓造血机能有抑制作用
制霉菌素	内服：每千克饲料加50万～100万IU	抗真菌药物，内服吸收很少，用于治疗消化道真菌病

（三）抗原虫病

药物名称	作用、用途及注意事项	用量与用法
苯甲氧喹啉乙羟喹啉（敌球素）	对禽的多种球虫有效，主要作用于球虫第一代孢子体。产蛋鸡禁用	混饲给药浓度为 20 mg/kg 饲料 混饲给药浓度为 20～40 mg/kg 饲料
莫能霉素（莫能菌素）	广谱抗球虫药，对禽各种球虫均有抑制作用。主要作用于球虫第一代裂殖体。产蛋鸡限用	混饲给药浓度为 80～125 mg/kg 饲料
盐霉素（球虫粉、优素精）	对禽的多种球虫有防治效果。主要作用于球虫子孢子和第一代裂殖体。产蛋鸡限用	混饲给药浓度为 60～70 mg/kg 饲料
拉沙利菌素（球安）	与莫能霉素相似	混饲给药浓度为 37.5～70 mg/kg饲料
马杜拉霉素（抗球王、加福）	广谱球虫药，对鸡的各种球虫均有灭杀作用。主要作用于球虫第一代裂殖体。产蛋鸡限用	预防按 5～6 mg/kg 饲料混饲连用
硝苯酰胺（球痢灵）	对禽的多种球虫有抑制作用，主要作用于球虫第一代裂殖体。适用于蛋鸡和种鸡；可用于治疗暴发性球虫病	可混饲或混饮给药，预防浓度为 100～125 mg/kg 饲料，治疗浓度为 150～300 mg/kg 饲料，连用 3～5 天
氨丙啉	对鸡的多种球虫有效，主要作用于球虫第一代裂殖体。不影响鸡对球虫产生免疫力，是蛋鸡和种鸡的主要抗球虫药。使用本药应注意每千克饲料中维生素 B_1 含量以不超过 10 mg 为宜	可混饲或混饮给药，预防浓度为 100～125 mg/kg，连用 2～4 周；治疗浓度为 250～500 mg/kg 饲料，连用 1～2 周，然后减半，连用 2～4 周
氯苯胍	对鸡各种球虫均有显著药效，主要作用于球虫第一代裂殖体，对其它各发育阶段亦有作用	预防浓度为 30～33 mg/kg 饲料，混饲，连用；治疗浓度为 60～66 mg/kg 饲料，混饲 3～7 天，后改预防量

续前表

药物名称	作用、用途及注意事项	用量与用法
呋喃唑酮（痢特灵）	具广谱抗菌、抗球虫和滴虫作用。对禽的多种球虫有效，主要作用于球虫第二代裂殖体。用于防治鸡球虫病、火鸡组织滴虫病和住白细胞虫病。 使用本药，必须与饲料或饮水充分混匀，以防中毒	可混饲或混饮给药，预防浓度为100～200 mg/kg饲料，连用1周，停药2～3天，如此重复使用；治疗浓度为300～400 mg/kg饲料，连用1周，停药1周，再改用100 mg/kg饲料
常山酮（速丹）	主要作用于球虫第一和第二裂殖体，对其它各发育阶段亦有作用。用于防治鸡的各种球虫感染，均有良效	预防用3 mg/kg饲料混饲，可连用至蛋鸡上笼；治疗用6 mg/kg饲料，混饲，连用1周，后改预防量
尼卡巴嗪	主要作用于球虫第二代裂殖体，对鸡的多种球虫均有预防球虫感染，均有良效	预防用100～125 mg/kg饲料，混饲，育雏期可连续用药
乙胺嘧啶	对疟原虫、住白细胞原虫、球虫均有抑制作用	混饲浓度为1～5 mg/kg饲料，连用3～7天。常与磺胺类药合用
二甲硝咪唑（达美素）	广谱抗菌、抗原虫药，对多种细菌、球虫和火鸡组织滴虫均有抑制作用	预防按火鸡雏0.0125%～0.015%、雏鸡0.075%浓度混饲，治疗均按0.05%浓度混饲，连用7～14天
磺胺甲氧吡嗪（SMPZ）	对多种细菌及原虫均有作用，可用于治疗住白细胞原虫病	按200～400 mg/kg饲料，混饲，连用数天

（四）抗蠕虫药

药物名称	作用、用途及注意事项	用量与用法
左旋咪唑	广谱驱线虫药，用于驱赶、鸡、鸭、鹅的各种线虫	20～30 mg/kg体重，1次内服，或拌入饲料、饮水中喂服
噻苯咪唑	广谱驱线虫药，用于驱除鸡蛔虫、气管比翼线虫、毛细线虫等	300～500 mg/kg体重，1次内服，或按0.1%浓度混饲，连用数天
丙硫咪唑（抗蠕敏）	广谱驱蠕虫药，用于驱除禽蛔虫、绦虫和棘口吸虫等	10～30 mg/kg体重，1次内服

续前表

药物名称	作用、用途及注意事项	用量与用法
甲苯咪唑	广谱驱线虫、绦虫药，用于驱除禽消化道线虫和绦虫	20～30 mg/kg 体重，1 次内服，或按 125 mg/kg，混饲，连用 3 天
氟苯咪唑	广谱驱蠕虫药，对禽的各种线虫及绦虫、吸虫均有良好驱除效果	按 30 mg/kg 饲料混饲，连用 1 周
硫苯咪唑	广谱驱蠕虫药，驱除线虫有良效，对吸虫和绦虫亦有较好效果	25～30 mg/kg 体重，内服，连用 3 天
氧苯咪唑	广谱驱线虫药，用于驱除禽的多种线虫均有良效	40 mg/kg 体重，1 次内服
吡喹酮	广谱驱线虫药，用于驱除鸡赖梨绦虫、戴文绦虫等	20 mg/kg 体重，1 次内服
枸橼酸哌嗪（驱蛔灵）	用于驱除鸡蛔虫	0.25～0.3 g/kg 体重，内服，每天 1 次，连用 3 天
硫双二氯酚（别丁）	用于驱除禽绦虫和吸虫	150～200 mg/kg 体重，内服，每天 1 次，连用 2 天
双羟萘酸噻嘧啶	广谱驱线虫药，用于驱除消化道线虫	15 mg/kg 体重，1 次内服
硫化二苯胺（吩噻嗪）	主要用于驱鸡异刺线虫，对蛔虫效果差	大鸡 0.5～1.0 g/kg 体重，小鸡 0.3～0.5 g/kg 体重，1 次内服
甲氧啶（美沙利啶）	广谱驱线虫药，用于驱除各种线虫	200 mg/kg 体重，皮下注射，或按 0.2%～0.4%浓度混饮
氯硝柳胺（灭绦灵）	广谱驱绦虫药，用于驱除禽的各种绦虫，对吸虫亦有效	100～150 mg/kg 体重，1 次内服

(五)杀虫药

药物名称	作用、用途及注意事项	用量与用法
氰戊菊酯(杀灭菊酯)	拟除虫菊酯类药物属广谱、高效、速效、低毒、低残留、接触毒杀虫剂,兼有胃毒和杀卵作用。可用于杀禽的各种体外寄生虫。忌与碱性药物合用	20%乳油剂灭鸡膝螨用1 000～2 500倍液,灭蝇用2500倍液,灭蜱、蚤用2 500～3 000倍液,灭蚊、蠓、刺皮螨和虱用4 000～5 000倍液,用水稀释,以药浴、喷雾、直接涂擦法施药均可。一般用药1～2次,间隔7～10天
溴氰菊酯(敌杀死、凯素灵)		2.5%敌杀死灭鸡膝螨用250～500倍液,灭蜱、虱、蚤用500倍液,喷雾、药浴、直接涂擦法施药均可,隔8～10天,再用药1次。以凯素灵作滞留嚅洒灭蚊、蝇、蠓、蚋等昆虫,按10～15 mg/m²
氯菊酯(二氯苯醚菊酯)		10%乳油灭鸡虱用5 000倍液喷洒或用40 000倍液药浴,灭蚊、蝇等用300～5 000倍液,隔10～15天再用1次
氯氰菊酯(灭百灵)		10%乳油,用1 000～2 000倍液喷洒或药浴,隔10～15天再用1次
蝇毒磷	广谱杀虫药和驱线虫药,用于杀灭禽的各种体外寄生虫和驱除消化道线虫	喷雾或直接涂擦灭鸡虱、膝螨、蚊、蠓等昆虫用0.03%药液,沙浴灭外寄生虫用0.05%浓度,内服驱线虫,按0.004%浓度混饲,连用10～14天
敌百虫	广谱杀虫药,用于杀死禽各种体外寄生虫,对禽消化道线虫和某些吸虫亦有效。鸡对本药敏感,一般不作内服驱虫药	洗浴或喷洒灭鸡膝螨用0.1%～0.15%水溶液,喷洒灭虱、蚤、蜱、蚊、蝇等昆虫0.1%～0.5%水溶液
敌敌畏	广谱杀虫药,用于杀灭禽的各种体外寄生虫	喷洒或熏蒸灭蚊、蝇等昆虫用0.05%～0.1%水溶液,喷洒灭刺皮螨用0.25%水溶液

图书在版编目(CIP)数据

禽病预防与免疫技术问答/秦长川,孙展和主编.—北京:中国农业大学出版社,2003.6

(全方位养殖技术丛书)

ISBN 978-7-81066-581-0

Ⅰ.禽… Ⅱ.①秦… ②孙… Ⅲ.①禽病-预防(卫生)-问答 ②禽病-免疫技术问答 Ⅳ.S858.3-44

中国版本图书馆 CIP 数据核字(2003)第 029651 号

责任编辑 孟 梅
封面设计 郑 川

出版发行 中国农业大学出版社
经 销 新华书店
印 刷 北京鑫丰华彩印有限公司
版 次 2003 年 6 月第 1 版
印 次 2008 年 12 月第 4 次印刷
开 本 32 10.375 印张 257 千字
规 格 850×1 168
定 价 18.00 元

图书如有质量问题本社负责调换

社址 北京市海淀区圆明园西路 2 号 **邮政编码** 100193
电话 010-62732633 **网址** www.cau.edu.cn/caup

致 读 者

为提高“三农”图书的科学性、准确性、实用性，推进“三农”出版物更加贴近读者，使农民朋友确实能够“看得懂、用得上、买得起”的优秀“三农”图书进一步得到市场的认可、发挥更大的作用，中央宣传部、新闻出版总署和农业部于 2006 年 6～7 月份组织专家对“三农”图书进行了认真评审，确定了推荐“三农”优秀图书 150 种(套)(新出联〔2006〕5 号)。我社共 6 种(套)名列其中：

无公害农产品高效生产技术丛书

新编 21 世纪农民致富金钥匙丛书

全方位养殖技术丛书

农村劳动力转移职业技能培训教材

科学养兔指南

养猪用药 500 问

这些图书自出版以来，深受广大读者欢迎，近来一次性较大量购买的情况较多，为方便团体购买，请客户直接到当地新华书店预购，特殊情况可与我社联系。联系人董先生，电话 010－62731190，司先生，010－62818625。

中国农业大学出版社

2006 年 9 月